配电线路运行与检修

主　编　徐作华　李泽健
副主编　谭丽娜　李　巍　南　洋　张桂源

北京理工大学出版社
BEIJING INSTITUTE OF TECHNOLOGY PRESS

内 容 简 介

本书编者根据高职高专城市轨道交通相关专业职业岗位技能需求并结合国家颁发的有关标准、规程与规范进行编写，以轨道交通配电系统为核心内容，融合轨道交通配电系统典型案例，突出教学内容的实用性，着重培养学生解决实际问题的能力。

本书在内容上体现"以职业活动为导向，以职业技能为核心"的指导思想，紧贴配电系统相关标准、规范和指导书，突出技能操作，同时适当选编了相关基础知识内容，以项目、任务、知识点的层次结构来安排。

本书分六个项目，包括认知配电网、认知配电线路、配电线路工具与材料认知、室内配线施工、城市轨道交通低压配电系统运行与维护、城市轨道交通低压照明系统运行与维护。

本书既可作为高职院校城市轨道交通机电技术等专业的教学用书，也可作为企业在职员工的培训用书，还可为相关工程技术人员提供参考。

版权专有　侵权必究

图书在版编目（CIP）数据

配电线路运行与检修／徐作华，李泽健主编．－－北京：北京理工大学出版社，2023.7
ISBN 978－7－5763－2656－7

Ⅰ．①配… Ⅱ．①徐…②李… Ⅲ．①配电线路－电力系统运行－高等职业教育－教材②配电线路－检修－高等职业教育－教材 Ⅳ．①TM726

中国国家版本馆 CIP 数据核字（2023）第 139736 号

责任编辑：王梦春		**文案编辑**：辛丽莉	
责任校对：周瑞红		**责任印制**：李志强	

出版发行 /	北京理工大学出版社有限责任公司
社　　址 /	北京市丰台区四合庄路 6 号
邮　　编 /	100070
电　　话 /	（010）68914026（教材售后服务热线）
	（010）68944437（课件资源服务热线）
网　　址 /	http://www.bitpress.com.cn
版 印 次 /	2023 年 7 月第 1 版第 1 次印刷
印　　刷 /	涿州市新华印刷有限公司
开　　本 /	787 mm×1092 mm　1/16
印　　张 /	19.5
字　　数 /	458 千字
定　　价 /	89.00 元

图书出现印装质量问题，请拨打售后服务热线，负责调换

前　言

随着我国城市轨道交通的飞速发展，城轨配电系统电气化新技术、新设备、新工艺不断出现，施工技术规范、标准相应改变，为了满足城轨配电系统运行与维护的需要，进一步提高从事城轨配电工作人员的技术业务水平，我们根据城市轨道交通相关专业职业岗位技能需求编写了本书。

为了适应现代供配电技术发展的需要，本书涉及认知配电网、认知配电线路、配电线路工具与材料认知、室内配线施工、城市轨道交通低压配电系统运行与维护、城市轨道交通低压照明系统运行与维护等内容。本书在编写过程中，注意体现高职教育的特点，采用专业理论和实践技能"一体化"的编写理念，突出实际施工技能和技巧的训练，注重培养学生的实际动手操作能力。

本书注重实用性，内容编排重点突出，项目中配有知识、能力及素养目标，重点难点，课程导入，技能训练，拓展阅读，项目小结，思考题等模块。技能训练按照实施工单、评价标准与理论要点编写，使学生能学以致用；通过具体知识认知和实践操作训练，使学生加深对专业知识的理解，增强对城市轨道交通配电系统的认知；使学生在任务驱动下，有目标、有步骤地进行实训操作，并结合安全要求、技能鉴定的相关规定进行设备的规范运用，以此来巩固和拓展学生配电设备使用、维护、维修的职业技能。

本书由长春职业技术学院徐作华、李泽健担任主编，谭丽娜、李巍、南洋、张桂源担任副主编。具体编写分工为：李泽健对本书的编写思路与大纲进行总体策划，指导全书的编写，对全书进行统稿，并编写了项目2的工作任务2和3、项目3及项目6的工作任务1和2；徐作华编写项目2的工作任务1；李巍编写项目1；南洋编写项目4；张桂源编写项目5；谭丽娜编写项目6的工作任务3和4。

本书在编写过程中，得到许多城市轨道交通行业专家的大力支持和热情帮助，在此表示衷心的感谢！同时，我们参考了许多专家和学者的书籍和文献等资料，书末列出了参考文献，在此对其作者表示衷心的感谢！

由于编者水平有限，书中难免存在不足和不妥之处，敬请广大读者批评指正。

编　者

目　　录

项目 1　认知配电网 ··· 1

　知识目标 ··· 1
　能力目标 ··· 1
　素养目标 ··· 1
　重点难点 ··· 2
　课程导入 ··· 2
　技能训练 ··· 2
　　工作任务 1　电力系统认知 ··· 2
　　　实施工单 ··· 2
　　　评价标准 ··· 3
　　　理论要点 ··· 5
　　工作任务 2　配电网的接线 ··· 15
　　　实施工单 ··· 15
　　　评价标准 ··· 16
　　　理论要点 ··· 17
　　工作任务 3　配电网供电质量及额定电压的国家标准认知 ···························· 22
　　　实施工单 ··· 22
　　　评价标准 ··· 23
　　　理论要点 ··· 24
　　工作任务 4　配电网中性点接地 ·· 28
　　　实施工单 ··· 28
　　　评价标准 ··· 29
　　　理论要点 ··· 30
　拓展阅读 ··· 38
　项目小结 ··· 39
　思考题 ·· 39

项目 2　认知配电线路 ·· 41

　知识目标 ··· 41
　能力目标 ··· 41
　素养目标 ··· 41
　重点难点 ··· 42
　课程导入 ··· 42

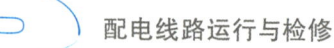

技能训练 ………………………………………………………………………… 42
　　工作任务 1　架空配电线路认知 ………………………………………… 42
　　　　实施工单 ……………………………………………………………… 42
　　　　评价标准 ……………………………………………………………… 43
　　　　理论要点 ……………………………………………………………… 44
　　工作任务 2　电缆配电线路认知 ………………………………………… 58
　　　　实施工单 ……………………………………………………………… 58
　　　　评价标准 ……………………………………………………………… 60
　　　　理论要点 ……………………………………………………………… 61
　　工作任务 3　配电线路电气设备认知 …………………………………… 67
　　　　实施工单 ……………………………………………………………… 67
　　　　评价标准 ……………………………………………………………… 68
　　　　理论要点 ……………………………………………………………… 70
拓展阅读 ………………………………………………………………………… 87
项目小结 ………………………………………………………………………… 88
思考题 …………………………………………………………………………… 89

项目 3　配电线路工具与材料认知 ………………………………………… 90

知识目标 ………………………………………………………………………… 90
能力目标 ………………………………………………………………………… 90
素养目标 ………………………………………………………………………… 90
重点难点 ………………………………………………………………………… 91
课程导入 ………………………………………………………………………… 91
技能训练 ………………………………………………………………………… 91
　　工作任务 1　配电线路常用工具认知 …………………………………… 91
　　　　实施工单 ……………………………………………………………… 91
　　　　评价标准 ……………………………………………………………… 93
　　　　理论要点 ……………………………………………………………… 94
　　工作任务 2　配电线路常用材料认知 …………………………………… 139
　　　　实施工单 ……………………………………………………………… 139
　　　　评价标准 ……………………………………………………………… 140
　　　　理论要点 ……………………………………………………………… 141
拓展阅读 ………………………………………………………………………… 152
项目小结 ………………………………………………………………………… 153
思考题 …………………………………………………………………………… 154

项目 4　室内配线施工 ……………………………………………………… 155

知识目标 ………………………………………………………………………… 155
能力目标 ………………………………………………………………………… 155

素养目标 …… 155
重点难点 …… 156
课程导入 …… 156
技能训练 …… 156
 工作任务1　室内配线的基础认知 …… 156
  实施工单 …… 156
  评价标准 …… 157
  理论要点 …… 159
 工作任务2　导线的连接与封端 …… 162
  实施工单 …… 162
  评价标准 …… 164
  理论要点 …… 165
 工作任务3　室内基础配线 …… 175
  实施工单 …… 175
  评价标准 …… 176
  理论要点 …… 178
 工作任务4　配电箱及低压配电柜的安装 …… 187
  实施工单 …… 187
  评价标准 …… 188
  理论要点 …… 189
拓展阅读 …… 199
项目小结 …… 201
思考题 …… 202

项目5　城市轨道交通低压配电系统运行与维护 …… 203

知识目标 …… 203
能力目标 …… 203
素养目标 …… 204
重点难点 …… 204
课程导入 …… 204
技能训练 …… 204
 工作任务1　车站低压配电设备认知 …… 204
  实施工单 …… 204
  评价标准 …… 205
  理论要点 …… 206
 工作任务2　开关柜设备认知及控制 …… 212
  实施工单 …… 212
  评价标准 …… 212
  理论要点 …… 213

工作任务 3　环控电控柜设备认知及控制 …………………………………………… 215
　　　　　实施工单 ………………………………………………………………………… 215
　　　　　评价标准 ………………………………………………………………………… 216
　　　　　理论要点 ………………………………………………………………………… 218
　　　工作任务 4　应急电源设备认知及控制 …………………………………………… 243
　　　　　实施工单 ………………………………………………………………………… 243
　　　　　评价标准 ………………………………………………………………………… 244
　　　　　理论要点 ………………………………………………………………………… 245
　拓展阅读 …………………………………………………………………………………… 250
　项目小结 …………………………………………………………………………………… 251
　思考题 ……………………………………………………………………………………… 251

项目 6　城市轨道交通低压照明系统运行与维护 …………………………………… 253

　知识目标 …………………………………………………………………………………… 253
　能力目标 …………………………………………………………………………………… 253
　素养目标 …………………………………………………………………………………… 254
　重点难点 …………………………………………………………………………………… 254
　课程导入 …………………………………………………………………………………… 254
　技能训练 …………………………………………………………………………………… 254
　　　工作任务 1　照明系统认知 ………………………………………………………… 254
　　　　　实施工单 ………………………………………………………………………… 254
　　　　　评价标准 ………………………………………………………………………… 256
　　　　　理论要点 ………………………………………………………………………… 257
　　　工作任务 2　轨道交通车站照明系统认知 ………………………………………… 274
　　　　　实施工单 ………………………………………………………………………… 274
　　　　　评价标准 ………………………………………………………………………… 275
　　　　　理论要点 ………………………………………………………………………… 276
　　　工作任务 3　轨道交通照明系统运行与控制 ……………………………………… 285
　　　　　实施工单 ………………………………………………………………………… 285
　　　　　评价标准 ………………………………………………………………………… 287
　　　　　理论要点 ………………………………………………………………………… 288
　　　工作任务 4　照明设备的安装及维护 ……………………………………………… 292
　　　　　实施工单 ………………………………………………………………………… 292
　　　　　评价标准 ………………………………………………………………………… 293
　　　　　理论要点 ………………………………………………………………………… 294
　拓展阅读 …………………………………………………………………………………… 300
　项目小结 …………………………………………………………………………………… 301
　思考题 ……………………………………………………………………………………… 302

参考文献 ………………………………………………………………………………………… 303

项目 1

认知配电网

知识目标

1. 掌握电力系统的基本概念。
2. 掌握电力网的组成及分类。
3. 熟悉配电网的基本构成及负荷分级特点。
4. 熟悉配电网的负荷特性及负荷曲线。
5. 熟练掌握配电网的各种接线方式。
6. 熟练掌握配电网中性点接地方式。
7. 掌握配电网供电质量及额定电压的国家标准。
8. 熟练掌握配电网中性点接地方式。

能力目标

1. 能够解释电力系统中各部分的功能。
2. 能够说明配电网接线的结构特点。
3. 能够描述配电网中衡量电能的质量指标。
4. 能够区分配电网不同中性点接地方式的结构特点。

素养目标

1. 培养学生会分析、敢表达的学术自信。
2. 锻炼学生沟通表达能力并培养学生的团队协作精神。

3. 培养学生吃苦耐劳、一丝不苟的工匠精神。
4. 树立学生执行工作程序、遵守工作规范的服从意识。

重点难点

1. 电力系统的基本概念。
2. 配电网的基本构成及负荷分级特点。
3. 配电网的各种接线方式。
4. 配电网中性点接地方式。

课程导入

配电网直接面向终端用户，与广大人民群众的生产、生活息息相关，是服务民生的重要公共基础设施，对实现全面建成小康社会宏伟目标、促进"新常态"下经济社会发展具有重要的支撑保障作用。

技能训练

工作任务1　电力系统认知

实施工单

《电力系统认知》实施工单

学习项目	认知配电网	姓名		班级	
任务名称	电力系统认知	学号		组别	
任务目标	1. 能够明确说明电力系统的基本概念。 2. 能够描述配电网的构成特点。 3. 能够描述配电网的负荷特点。 4. 能够说明配电网的发展趋势				
任务描述	学生以小组为单位，通过查阅相关资料及实地调研，完成下列任务。 1. 介绍电力系统的基本概念。 2. 描述配电网的构成特点。 3. 描述配电网的负荷特点。 4. 以小组为单位，查找资料，说明配电网的发展趋势				

续表

学习项目	认知配电网		姓名		班级	
任务名称	电力系统认知		学号		组别	
任务要求	1. 场地要求：供配电系统实训室。 2. 设备要求：无。 3. 工具要求：无					
课前任务	请根据教师提供的视频资源，探索电力系统的发展历程，并在课程平台讨论区进行讨论					
课堂训练	1. 通过查阅相关资料，将电力系统认知情况记录在下表。 **电力系统认知情况记录表** | 知识点 || 内容 | |---|---|---| | 电力系统 | 电力系统的基本概念 | | | | 电力系统的特点 | | | 发电厂 | 水力发电厂 | | | | 火力发电厂 | | | | 核能发电厂 | | | | 其他类型发电厂 | | | 电力网 | 输电网 | | | | 配电网 | | | 电能用户 | 电能用户 | | | 配电网的负荷 | 负荷分级 | | | | 负荷特性 | | | | 负荷曲线 | | | 配电网发展趋势 | 配电网发展趋势 | | 2. 学生分组调研所在城市配电网的特点及发展趋势，并进行汇报展示					
任务总结	对项目完成情况进行归纳、总结、提升					
课后任务	思考城市轨道交通中各用电设备的负荷等级，并在课程平台讨论区进行讨论					

评价标准

采用学生自评（20%）、组内互评（20%）、组间互评（20%）、教师评价（40%）四

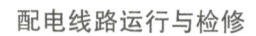

种评价方式，评价内容及标准如下表所示。

《电力系统认知》任务评价内容及标准

序号	评价项目	评价内容	评价标准	分值	得分
1	任务完成情况	电力系统	电力系统相关概念描述是否正确。电力系统工作原理描述是否清楚。电力系统特点描述是否明确。根据实际情况酌情打分	20分	
		发电厂	各类发电厂的特点描述是否正确。各类发电厂的能量转换关系描述是否明确。根据实际情况酌情打分	20分	
		电力网及电能用户	电力网的结构特点描述是否正确。配电网的构成形式描述是否正确。电能用户的特点描述是否明确。根据实际情况酌情打分	20分	
		配电网的负荷及发展趋势	配电网的负荷分级描述是否正确。配电网的负荷特性描述是否清楚。配电网的负荷曲线描述是否清楚。配电网的发展趋势描述是否明确。根据实际情况酌情打分	20分	
2	职业素养情况	资料搜集情况	资料搜集非常全面5分；资料搜集比较全面1~4分；资料搜集不全面酌情扣1~5分	5分	
		语言表达情况	表达非常准确5分；表达比较准确1~4分；表达不准确酌情扣1~5分	5分	
		工作态度情况	态度非常认真5分；态度较为认真2~4分；态度不认真、不积极酌情扣1~5分	5分	
		团队分工情况	分工非常合理5分；分工比较合理1~4分；分工不合理酌情扣1~5分	5分	

理论要点

电能是现代人们生产和生活的重要能源,在日常生活中扮演着越来越重要的角色。社会的各行各业都离不开电能,作为重要的二次能源,它具有容易转换、效率高、便于远距离输送和分配等特点。电能是一种经济、实用、清洁且容易控制和转换的能源形态,是电力部门向电力用户提供的一种特殊产品,在工农业生产和国民经济建设中起着重要的作用。

一、电力系统

1. 电力系统的基本概念

发电厂将燃料的热能、水流的位能或动能、风力的风能以及原子的核能等转换为电能。电能经过输电、变电和配电分配到各用电场所,通过各种设备转换成机械能、热能、光能等不同形式的能量,为国民经济、工农业生产和人民生活服务。

由各种电压等级的电力线路,将各发电厂、变电所和电能用户连在一起构成的发电、输电、变电、配电和用电的统一整体,称为电力系统。电力系统构成如图 1-1 所示。

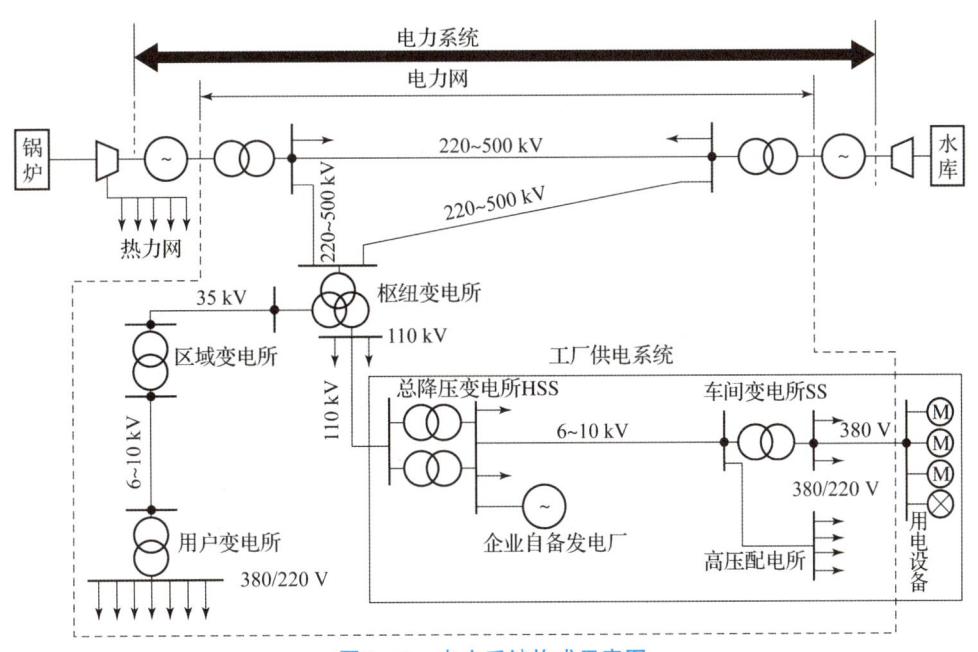

图 1-1 电力系统构成示意图

在电力系统中,通常把电能的发、输、配、用四个环节的电气设备,如发电机、变压器、输配电线路、配电装置、用电设备等称为一次设备。所有一次设备连接成的系统称为一次系统。对一次设备进行保护、监视、测量、操作控制的辅助设备,如控制电缆、继电保护、自动装置、远程监控装置、仪表及信号装置、通信系统设备、信息系统设备等称为二次设备,由二次设备组成的系统称为二次系统或辅助系统。

在电力系统中,一次设备的额定电压有 0.22 kV、0.38 kV、3 kV、6 kV、10 kV、35 kV、66 kV、110 kV、220 kV、330 kV、500 kV 和 750 kV 等电压等级。一般城市或大工业企业配电用 6 kV、10 kV 电压等级;35 kV、66 kV、110 kV、220 kV、330 kV、500 kV 和

750 kV 电压等级，多用于远距离输电。大功率电动机的额定电压用 3 kV、6 kV 或 10 kV，小功率电动机的额定电压用 380/220 V，照明采用 380/220 V 三相四线制，电灯接在相线和中性线之间的 220 V 相电压上。电压为 110 V 或 220 V 的直流供电，广泛应用于发电厂和变电站，供电给继电保护、控制和信号设备等。

2. 电力系统的特点

电力系统电能的生产、输送、分配和使用与其他行业生产过程相比有明显的特点，主要体现在以下几点。

（1）电能的生产输送及使用的连续性。电能的生产、输送、分配和使用是在同一时刻完成，发电厂在任何时刻发出的电能等于该时刻用户使用的电能和输送过程中损耗的电能之和，电力系统中的发电、用电功率每时每刻都是平衡的。一个电力系统中的发、输、配、用各个环节组成一个不可分割的整体。

（2）过渡过程的短暂性。电力系统由于运行方式的改变而引起的波过程、电磁暂态过程和机电暂态过程是非常短暂的，要求正常运行和故障情况所进行的调整和切换操作非常迅速。所以，电力系统运行必须采用自动化程度高，又能迅速而准确动作的继电保护及自动装置和自动监测控制设备。

（3）与生产及人民生活的密切相关性。电力与国民经济、人民生活的关系极其密切，电能供应不足或中断，将直接影响国民经济计划的完成和人民的正常生活，对某些用户甚至会造成产品报废、设备损坏和危及人身安全等严重后果。这就要求不断提高电力工业的发展速度以满足国民经济各部门日益增长的用电需要，并不断提高供电的可靠性与电能质量，将事故及不正常运行降低到最低限度。

二、发电厂

电力用户所需的电力是由发电厂生产，发电厂又称发电站，是将自然界蕴藏的各种天然能源（一次能源）转换为电能（二次能源，即人工能源）的工厂。发电厂按其利用能源的不同，分为水力发电厂、火力发电厂、核能发电厂以及风力、太阳能和地热发电厂等类型。

（一）水力发电厂

水力发电厂简称"水电厂"或"水电站"，它是把水的位能和动能转变成电能的发电厂，主要由水库、水轮机和发电机组成。水库中的水具有一定的位能，经引水管道送入水轮机推动水轮机旋转，水轮机与发电机连轴，带动发电机转子一起转动发电。

其能量转换过程是水流位能→机械能→电能。

水电厂按集中落差的方式分堤坝式水电厂和引水式水电厂。

1. 堤坝式水电厂

在河流中落差较大的适宜地段拦河建坝，形成水库，将水积蓄起来，抬高上游水位，形成发电水头，这种开发模式称为堤坝式。由于水电厂厂房在水利枢纽中的位置不同，又分为坝后式和河床式水电厂。

1）坝后式水电厂

厂房建在坝的后面，厂房不承受上游水压，全部水压由坝体承受，适用于水头较高的情况。水库的水流经坝体内的压力水管引入厂房推动水轮发电机发电。图 1-2 所示为坝后式水电厂示意图，这是我国最常见的水电厂形式。

我国一些大型水电厂包括三峡水电站都属于这种类型。三峡水电站建成后坝高185 m，水位175 m，总装机容量为1 820万 kW，年发电量可达847亿 kW·h，居世界首位。

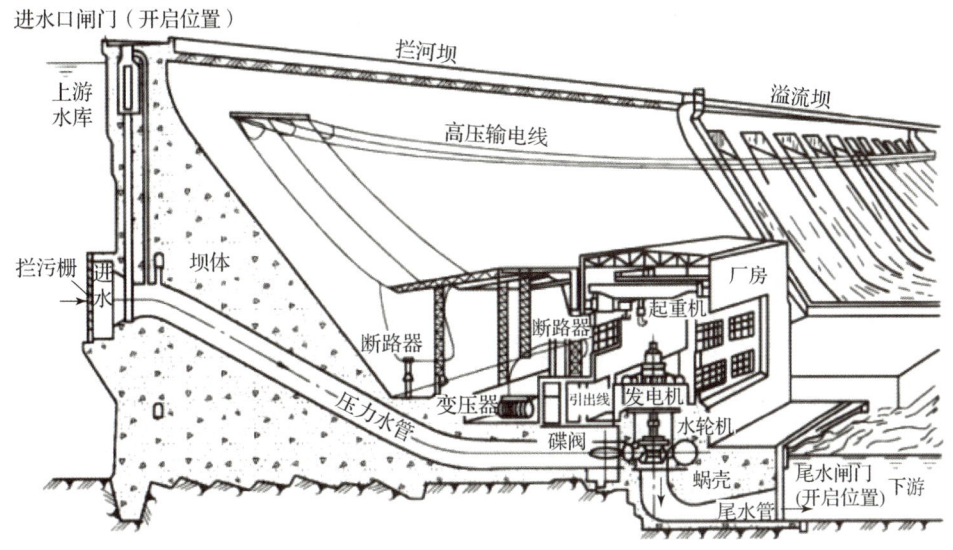

图1-2 坝后式水电厂示意图

2）河床式水电厂

河床式水电厂如图1-3所示，水电厂的厂房代替一部分坝体，厂房也起挡水作用，直接承受上游水的压力，因修建在河床中，故名河床式。水流由上游进入厂房，驱动水轮发电机后泄入下游。这种电厂无库容，也不需要专门的引水管道，一般建于中下游平原河段。

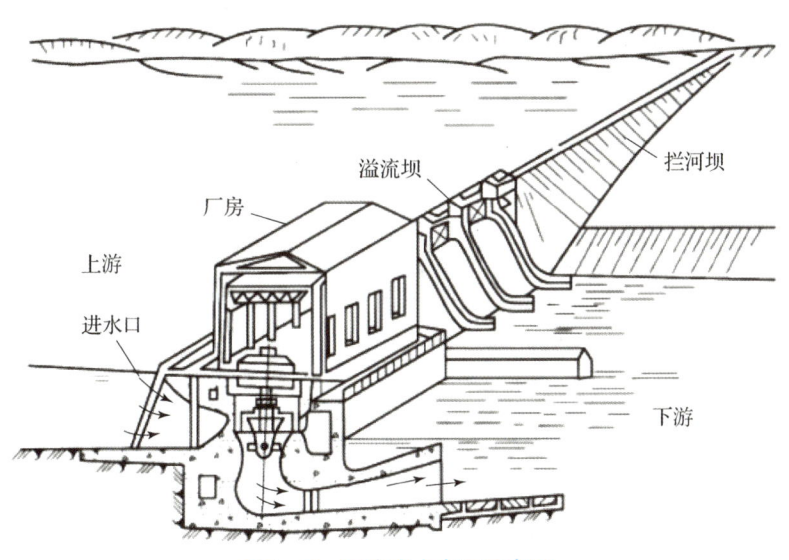

图1-3 河床式水电厂示意图

2. 引水式水电厂

引水式水电厂建在山区水流湍急的河道上或河床坡度较陡的地方，由引水渠道造成水头，而且一般不需修坝或只修低堰，如图1-4所示，适用于水头很高的情况。

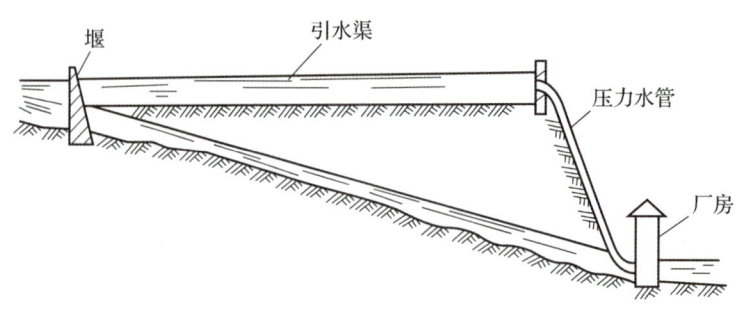

图 1-4 引水式水力发电厂

(二) 火力发电厂

火力发电厂简称"火电厂"或"火电站"。它利用燃料的化学能来生产电能。我国的火电厂以燃煤为主。为了提高燃煤效率，现代火电厂都把煤块粉碎成煤粉，用鼓风机吹入锅炉的炉膛内充分燃烧，将锅炉内的水烧成高温高压的蒸汽，推动汽轮机转动，带动与它连轴的发电机旋转发电。

能量转换过程为燃料的化学能→热能→机械能→电能。

(三) 核能发电厂

党的二十大报告指出，加快规划建设新型能源体系，统筹水电开发和生态保护，积极安全有序发展核电，加强能源产供储销体系建设，确保能源安全。核电作为重要的基荷能源，可提供稳定的电力供应和能源保障。

核能发电厂又称"原子能发电厂"，通称"核电站"。它是利用原子核的裂变能来生产电能的工厂，其生产过程与火电厂基本相同，只是以核反应堆代替了燃煤锅炉，以少量的核燃料取代了大量的煤炭等燃料。

核电站的能量转换过程为核裂变能→热能→机械能→电能。核电站的结构如图 1-5 所示。

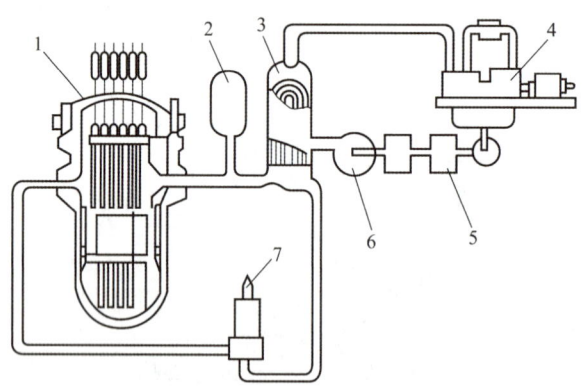

图 1-5 核电站的结构示意图
1—核反应堆；2—稳压器；3—蒸汽发生器；4—汽轮发电机组；
5—给水加热器；6—给水泵；7—主循环泵

核能能量密度高，1 g 铀-235 全部裂变时所释放的能量为 8.33×10^{10} J，相当于 2.8 t 标准煤完全燃烧时所释放的能量。作为发电燃料，其运输量非常小，发电成本低。例如一座 100 万 kW 的火电厂，每年需 300 万~400 万 t 原煤，相当于每天用 8 列火车运煤。同样容量的核电厂若采用天然铀作燃料只需 130 t，采用 3% 的浓缩铀 –235 作燃料则仅需 28 t。利用核能发电还可避免化石燃料燃烧所产生的日益严重的温室效应。电力工业主要燃料煤炭、石油和天然气，这些都是重要的化工原料。基于以上原因，世界各国对核电的发展给予了足够的重视。目前，世界上最大的核能发电厂容量已达 530 万 kW，单机容量为 160 万 kW。

在能源发展史上，核能的和平利用具有划时代的特点。把实现大规模可控核裂变链式反应的装置称为核反应堆，简称反应堆，它是向人类提供核能的关键设备。核能最重要的利用是核能发电。核能发电的迅速发展对解决世界能源问题有着现实意义和深远意义，快速发展核能是解决我国 21 世纪能源问题的一项根本性措施。

我国自行设计和制造的第一座浙江秦山核电厂（1×30 万 kW）于 1991 年并网发电，广东大亚湾核电厂（2×90 万 kW）于 1994 年建成投产，在安装调试和运行管理方面都达到了世界先进水平。核电对改善我国的能源结构，减少环境污染，特别是缓解我国缺乏常规能源的东部沿海地区的电力供应，将发挥越来越大的作用。

（四）其他类型发电厂

根据世界能源权威机构的分析，目前一次能源中石油占年世界能源总消耗量的 40.5%；天然气占年世界能源总消耗量的 24.1%；煤炭占年世界能源总消耗量的 25.2%；铀占年世界能源总消耗量的 7.6%。而这些已探明的主要矿物燃料储量和开采量不容乐观。传统的燃料能源正在一天天减少，可再生的新能源（太阳能、风能、地热能、潮汐能）电厂逐步替代传统一次性能源。

三、电力网

电力网是由不同电压等级的变电站和电力线路连接成的，用于汇集、输送、变换和分配电能的网络称为电力网，即在电力系统中，除去发电机及用电设备外的剩余部分。它包括升、降压变压器和各电压等级的输、配电线路。电力网按在电力系统中作用的不同，可分为输电网和配电网，如图 1–6 所示。

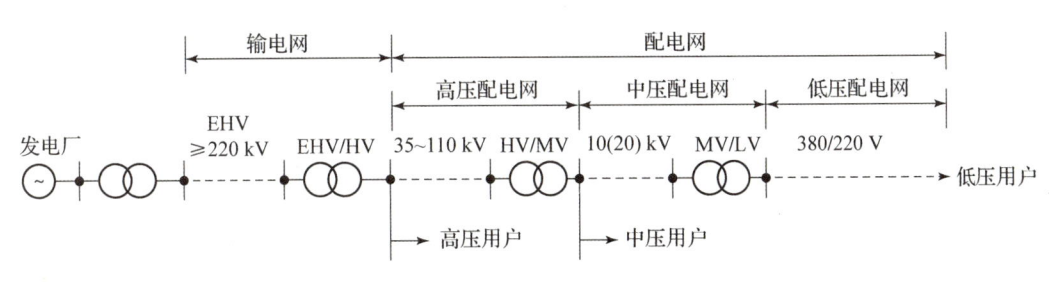

图 1–6 输电网与配电网划分示意图

（一）输电网

为了提高电力输送容量及其稳定性，并减少输送过程中的损耗，发电厂发出的电能经变压器升压后，通过输电网送到大中城市负荷中心的枢纽变电站。由于输电线路距离都比较长，有的数十、数百千米及以上，一般都采用超高压输电网送电。通常采用多回超高压线路，经由不同路径，把若干火电厂、枢纽变电站连接起来构成输电网架，在大负荷中心地区

（特大城市或几个近邻城市）以环形（或双环形）接线把多个枢纽变电站连接起来，形成输电网的受端网架。

目前输送电能主要是采用三相交流架空的方式，但随着换流技术的进步，加上直流线路造价低、损耗小、能满足大容量输电，也有采用直流输电的方式。与交流输电相比较，直流输电有下列优点。

（1）在输送相同功率和距离的条件下，线路造价较低，电能损耗小。

（2）直流线路与所联系的交流系统不需要同步运行，无系统的稳定性问题。

其缺点如下。

（1）整流站与逆变站的换流器价格较高。

（2）直流高压断路器在断开故障电流时灭弧困难。

直流输电目前大多是两端直流输电，即送端换流后送到受端，逆变后送入供电网络，中间没有分支，没有构成直流的电网。

我国输电网有交流 220 kV、330 kV、500 kV 电压等级，以及 750 kV、1 000 kV 特高压电压等级；并有多条 ±500 kV、±800 kV 及以上直流输电工程投入运行和开工建设，逐步形成全国联合电力系统。

（二）配电网

配电网是电力网的一部分，是从输电网接受电能，再分配给各用户的电力网。在我国，配电网包括高压配电网、中压配电网和低压配电网。

1. 高压配电网

高压配电网的功能是从上一级电源接受电能后，可以直接向高压用户供电，也可以通过变压器作为下一级中压配电网的电源。高压配电网容量大、负荷重、负荷节点少、重要性较高。高压配电网的电压等级分为 110 kV、66 kV 和 35 kV 三个标准，一般城市配电网采用 110 kV 作为高压配电电压，在东北地区采用 66 kV 作为高压配电电压，少数地区以 110 kV 和 35 kV 两种配电电压等级并存。

2. 中压配电网

中压配电网的功能是从输电网或高压配电网接受电能，向中压用户供电，或向各用户小区负荷中心的配电变电站供电，再经过变压后向下一级低压配电网提供电源。中压配电网具有供电面广、容量大、配电点多等特点。在我国，中压配电网采用 10 kV 为标准额定电压，部分城市逐渐由 20 kV 代替 10 kV 供电。

3. 低压配电网

低压配电网的功能是以中压配电网为电源，将电能通过低压配电线路直接送给用户。低压配电网的供电半径较小，低压电源点较多，一台中压配电变压器就可作为一个低压配电网的电源，两个电源点之间的距离通常不超过数百米。低压配电网供电容量不大，但分布面广，除少量电能供给集中用电的用户外，大量电能供给城乡居民生活用电及分散的街道照明用电等。低压配电网的电压一般为三相四线制 380/220 V 或单相两线制 220 V。

四、电能用户

所有的用电单位均称为电能用户，其中主要是工业企业。我国工业企业用电占全年总发电量的 60% 以上，是最大的电能用户。

五、配电网的负荷

配电网的负荷又称用电负荷，是指用电设备工作时从电力系统吸取的电功率，或者是指各类用电设备在电力系统中某一时刻所需电功率的总和，以 kW（千瓦）或 MW（兆瓦）为单位。

（一）负荷分级

负荷一般按重要性分为一级负荷、二级负荷和三级负荷三类。

1. 一级负荷

一级负荷也称为一类负荷，是指突然中断供电将造成人身伤亡或将在政治、经济上造成重大损失的负荷，如造成重大设备损坏，有害物溢出，污染环境，生产秩序需要很长时间才能恢复，重要交通枢纽无法工作，经常用于国际活动的场所秩序发生混乱等负荷。

在一级负荷中特别重要的负荷又称为保安负荷，如事故照明、通信系统、火灾报警装置、保证安全生产的计算机及自动控制装置等。保安负荷中断供电将导致爆炸、火灾、中毒、混乱等。

一级负荷要求有两个独立电源供电。所谓独立电源，是指这两个电源之间无直接联系，如任一电源因故障而停止供电，另一电源不受影响，能继续供电的电源。对特别重要的负荷（保安负荷）还必须备有应急电源，如蓄电池、能快速启动的柴油发电机、不间断电源装置（UPS）等。

根据 GB 50052—2009《供配电系统设计规范》，民用建筑中重要负荷为一级负荷的名称如表 1-1 所示。

表 1-1 民用建筑中重要负荷为一级负荷的名称

建筑物名称	电力负荷名称
重要办公建筑	客梯电力、主要办公室、会议室、总值班室、档案室和主要通道照明
一二级旅馆	经营用计算机电源、人员集中的宴会厅、会议厅、餐厅、主要通道等
科研院所和高等学校	重要实验室
地市级以上气象台	气象雷达、电报及传真、卫星接收机、机房照明和主要业务计算机电源
计算机中心	主要业务用的计算机系统电源
大型博物馆、展览馆	防盗信号、珍贵展品的照明
甲等剧场	舞台照明、舞台机械电力、广播系统、转播新闻摄影照明
重要图书馆	计算机检索系统
市级以上体育馆	电子计分系统、比赛场地、主席台、广播
县级以上医院	诊室、手术室、血库等救护科室用电

续表

建筑物名称	电力负荷名称
银行	计算机系统电源、防盗信号电源
大型百货商店	计算机系统电源、营业厅照明
广播电台、电视台	广播机房电源、计算机电源
火车站	站台、天桥、地下通道
飞机场	航管设备设施、安检设备、候机楼、站坪照明、油库、航班预报系统
水运客运站	通信枢纽、导航设备、收发讯台
电话局、卫星地面站	设备机房电力
监狱	警卫照明

2. 二级负荷

二级负荷也称为二类负荷，是指中断供电将在政治、经济上造成较大损失的负荷，如造成主要设备损坏，产品大量报废或减产，连续生产过程需较长时间才能恢复的负荷；突然中断供电将会造成社会秩序混乱或产生严重政治影响的负荷，如交通与通信枢纽、城市主要水源、广播电视、商贸中心等的用电负荷。

二级负荷原则上要求两路及两路以上线路供电，并尽量做到当发生电力变压器或电力线路故障时不致中断供电，当负荷较小时或地区供电困难时，也可由一路专用线路供电。

根据 GB 51348—2019《民用建筑电气设计标准》，民用建筑中重要负荷为二级负荷的名称如表 1-2 所示。

表 1-2 民用建筑中重要负荷为二级负荷的名称

建筑物名称	电力负荷名称
高层住宅	客梯电力、生活水泵电力、主要通道照明
一二级旅馆	普通客房照明
地市级以上气象台	客梯电力
计算机中心	客梯电源
大型博物馆、展览馆	展览照明
重要图书馆	辅助用电
县级以上医院	客梯照明
银行	营业厅、门厅照明
大型百货商店	扶梯、客梯电力
广播电台、电视台	客梯、楼道照明
水运客运站	港口作业区

续表

建筑物名称	电力负荷名称
电话局、卫星地面站	客梯、楼道照明
冷库	冷库内的设施

3. 三级负荷

三级负荷也称为三类负荷，是指不属于上述一级负荷和二级负荷的其他负荷。三级负荷，突然中断供电造成的损失不大或不会造成直接损失，对供电电源无特殊要求。

三级负荷虽然对供电的可靠性要求不高，只需一路电源供电。但在工程设计时，也要尽量使供电系统简单、配电级数少、易管理维护。对三级负荷提供的电力，在供电发生矛盾时，为保证供电质量应采取适当措施，将部分不太重要的用户或负荷切除。

（二）负荷特性

用电负荷特性反映了配电网负荷的固有性质和变化规律，如幅值大小、功率因数、波动情况、季节变化、集中程度、环境影响等。研究并掌握配电网负荷特性，有利于正确选择配电网络接线，合理配置设备的容量和形式，安排适当的运行方式，不断提高配电网的经济效益和供电的安全可靠性。

用电负荷特性可按工业用电负荷特性、农业用电负荷特性、交通运输用电负荷特性、市政生活及照明用电负荷特性进行分类。

1. 工业用电负荷特性

工业用电负荷通常有负荷集中、连续性强的特性。负荷情况与行业性质及用户的工作方式有关。工业用电负荷虽然也随一些外界环境条件变化有所增减，如部分建材、制糖生产受季节影响等，但负荷本身影响较小，全年负荷比较稳定。

2. 农业用电负荷特性

农业用电负荷包括农村居民用电、农村生产与排灌用电、农村工商业用电等。农业用电负荷受气候、季节影响较大。

3. 交通运输用电负荷特性

交通运输用电负荷包括火车站、汽车站、航运码头、飞机场、航空站的动力和通风用电，电气化铁道和电气化运输机械的用电，以及车站、码头、机场基建用电等。这类负荷在全年内一般变化不大。

4. 市政生活及照明用电负荷特性

市政生活及照明用电负荷包括城市公用事业、居民、商业、学校、机关、部队等的生活及照明用电负荷。其中公用事业用电负荷较为平稳，居民、商业等用电负荷受季节影响极为明显，有时直接影响配电网峰值负荷的季节性变化，其影响程度取决于这类负荷在配电网负荷中所占的比重。

（三）负荷曲线

用电负荷与时间的关系曲线称为负荷曲线，它反映了一定时间段内负荷随时间变化的情

况。通过负荷曲线，可以掌握各个时期内负荷变化的规律，从而制订配电设备运行、维护、检修的计划，也可估计出配电设备及其负荷的变化趋势，从而制订配电网的建设规划。负荷曲线按时间长短可分为日负荷曲线和年负荷曲线。

1. 日负荷曲线

日负荷曲线表示一日 24 h 内负荷变化情况，作为经济且合理地安排配电网日运行方式的依据，保证供电的安全可靠性。日负荷曲线是根据在一定时间间隔内功率的测量记录，在直角坐标中逐点画出，并依次连接成折线或绘成曲线，如图 1-7（a）所示。绘制日负荷曲线所选的时间间隔可自定，如 0.5 h 或 1 h，时间间隔越短，越能精确反映实际负荷的变化。为实际应用及便于计算，也可将所测量的各点数值逐点绘成阶梯形曲线。日负荷曲线与纵、横坐标所包围的面积代表一日 24 h 内所消耗的电能，即配电网的日用电量。

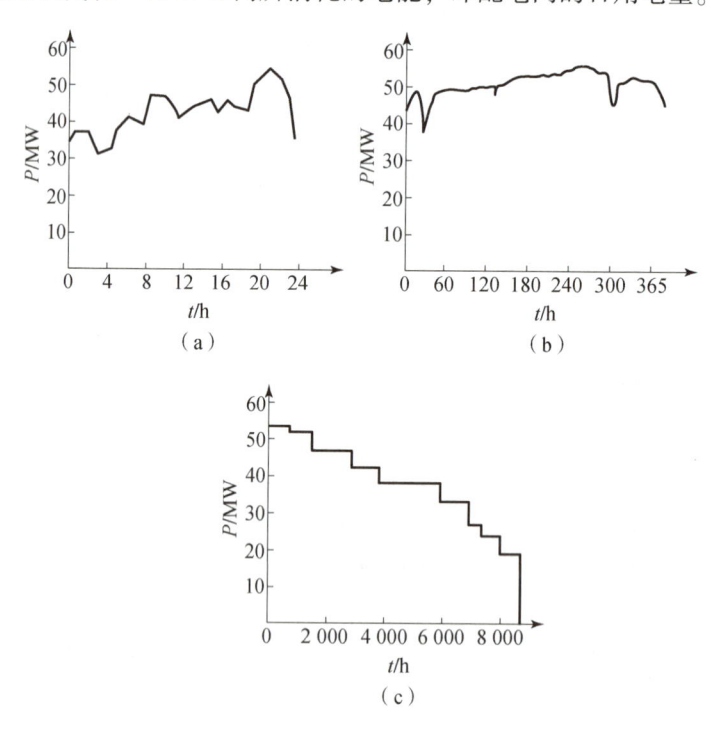

图 1-7 负荷曲线
(a) 日负荷曲线；(b) 年负荷曲线；(c) 电力负荷年持续曲线

2. 年负荷曲线

年负荷曲线表示一年中的负荷变化情况，用以制订全年或各季的配电网运行方式，安排设备维修计划和实施配电网的年度改造、建设计划。年负荷曲线有两种：①表示一年中每日最大负荷变动的情况，称为日最大负荷年变动曲线，或称年负荷曲线，如图 1-7（b）所示。该曲线可根据典型日负荷曲线间接绘制。②不分日月的界限，而以全年实际使用小时为横坐标，以负荷大小的数值为纵坐标，依次排列绘制而成，称为电力负荷年持续曲线，如图 1-7（c）所示。该曲线可近似地根据一年中具有代表性的夏季和冬季日负荷曲线进行绘制。电力负荷年持续曲线与纵、横坐标所包围的面积等于一年中所消耗的电能，即配电网的年售电量。

配电网发展趋势

工作任务 2　配电网的接线

实施工单

《配电网的接线》实施工单

学习项目	认知配电网		姓名		班级	
任务名称	配电网的接线		学号		组别	
任务目标	1. 能够说明中压配电线路接线特点。 2. 能够描述电缆配电网的接线特点。 3. 能独立绘制中压配电线路及电缆配电网的接线图					
任务描述	学生以小组为单位，通过查阅相关资料及实地调研，完成下列任务： 1. 介绍城市配电网必须满足供电安全 N－1 准则。 2. 描述中压配电线路的接线特点。 3. 描述电缆配电网的接线特点					
任务要求	1. 场地要求：供配电系统实训室。 2. 设备要求：无。 3. 工具要求：无					
课前任务	请根据教师提供的视频资源，探索配电的接线形式，并在课程平台讨论区进行讨论					
课堂训练	1. 通过查阅相关资料，将配电网的接线情况记录在下表。 **配电网的接线情况记录表** 	知识点		内容
---	---	---
城市配电网必须满足供电安全 N－1 准则	城市配电网必须满足供电安全 N－1 准则	
中压配电线路接线	无备用系统的接线	
	有备用系统的接线	
电缆配电网的接线	双射式接线	
	环网式接线	| 2. 请学生分组调研所在城市配电网的接线形式，并进行汇报展示					
任务总结	对项目完成情况进行归纳、总结、提升					
课后任务	思考配电网中不同接线方式能否进行混配，并在课程平台讨论区进行讨论					

评价标准

采用学生自评（20%）、组内互评（20%）、组间互评（20%）、教师评价（40%）四种评价方式，评价内容及标准如下表所示。

《配电网的接线》任务评价内容及标准

序号	评价项目	评价内容	评价标准	分值	得分
1	任务完成情况	城市配电网必须满足供电安全N-1准则	城市配电网必须满足供电安全N-1准则内容阐述是否正确。 城市配电网必须满足供电安全N-1准则内涵理解是否清楚。 根据实际情况酌情打分	10分	
		中压配电线路接线	无备用系统的接线特点表述是否清楚。 有备用系统的接线特点表述是否清楚。 无备用系统及有备用系统的接线图绘制是否正确、清楚。 根据实际情况酌情打分	35分	
		电缆配电网的接线	双射式接线特点表述是否清楚。 环网式接线特点表述是否清楚。 双射式、环网式接线图绘制是否正确、清楚。 根据实际情况酌情打分	35分	
2	职业素养情况	资料搜集情况	资料搜集非常全面5分；资料搜集比较全面1~4分；资料搜集不全面酌情扣1~5分	5分	
		语言表达情况	表达非常准确5分；表达比较准确1~4分；表达不准确酌情扣1~5分	5分	
		工作态度情况	态度非常认真5分；态度较为认真2~4分；态度不认真、不积极酌情扣1~5分	5分	
		团队分工情况	分工非常合理5分；分工比较合理1~4分；分工不合理酌情扣1~5分	5分	

> 理论要点

配电线路是配电网络的重要组成部分，担负着输送和分配电能的重要任务。因此，《城市电力网规划设计导则》规定，城市配电网必须满足供电安全 N-1 准则，即：

（1）高压变电站中失去任何一回进线或一组降压变压器时，必须保证向下一级配电网供电。

（2）中压配电网中一条架空线路或一条电缆线路，或变电站中一组降压变压器发生故障停运时：在正常情况下，除故障段外不停电，不得发生电压过低和设备不允许的过负荷；在计划停运情况下，又发生故障停运时，允许部分停电，但应在规定时间内恢复供电。

（3）低压配电网中当一台变压器或配电网发生故障时，允许部分停电，并尽快将完好的区段在规定时间切换至邻近配电网恢复供电。

按照 N-1 的准则和供电可靠性的要求，对于不同等级的负荷可以采取不同的接线方式，这些接线方式可分为无备用和有备用接线系统。在有备用接线系统中，其中一回路发生故障时，其余回路能保证全部负荷供电的称为完全备用系统；如果只能保证对重要用户供电，则称为不完全备用系统。备用系统的投入方式可分为手动投入、自动投入和经常投入等。

一、中压配电线路的接线

1. 无备用系统接线

无备用系统接线分放射式接线和干线式接线两种。

1）无备用放射式接线

如图 1-8 所示，该接线中配电线路自配电变电站引出，按照负荷的分布情况呈放射式延伸出去，即电源端采取一对一的方式直接向用户供电，每条线路只向一个用户点供电，中间不接任何其他的负荷，各用电点之间也没有任何电气联系。这种接线方式的特点是接线简单，当任意一回线路故障时，不影响其他回路供电，且操作灵活方便，易于实现保护和自动化，但有色金属消耗量较大、投资较高。这种接线一般只适用于供电给三级负荷和个别二级负荷。

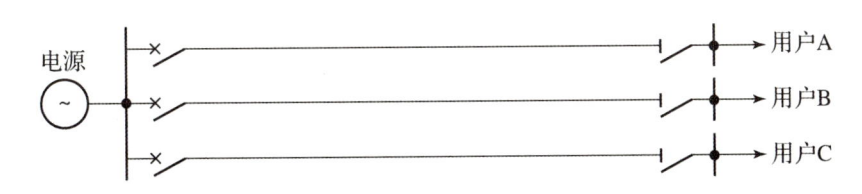

图 1-8 无备用放射式接线

2）无备用干线式接线

如图 1-9 所示，该接线特点是多个用户由一条干线供电，所用的高压开关设备少，耗用导线也较少，投资少，增加用户时不必另增线路，易于适应发展。但该接线供电可靠性较差，当某一段干线发生故障或进行检修时，则在其后的若干变电站都要停电。这种接线仅适用于供电给三级负荷。

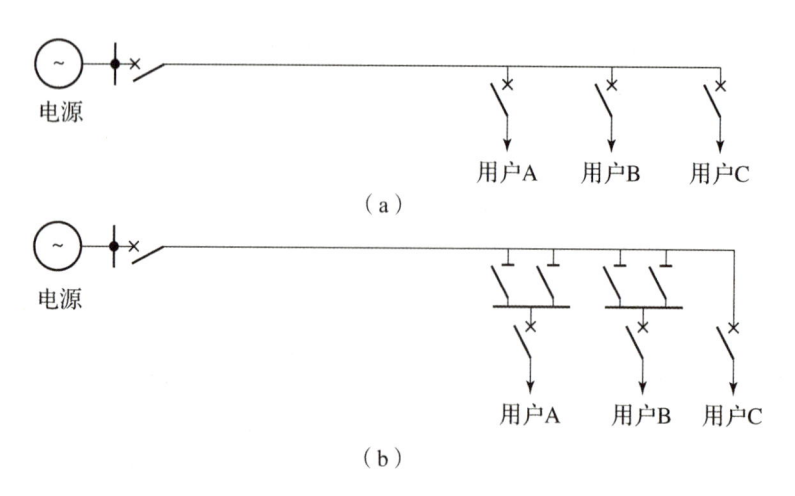

图 1-9 无备用干线式接线

2. 有备用系统接线

有备用系统接线分双回路放射式接线、双回路干线式接线和环式接线三种。

1）双回路放射式接线

如图 1-10（a）所示，该接线中一个用户由两条放射式线路供电。该接线中由于每个用户都采用双回路供电，故线路总长度长，电源出线回路数和所用开关设备多，投资大。其优点：一条线路故障或检修时，用户可由另一条线路保持供电，当双回路同时工作时，可减少线路上的功率损失和电压损失。这种接线适用于供电给负荷大或独立的重要用户。

对于容量大而且特别重要的用户，可采用图 1-10（b）所示的用断路器分段的接线，以实现自动切换，提高配电网的可靠性。

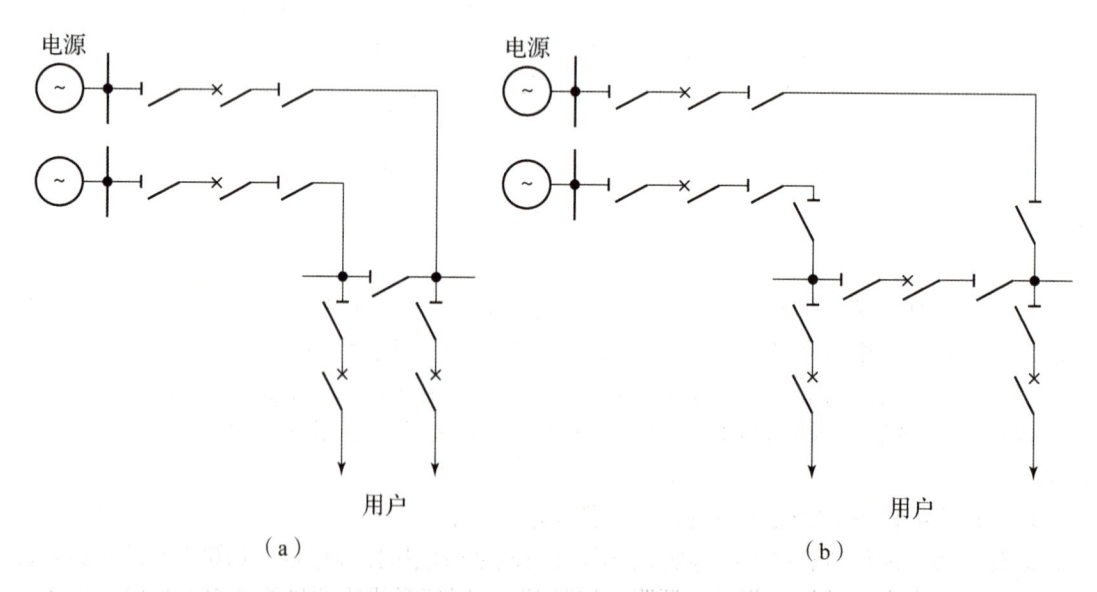

图 1-10 双回路放射式接线
(a) 采用隔离开关分段；(b) 采用断路器分段

2）双回路干线式接线

如图 1-11 所示，该接线中一个用户由两条不同电源的树干式线路供电，对每个用户来说都可获得双电源，因此供电可靠性大大提高，可适用于对容量不太大、离供电点较远的重要负荷供电。

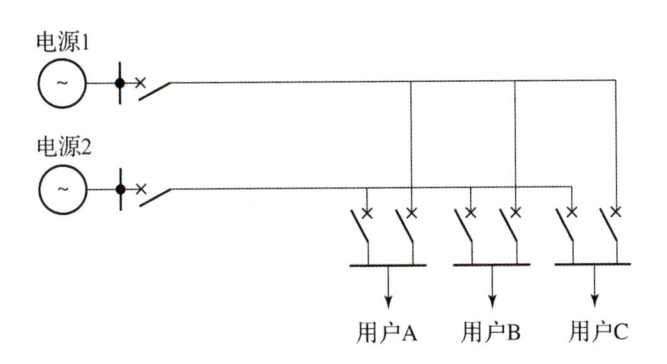

图 1-11 双回路干线式接线

3）环形接线

环形接线又称环网，俗称手拉手接线，如图 1-12 所示，该接线中两回配电线路自同一（或不同）配电变电站的母线引出，利用联络断路器（或分段断路器）连接成环，每个用电点自环上 T 形支接，是目前城市配电网络中普遍使用的一种接线方式。

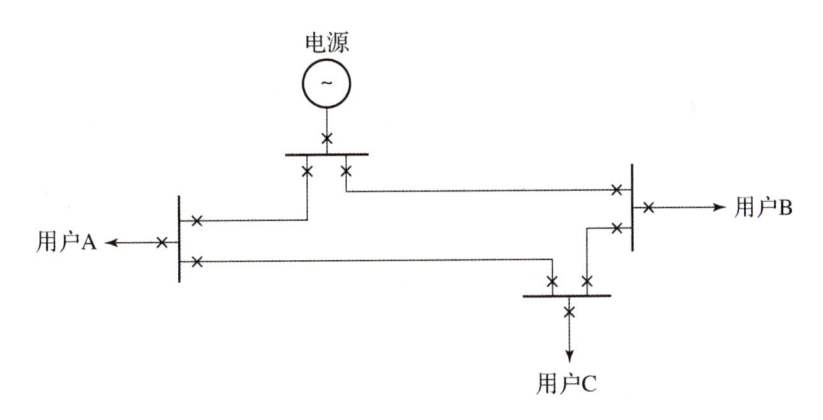

图 1-12 环形接线

正常运行时，联络开关经常断开，只有当某区段发生故障或停电作业时联络开关才倒换为闭合的运行方式称为常开环路方式。而将联络开关经常闭合的运行方式称为常闭环路方式。多数环形接线采用常开环路方式，即环形线路联络开关是断开的，两条干线分开运行，当任何一段线路故障或检修时，利用联络开关切换隔离后，其他区段上的负荷可继续供电。

环形接线的优点是系统所用设备少，各线路途径不同，不易同时发生故障，故可靠性较高且运行灵活，因负荷有两条线路负担，故负荷波动时电压比较稳定。其缺点：故障时线路较长，电压损失大（特别是靠近电源附近段故障）。因环形线路的导线截面按故障情况下能担负环网全部负荷考虑，故线路材料消耗量增加，两个负荷大小相差越悬殊，其耗材就越大。这种接线方式适于供电给负荷容量相差不大，所处地理位置离电源都较远，而彼此较近，允许短时间停电的二、三级负荷。

根据供电需要，以放射式、环形接线为基础发展演化出多种接线，可将一个居民小区的多台配电变压器接成一个小环形接线，小环的两个电源接入环形中压配电网（主环网），形成大环套小环的接线，如图1-13所示。有的小型工厂将几个车间变电站接成环形接线，形成类似小环套大环的环网。

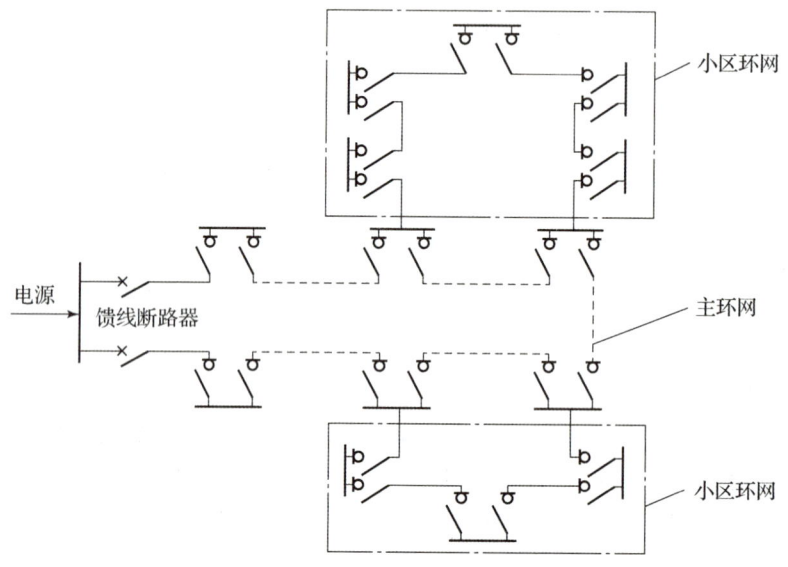

图1-13 大环套小环的接线

对一些要求有双电源或多电源的配电变电站或用户配电站，可采用如图1-14所示的多电源环形接线，图中备用电源柜的负荷开关正常运行时为常开状态。

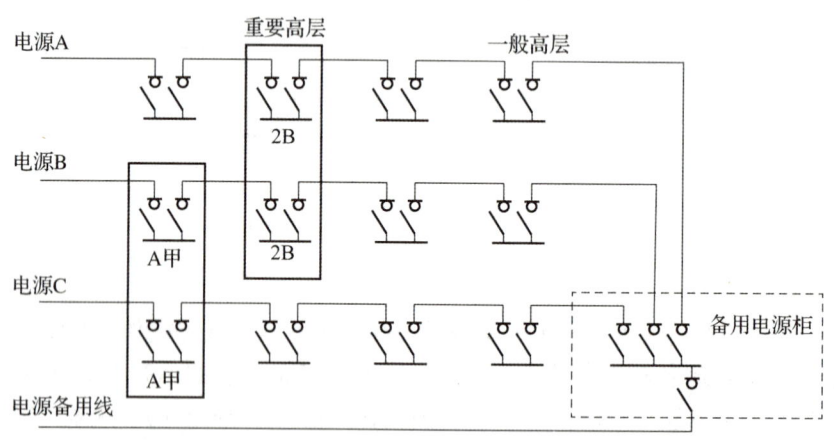

图1-14 多电源环形接线

中压配电网也可以接成1/3环网接线，如图1-15所示。在正常运行情况下的线路负荷率可达67%，而预留线路容量的1/3为备用。这种接线适用于地区负荷比较稳定且接近饱和，按最终规模一次建成的配电网。它的优点是供电可靠性和单环网接线相同，但线路负荷率比单环网接线分别高17%和25%；其缺点是适应地区负荷变化的能力较差，且调度操作比单环网接线复杂。

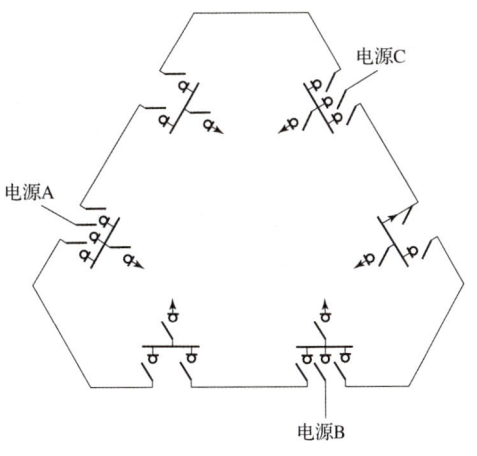

图 1-15　1/3 环网接线

二、电缆配电网的接线

依据城市规划，高负荷密度地区、繁华地区、供电可靠性要求较高的地区、住宅小区、市容环境有特殊要求的地区宜采用电缆线路构成电缆配电网。

1. 双射式接线

负荷容量较大的中压用户及负荷较为重要的中压用户应采用自一个变电站或开关站的中压双母线各引出一回电缆线路供电，如图 1-16（a）所示。对于负荷特别重要的用户可采取来自不同变电站或开关站的多条电缆线路供电，如图 1-16（b）所示。

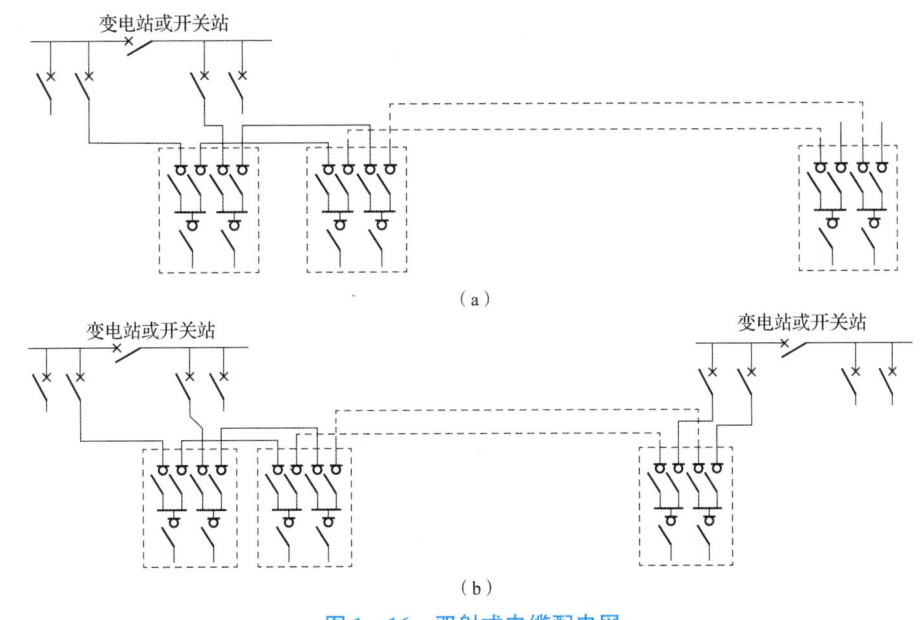

图 1-16　双射式电缆配电网
（a）单电源；（b）双电源

2. 环网式接线

对于负荷容量稍小的中压用户及中压架空线路入地改造的用户，宜采用电缆单环配电网方式供电。环网中部开环运行，如图 1-17（a）所示。为有效利用变电站的出线间隔，宜采用多回路单环配电网方式,如图 1-17(b)、图 1-17(c)所示。

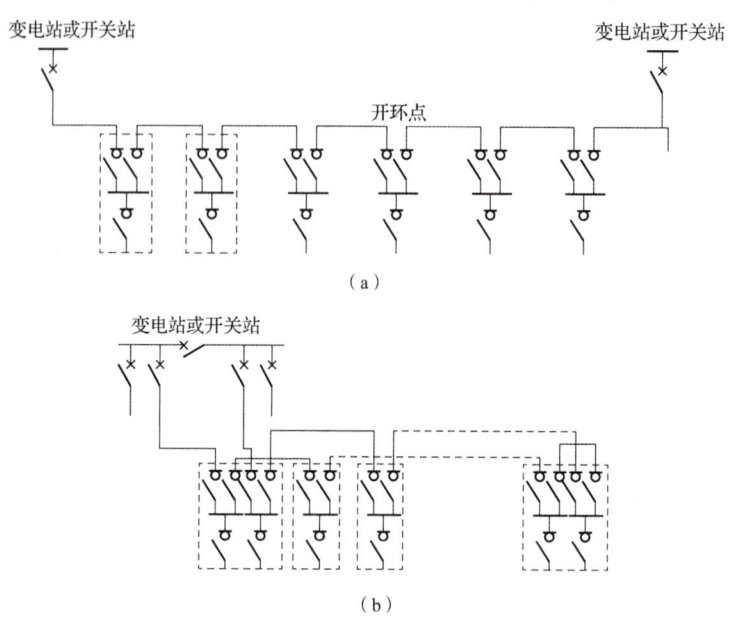

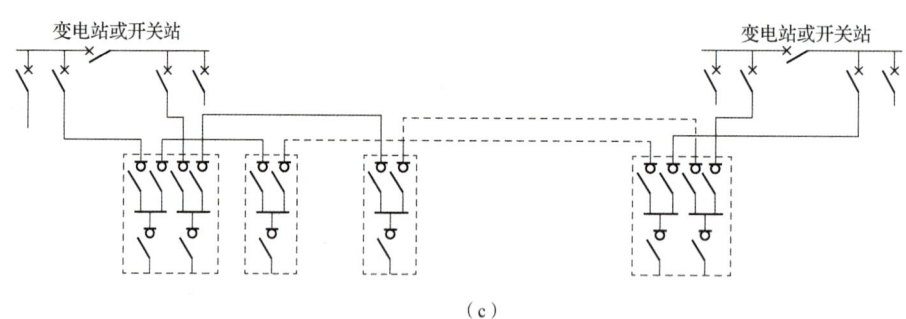

(a)

(b)

(c)

图 1-17 单环电缆配电网
(a) 单环网;(b) 双单环网;(c) 多环网

工作任务3　配电网供电质量及额定电压的国家标准认知

实施工单

《配电网供电质量及额定电压的国家标准认知》实施工单

学习项目	认知配电网	姓名		班级	
任务名称	配电网供电质量及额定电压的国家标准认知	学号		组别	
任务目标	1. 能够说明配电网中衡量电能的质量指标。 2. 能够描述配电网中额定电压的国家标准。 3. 能够准确描述供配电网中电压的选择方法				

续表

学习项目	认知配电网	姓名		班级	
任务名称	配电网供电质量及额定电压的国家标准认知	学号		组别	
任务描述	学生以小组为单位，通过查阅相关资料及实地调研，完成下列任务： 1. 介绍配电网中衡量电能的质量指标。 2. 描述所在配电网中额定电压的国家标准。 3. 准确描述供配电网中电压的选择方法				
任务要求	1. 场地要求：供配电系统实训室。 2. 设备要求：无。 3. 工具要求：无				
课前任务	请根据教师提供的视频资源，探索供电质量参数及额定电压的国家标准，并在课程平台讨论区进行讨论				
课堂训练	1. 通过查阅相关资料，将配电网供电质量及额定电压的国家标准认知情况记录在下表。 配电网供电质量及额定电压的国家标准认知情况记录表 	知识点		内容
---	---	---
衡量电能的质量指标	电压质量指标	
	频率质量指标	
额定电压的国家标准	额定电压的国家标准	
供电电压的选择	供电电压的选择	| 2. 请学生分组调研所在城市配电网的电能的质量指标及供电电压的选择情况，并进行汇报展示				
任务总结	对项目完成情况进行归纳、总结、提升				
课后任务	思考城市配电网采用何种方法保证供配电的电能质量，并在课程平台讨论区进行讨论				

评价标准

采用学生自评（20%）、组内互评（20%）、组间互评（20%）、教师评价（40%）四种评价方式，评价内容及标准如下表所示。

《配电网供电质量及额定电压的国家标准认知》任务评价内容及标准

序号	评价项目	评价内容	评价标准	分值	得分
1	任务完成情况	衡量电能的质量指标	电压质量指标描述是否正确。频率质量指标描述是否全面、明确。根据实际情况酌情打分	30分	
		额定电压的国家标准	额定电压的国家标准表述是否清楚。根据实际情况酌情打分	20分	
		供电电压的选择	供电电压的选择阐述是否正确、全面。根据实际情况酌情打分	30分	
2	职业素养情况	资料搜集情况	资料搜集非常全面5分；资料搜集比较全面1~4分；资料搜集不全面酌情扣1~5分	5分	
		语言表达情况	表达非常准确5分；表达比较准确1~4分；表达不准确酌情扣1~5分	5分	
		工作态度情况	态度非常认真5分；态度较为认真2~4分；态度不认真、不积极酌情扣1~5分	5分	
		团队分工情况	分工非常合理5分；分工比较合理1~4分；分工不合理酌情扣1~5分	5分	

> **理论要点**

电力设备是在一定频率的电压下工作，电源的频率或电压偏差，都会影响用电设备的寿命和效率。对工厂用户而言，衡量供电质量的主要指标是交流电的电压和频率。具体细分，则可将电能的质量指标分为电压质量指标、频率质量指标两个方面。

一、衡量电能的质量指标

1. 电压质量指标

交流电压质量包括电压数值与波形两个方面。电压质量对各类用电设备的工作性能、使用寿命、安全及经济运行都有直接的影响。用电设备在其额定电压下工作，既能保证设备运行正常，又能获得最大的经济效益。

电网的电压偏差过大时，不仅影响电力系统的正常运行，而且对用电设备的危害很大。以照明用的白炽灯为例，当加在灯泡上的电压低于其额定电压时，发光效率降低，使人的身体健康受到影响，降低劳动生产率。白炽灯的端电压降低10%，发光效率下降30%以上，灯光明显变暗，当端电压升高10%时，发光效率将提高1/3，但使用寿命只有原来的1/3。例如，某车间由于夜间电压比额定电压高5%～10%，致使灯泡损坏率达30%以上。电压偏差对荧光灯等气体放电灯的影响不像白炽灯那么明显，但也会影响起燃，同样影响照度和寿命。电动机运行电压低于其额定电压时，将使电动机的转矩下降，可能导致工厂产品报废。电压过低，造成电动机启动困难，运行中的电动机电压过低，绕组中电流增大温升超过允许值，加速了绝缘老化，甚至烧毁电动机。电压过低将增加电网中的电能损耗，且电气设备的容量不能被充分利用。当电力系统的电压下降30%左右时，因为电压下降可能引起系统解裂，造成大面积停电，是电力系统最严重的事故。而当电力系统电压升高超出规定范围时，同样会造成严重的后果，加速设备绝缘老化，缩短设备寿命，甚至直接烧毁设备。因此，国家规定了电压幅值波动偏差的要求如下：

（1）35 kV及以上高压供电用户，电压偏差不超过额定值的±10%。

（2）10 kV及以下的三相用户，电压偏差值不超过±7%。

（3）220 V单相供电的用户，电压偏差值不超过+7%～-10%。

电力系统的供电电压的波形畸变，使电能质量下降，产生高次谐波，谐波电流增加了电网的能量损耗，缩短旋转电机、变压器、电缆等电气元件的寿命，还将影响电子设备的正常工作，使自动化控制、通信都受到干扰。

电压调整方法一般包含调整变压器的电压分接开关位置（5%、0、-5%）；合理选择导线及其截面以减少系统阻抗；均衡安排三相负荷；根据负荷变化适时改变变压器运行台数；采用无功功率补偿装置，提高功率因数，降低线路电压损耗。采用有载调压变压器及时调整电压。

2. 频率质量指标

我国采用的工业频率为50 Hz。电网低频率运行时，所有用户的交流电动机转速都将相应降低，这将导致许多工厂的产量和质量不同程度受到影响。例如，频率降至48 Hz时，电动机转速降低4%，纺织、机械、造纸等工业的产量相应降低。有些工业产品的质量也受到影响，如纺织品出现断线、纸张厚薄不均匀、印刷品深浅不规律等。

频率的变化对电力系统运行的稳定性影响很大，因而对频率的要求比对电压的要求更严格。国标规定频率偏差范围一般为±0.5%。当电力系统容量达3 000 MW及以上时，频率偏差范围规定为不超过±2%。频率的调整主要依靠发电厂。

改善供电频率偏差可采取下列措施：

加速电力建设，增加系统的装机容量和调节负荷高峰的能力；做好计划用电工作，搞好负荷调整，移峰填谷，并采取技术措施来降低冲击性负荷的影响；装设低频减载自动装置及排定低频停限电序次，以便在电网频率降低时，适时地切除部分非重要负荷，以保证重要负荷的稳定连续供电。

二、额定电压的国家标准

额定电压是指能使各种电气设备处于最佳运行状态的工作电压，用U_N表示。

由于三相功率 S 和线电压 U、线电流 I 之间的关系为 $S=\sqrt{3}UI$，所以在输送功率一定时，输电电压越高，输电电流越小，从而可减少线路上的电能损失和电压损失，同时又可减少导线截面，节约有色金属。而对于某一截面的线路，当输电电压越高时，其输送功率越大，输送距离越远，但是电压越高，绝缘材料所需的投资也相应增加，因而对应一定输送功率和输送距离，均有相应技术上的合理输电电压等级；同时，还需考虑设备制造的标准化、系列化等因素，因此，电力系统额定电压的等级也不宜过多。

按照国家标准 GB/T 156—2017《标准电压》的规定，我国三相交流电网、发电机和电力变压器的额定电压如表 1-3 所示。

表 1-3 我国三相交流电网、发电机和电力变压器的额定电压　　　单位：kV

电网和用电设备额定电压	交流发电机额定线电压	变压器额定电压	
		一次电压	二次电压
0.38	0.4	0.38	0.4
0.66	0.69	0.66	0.69
3	3.15	3 及 3.15	3.15 及 3.3
6	6.3	6 及 6.3	6.3 及 6.6
10	10.5	10 及 10.5	10.5 及 11
35	—	35	38.5
66	—	66	72.6
110	—	110	121
220	—	220	242
330	—	330	363
500	—	500	550
750	—	750	825（800）
1 000	—	1 000	1 100

从表 1-3 中可以看出，在同一电压等级下，各种设备的额定电压并不完全相等。为了使各种互相连接的电气设备都能运行在较有利的电压下，各种电气设备的额定电压之间应互相配合。

1. 电网的额定电压和用电设备的额定电压是一致的

当输电线路输送功率时，沿线路有电压损失，因而线路各点电压是不同的，电网的额定电压是始端与末端电压的平均值。成批生产的用电设备，其额定电压不可能按使用地点的实际电压来制造，只能按照线路首端与末端的平均电压即电网的额定电压来制造。所以用电设备额定电压规定与电网的额定电压相同，如图 1-18 所示。

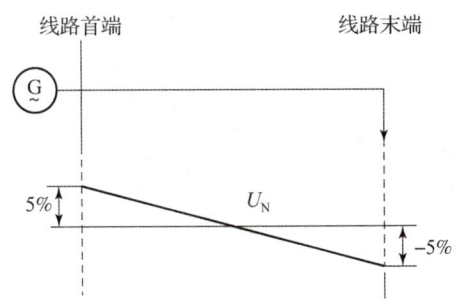

图 1-18 电网和用电设备的额定电压示意图

2. 发电机额定电压规定比电力线路额定电压高 5%

由于用电设备一般允许电压偏移为 ±5%，沿线路电压损失一般为 10%，所以要求线路始端电压比线路额定电压高 5%，以使其末端电压比用电设备额定电压不低于 5%，而发电机多接于电力线路始端，因此发电机额定电压需要比电力线路额定电压高 5%。

3. 电力变压器的额定电压

变压器一次侧和二次侧分别有以下几种情况，如图 1-19 所示。

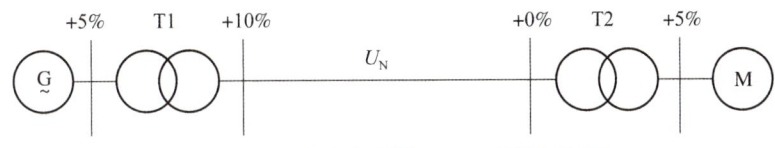

图 1-19 电力变压器一、二次额定电压

（1）电力变压器一次绕组的额定电压有两种情况：

①当电力变压器直接与发电机相连，则 T1 一次绕组额定电压应与发电机额定电压相同，即比电网的额定电压高 5%。

②当变压器连接在线路上，则可将 T2 看作线路上的用电设备，此时，T2 一次绕组的额定电压应与线路的额定电压相同。

（2）变压器二次绕组额定电压指变压器一次绕组接额定电压，二次开路时的电压，即空载电压，而变压器在满载运行时，二次绕组内约有 5% 的阻抗电压降，因此也分为两种情况：

①如果变压器二次侧供电线路很长，则变压器二次绕组额定电压，一方面要考虑补偿变压器二次绕组本身 5% 的阻抗电压降，另一方面还要考虑变压器满载时输出的二次电压要满足线路首段应高于线路额定电压的 5%，以补偿线路上的电压损耗。所以，变压器二次绕组的额定电压要比线路额定电压高 10%，在图 1-19 中，T1 相当于电源，不仅要克服内部 5% 的阻抗压降，而且要考虑线路首端电压应高于线路额定电压 5%，所以二次绕组额定电压要比线路额定电压高 10%。

②如果变压器二次侧供电线路不长，则变压器二次绕组的额定电压只需高于其所接线路额定电压的 5%，在图 1-19 中，T2 只考虑内部 5% 阻抗压降即可。

三、供电电压的选择

对电力用户而言，当要求供给的功率和与供给电能的电源点之间的距离确定后，供电线

路的电压高则电流小,在线路和变压器中的功率损耗、电能损耗和电压损失也小,可以采用较小截面的导线以节约有色金属。但是,供电线路电压高时,线路的绝缘强度要求也高,导线之间的距离和导线对地的距离都大,因而线路杆塔的几何尺寸也大。这样,杆塔材料消耗多,线路投资大。同时,线路两端的升、降压变电站内的变压器和开关电器等电气设备的投资也大。因此供电线路的电压等级,要根据供电功率、供电距离经技术经济比较确定。表1-4所示为各级电压合理输送功率与输电距离。

表1-4 各级电压合理输送功率与输电距离

额定电压/kV	线路结构	输送功率/MW	输电距离/km	额定电压/kV	线路结构	输送功率/MW	输电距离/km
0.38	架空线路	≤0.1	≤0.25	66	架空线路	3.5~30	30~100
	电缆线路	≤0.175	≤0.35	110	架空线路	10~50	50~100
6	架空线路	≤1	≤10	220	架空线路	100~500	100~300
	电缆线路	≤3	≤8	330	架空线路	200~300	200~600
10	架空线路	≤2	5~20	500	架空线路	40~1 500	150~850
	电缆线路	≤5	<10	750	架空线路	800~2 200	500~1 200
35	架空线路	2~10	20~50	—	—	—	—

工作任务4 配电网中性点接地

实施工单

《配电网中性点接地》实施工单

学习项目	认知配电网	姓名		班级	
任务名称	配电网中性点接地	学号		组别	
任务目标	1. 能够说明中性点直接接地的运行方式。 2. 能够描述中性点不接地的运行方式。 3. 能够说明中性点经消弧线圈接地的运行方式。 4. 能够描述低压配电系统的中性点运行方式				
任务描述	学生以小组为单位,通过查阅相关资料及实地调研,完成下列任务: 1. 介绍中性点直接接地的运行方式。 2. 描述中性点不接地的运行方式。 3. 描述中性点经消弧线圈接地的运行方式。 4. 准确描述低压配电系统的中性点运行方式				

续表

学习项目	认知配电网	姓名		班级	
任务名称	配电网中性点接地	学号		组别	
任务要求	1. 场地要求：供配电系统实训室。 2. 设备要求：无。 3. 工具要求：无				
课前任务	请根据教师提供的视频资源，探索配电网中性点接地方式，并在课程平台讨论区进行讨论				
课堂训练	1. 通过查阅相关资料，将配电网中性点接地情况记录在下表。 **配电网中性点接地情况记录表** {sub-table below} 2. 学生分组调研所在城市配电网中性点运行方式，并进行汇报展示				
任务总结	对项目完成情况进行归纳、总结、提升				
课后任务	思考在日常配电设备维护检修中，对于不同的中性点运行方式，应有哪些注意事项，并在课程平台讨论区进行讨论				

知识点		内容
中性点直接接地的运行方式	中性点直接接地的运行方式	
中性点不接地的运行方式	中性点不接地的运行方式	
中性点经消弧线圈接地的运行方式	中性点经消弧线圈接地的运行方式	
低压配电系统的中性点运行方式	TN 系统	
	TT 系统	
	IT 系统	

评价标准

采用学生自评（20%）、组内互评（20%）、组间互评（20%）、教师评价（40%）四种评价方式，评价内容及标准如下表所示。

《配电网中性点接地》任务评价内容及标准

序号	评价项目	评价内容	评价标准	分值	得分
1	任务完成情况	中性点直接接地的运行方式	中性点直接接地的运行方式描述是否全面、明确。根据实际情况酌情打分	20分	
		中性点不接地的运行方式	中性点不接地的运行方式表述是否清楚。根据实际情况酌情打分	20分	
		中性点经消弧线圈接地的运行方式	中性点经消弧线圈接地的运行方式阐述是否正确、全面。根据实际情况酌情打分	10分	
		低压配电系统的中性点运行方式	TN系统描述是否全面、明确。TT系统描述是否全面、明确。IT系统阐述是否正确、全面。根据实际情况酌情打分	30分	
2	职业素养情况	资料搜集情况	资料搜集非常全面5分；资料搜集比较全面1~4分；资料搜集不全面酌情扣1~5分	5分	
		语言表达情况	表达非常准确5分；表达比较准确1~4分；表达不准确酌情扣1~5分	5分	
		工作态度情况	态度非常认真5分；态度较为认真2~4分；态度不认真、不积极酌情扣1~5分	5分	
		团队分工情况	分工非常合理5分；分工比较合理1~4分；分工不合理酌情扣1~5分	5分	

理论要点

电力系统的中性点是指星形连接的变压器或发电机的中性点。我国三相交流电力系统中电源（含发电机和电力变压器）的中性点有两种运行方式：中性点接地和中性点不接地。中性点直接接地系统称为大电流接地系统，中性点不接地和中性点经消弧线圈（或电阻）接地的系统称为小电流接地系统。

目前，在我国交流电力系统中，110 kV 以上的高压系统为了降低设备对地绝缘的要求，多采用中性点直接接地运行方式。3~66 kV 系统，特别是 3~10 kV 系统，为了提高供电可靠性，首选中性点不接地运行方式，当接地电流不满足要求时，可采用中性点经消弧线圈或电阻接地的运行方式。我国的 220/380 V 低压配电系统，为了获得线电压和相电压两种电压等级，一般采用中性点直接接地的运行方式，也有为了提高供电可靠性，采用中性点不接地运行方式（例如 IT 系统）。

中性点运行方式的选择主要取决于单相接地时电气设备绝缘要求及供电可靠性。图 1-20~图 1-29 所示为中性点的运行方式，图中电容 C 代表输电线路对地分布电容。由于任何两个相互绝缘的导体之间都存在着一定的电容，因此三相导线之间和各相对地之间，沿线路全长有分布电容的存在。在电压的作用下将有附加电容电流流过。由于三相导线型号、规格相同，各相对地电压的有效值相同，故认为三相沿线路对地分布电容量相等，为了讨论方便，沿线路导线对地均匀分布电容以集中的等效对地电容 C 代替，而导线之间的电容较小，忽略不计。

一、中性点直接接地的运行方式

中性点直接接地是指系统中电源的中性点经一无阻抗（金属性）接地线直接与大地连接，如图 1-20 所示。这种系统中性点电压为地电位，正常运行时中性点没有电流通过。

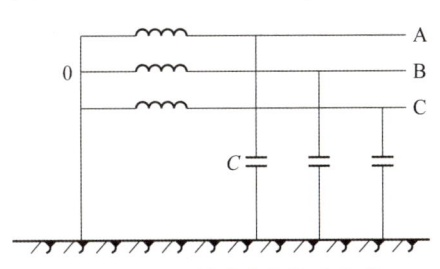

图 1-20 中性点直接接地方式

当系统发生单相接地故障时就构成单相短路，其单相短路电流很大，通常会使线路上的断路器自动跳闸或者熔断器熔断，供电中断，可靠性降低，但是，这种方式下的非故障相对地电压不变，电气设备绝缘按相考虑，降低设备要求。

中性点直接接地的系统在发生单相接地故障时构成短路，启动保护装置，线路上的断路器自动跳闸或者熔断器熔断，切除故障，供电中断，可靠性降低，但是，这种方式下其他两相对地电压不会升高，因此这种系统中的供用电设备的绝缘只需按相电压来考虑，而不必按线电压来考虑。这对 110 kV 及以上的超高压系统，具有经济价值和技术价值，高压电器特别是超高压电器的绝缘问题是影响设计和制造的关键问题。绝缘要求的降低，实际上降低了高压电器的造价，同时改善了高压电器的性能，所以我国对 110 kV 及以上的超高压系统的中性点均采取直接接地的运行方式。

另外，我国广泛应用的低压 380/220 V 供配电 TN 系统及国外应用比较广泛的 TT 系统，均采取中性点直接接地的方法，而且引出有中性线或保护中性线，这除了便于接单相负荷外，还考虑到了安全保护的要求，可减少人身触电事故发生。

当然，中性点直接接地的系统在发生单相接地故障时由于接地电流大，地电位上升较高，会增加电力设备的损伤，加大信息系统干扰等。

二、中性点不接地的运行方式

3~66 kV 系统，特别是 3~10 kV 系统，为了提高供电可靠性，一般用中性点不接地运行方式，当发生单相接地时，由于不能构成回路，所以故障电流很小，又称小电流接地系统。当接地电流不满足要求时，可采用中性点经消弧线圈或电阻接地的运行方式。

图 1-21 和图 1-22 所示为电源中性点不接地的电力系统在正常运行时的电路图和相量图。

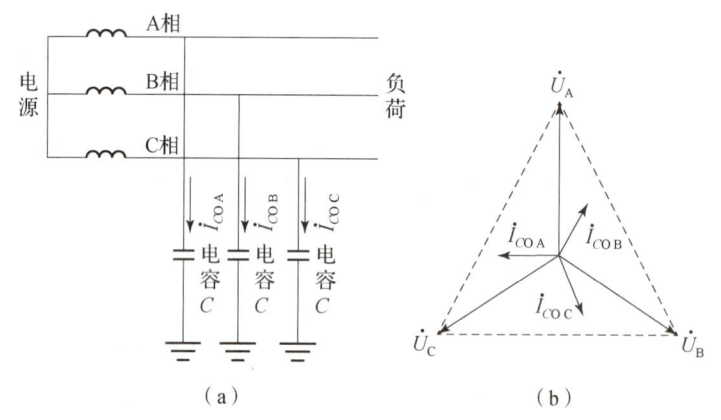

图 1-21 正常运行时中性点不接地系统
(a) 电路图；(b) 相量图

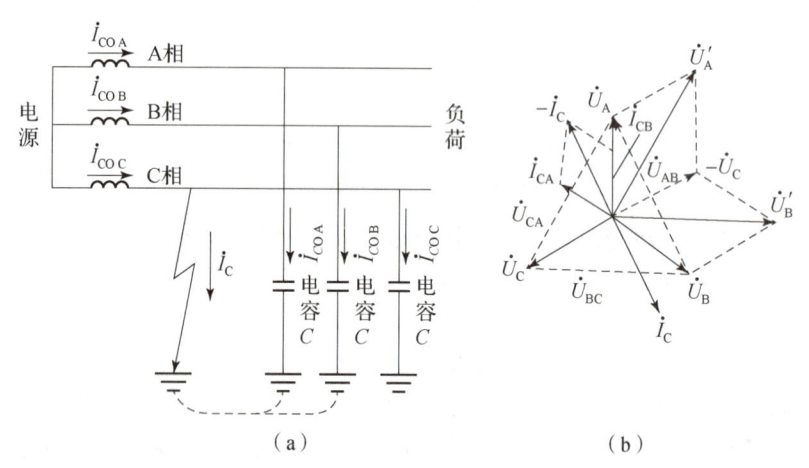

图 1-22 单相接地时中性点不接地系统
(a) 电路图；(b) 相量图

为了简化讨论问题，假设图中所示三相系统的电源电压和电路参数都是对称的，而且将相对地之间的分布电容用一个集中电容 C 来表示，线间电容电流数值很小，可不考虑。

系统正常运行时，三个相的相电压 $\dot{U}_A$、$\dot{U}_B$、$\dot{U}_C$ 是对称的，三个相的对地电容电流 $\dot{I}_{C0}$ 也是平衡的，因此三个相的电容电流的相量和为零，没有电流在地中流动。各相对地的电压，就等于各相的相电压。

系统发生单相接地时，例如 C 相接地，如图 1-22 所示，这时 C 相对地电压为零，而 A 相对地电压 $\dot{U}'_A = \dot{U}_A + (-\dot{U}_C) = \dot{U}_{AC}$，B 相对地电压 $\dot{U}'_B = \dot{U}_B + (-\dot{U}_C) = \dot{U}_{BC}$。由相量图可

见，C 相接地时，完好的 A、B 两相对地电压都由原来的相电压升高到线电压，即升高为原对地电压的 $\sqrt{3}$ 倍。

C 相接地时，系统的接地电流（电容电流）$\dot{I}_C$ 应为 A、B 两相对地电容电流之和。由于一般习惯将从电源到负荷的方向及从相线到大地的方向取为电流的正方向，因此

$$\dot{I}_C = -(\dot{I}_{CA} + \dot{I}_{CB})$$

由相量图可知，$\dot{I}_C$ 在相位上正好超前 $\dot{U}_C$ 90°；而在数值上，由于 $I_C = \sqrt{3} I_{CA}$，而 $I_{CA} = U'_A / X_C = \sqrt{3} U_A / X_C = \sqrt{3} I_{C0}$，因此 $I_C = 3 I_{C0}$。

即一相接地的电容电流为正常运行时每相对地电容电流的 3 倍。

总结：

（1）单相接地时，故障相对地电压变为零，非接地相对地电压变为线电压，增加了 $\sqrt{3}$ 倍。故障相电容电流增大到原来的 3 倍。电气设备的绝缘要按线电压来选择。

（2）线电压不变，系统保持对称，仍然可以继续运行，但是该状态是一种不正常的运行状态，可持续运行 1~2 h，需要由绝缘监察装置发出故障信号，而不需要立刻跳闸。

（3）可将相对地电压的变化作为系统接地的标志。

三、中性点经消弧线圈接地的运行方式

中性点不接地系统，具有单相接地故障时可继续给用户供电的优点，但 3~10 kV 单相接地系统当接地电流大于 30 A 或 20~63 kV 系统当单相接地电流大于 10 A 时，电弧将不能自行熄灭，形成单相间歇电弧接地而引起过电压，造成危害。为了克服这一缺点，可设法减少接地处的接地电流。采用的方法是在出现单相接地故障时，使接地处流过一个与接地电流相反的感性电流来减小电弧电流，因而出现了中性点经消弧线圈接地的运行方式，如图 1-23 所示。

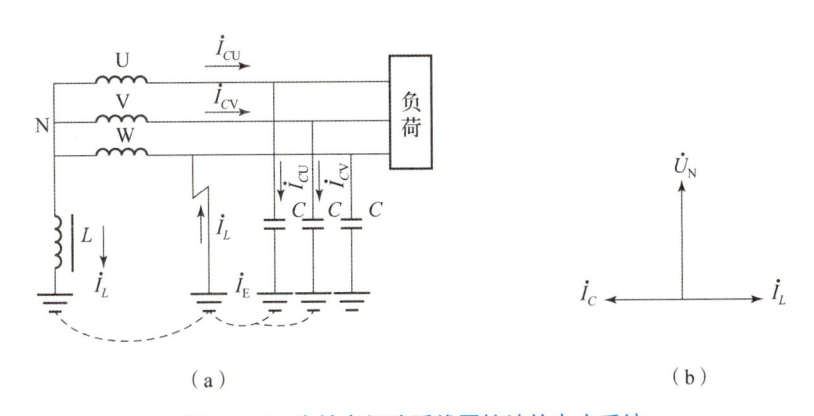

图 1-23 中性点经消弧线圈接地的电力系统
(a) 电路图；(b) 相量图

消弧线圈是一个具有铁芯的可调电感线圈，线圈的电阻很小，电抗很大，电抗值可用改变线圈的匝数来调节。它装在系统中发电机或变压器的中性点与大地之间，如图 1-23 (a) 所示。

正常运行时，中性点对地电压为零，消弧线圈中没有电流通过。该系统在发生单相接地故障时的特点与中性点不接地系统单相接地时相似，但是，由于中性点对地电压升高为相电

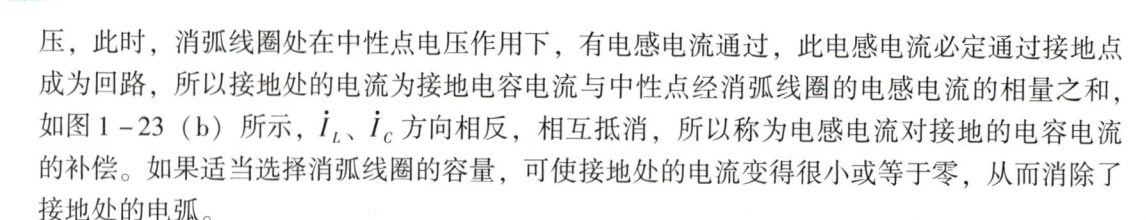

压，此时，消弧线圈处在中性点电压作用下，有电感电流通过，此电感电流必定通过接地点成为回路，所以接地处的电流为接地电容电流与中性点经消弧线圈的电感电流的相量之和，如图1-23（b）所示，$\dot{i}_L$、$\dot{i}_C$方向相反，相互抵消，所以称为电感电流对接地的电容电流的补偿。如果适当选择消弧线圈的容量，可使接地处的电流变得很小或等于零，从而消除了接地处的电弧。

下列情况电力系统需接消弧线圈：

（1）对3~6 kV电网，故障点总电容电流超过30 A。

（2）对10 kV电网，故障点总电容电流超过20 A。

（3）对22~66 kV电网，故障点总电容电流超过10 A。

中性点经消弧线圈接地的系统中发生单相接地时，与中性点不接地的系统中发生单相接地时一样，相间电压的相位和量值关系均未改变，因此三相设备仍可照常运行，允许继续运行2 h，但也不能长期运行，以免发展为两相接地短路，因此必须装设单相接地保护或绝缘监视装置，出现单相接地故障时要发出报警信号或指示，以便运行值班人员及时处理。

这种中性点经消弧线圈接地的运行方式主要用于35~66 kV的电力系统。

四、低压配电系统的中性点运行方式

我国的低压配电系统，广泛采用中性点直接接地的运行方式，如三相四线制供电和三相五线制供电，可提供380 V和220 V两种电压，供电方式更为灵活，低压供电系统中性点直接接地后，当发生一相接地故障时，由于能限制非故障相对地电压的升高，从而可保证单相用电设备安全。中性点直接接地后，一相接地故障电流较大，一般可使漏电保护或过电流保护装置动作、切断电源、造成停电，发生人身一相对地触电时，危险也较大。此外，在中性点直接接地的低压电网中可接入单相负荷。中性点引出线的名称分别为N线、PE线、PEN线。

N线（中性线）：用来接额定电压为相电压的单相设备，用来传导不平衡电流和单相电流，减小负荷中性点的电位偏移。

PE线（保护线）：为保障人身安全，防止发生触电事故而设置的接地线。系统中所有设备的外露可导电部分（指正常不带电但故障情况下能带电的易被触及的导电部分，如金属外壳、金属构架等）通过保护线接地，可在设备发生接地故障时减少触电危险。

PEN线（保护中性线）：兼有N线、PE线功能，习惯上称为"零线"，设备外壳接PEN或PE线的接地形式称为"接零"。

低压配电系统按保护接地形式分为TN系统、TT系统和IT系统三种。

1. TN系统

在中性点直接接地的380/220 V三相四线制低压系统中，电源采用中性点直接接地方式，而且引出中性线（N线）或保护线（PE线），称为TN系统。

T：配电网电源端中性点直接接地；N：设备金属外壳接零，即与电源中性点电气连接。

在低压配电的TN系统中，中性线（N线）的作用：①用来接相电压220 V的单相设备。②用来传导三相系统中的不平衡电流和单相电流。③减少负荷中性点电压偏移。

保护线（PE）的作用：①用来与电源接地点、设备的金属外壳等部分作电气连接。②保障人身安全，防止触电事故发生。

TN 系统因其 N 线和 PE 线的不同接线，分为 TN-C 系统、TN-S 系统和 TN-C-S 系统。

1）TN-C 系统

该系统的 N 线和 PE 线合用一根导线保护中性线（PEN 线），所有设备外露可导电部分（如金属外壳等）均与 PEN 线相连，如图 1-24 所示。当三相负荷不平衡或只有单相用电设备时，PEN 线上有电流通过。这种系统一般能够满足供电可靠性的要求，而且投资较省，节约有色金属，所以在我国低压配电网中应用最为普遍。

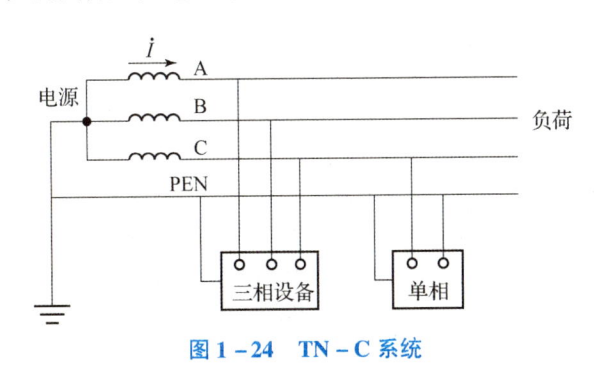

图 1-24 TN-C 系统

由于 PEN 线中可有电流通过，会对接 PEN 线的某些设备产生电磁干扰，因此这种系统不适用于对抗电磁干扰要求高的场所。此外，如果 PEN 线断线，可使接 PEN 线的设备外露可导电部分带电而造成人身触电危险。

适用场所：可满足一般供电可靠性的要求，但不适用于安全要求高及抗电磁干扰要求高的场所，适用于三相负荷较平衡、有专业人员维护管理的一般性工业厂房和场所，在民用配电系统中不推荐应用。

2）TN-S 系统

该系统的 N 线和 PE 线是分开的，所有设备的外露可导电部分均与公共 PE 线相连，如图 1-25 所示。这种系统的特点是公共 PE 线在正常情况下没有电流通过，因此不会对接在 PE 线上的其他用电设备产生电磁干扰。此外，由于其 N 线与 PE 线分开，因此其 N 线即使断线也并不影响接在 PE 线上的用电设备。

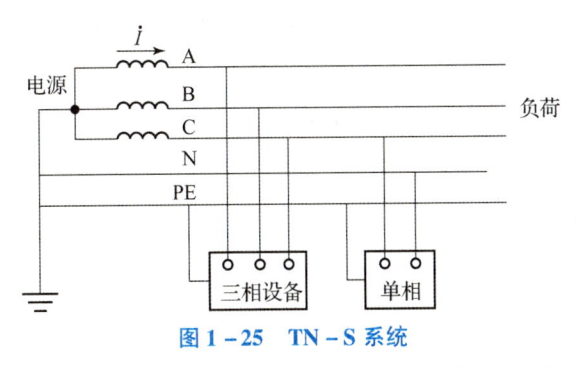

图 1-25 TN-S 系统

适用场所：适用于单相负荷较集中、对安全或抗电磁干扰要求高的数据处理和精密电子仪器设备多的场所，也可应用于民用建筑。

3）TN-C-S 系统

这种系统前面为 TN-C 系统，后面为 TN-S 系统（或部分为 TN-S 系统），电气设备

的外露导电部分经 PEN 线或 PE 线与系统电源接地点连接,如图 1-26 所示。它兼有 TN-C 系统和 TN-S 系统的优点。

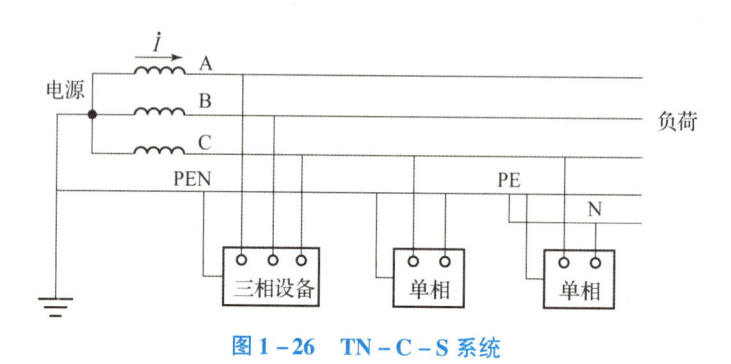

图 1-26 TN-C-S 系统

适用场所:广泛应用于分散的民用建筑。

在 TN 系统中,要求供电线路上装设熔断器或低压断路器,当某电气设备的一相绝缘损坏而碰到外壳时,将形成单相短路,故障相中有单相短路电流流过,致使熔断器熔断或断路器跳闸,自动迅速切除电源,避免人身触电。即使切断前有人触及电气设备的外壳,由于接零回路的电阻远小于人体电阻,因此短路电流几乎全部从接零回路流过,流过人体的电流极小,从而保障人身安全。采用 TN 系统时应满足如下要求:①为保证在故障时保护中性线的电位尽可能地保持接近于地电位,保护中性线应重复接地,如果条件允许,宜在每一接户线、引接处接地。②用户末端应装设剩余电流末级保护,其动作电流应符合相关要求。③配电变压器低压侧及各出线回路应装设短路和过负荷保护。④保护中性线不得装设熔断器和单独的开关装置。

TN 系统通常采用保护接零(将电气设备的外露可导电部分与保护线或中性线相连);如用电设备较少、分散,采用保护接零确有困难,且土壤电阻率较低时,可采用低压保护接地(将电气设备的外露可导电部分与大地相连)。

在中性点直接接地的三相四线制低压配电网中,当采用保护接零时,在某些情况下(例如安装有电气设备的建筑物距系统电源接地点超过 50 m),要求将保护中性线(PEN 线)或保护线(PE 线)进行重复接地,即将这些保护线在不同地点分别接地。

PEN 线无重复接地的情况如图 1-27(a)所示。当 PEN 线断线时,如果断线之后的某台电动机的一相绝缘损坏碰到外壳,则这时并不形成单相短路,事故不能自动切除,断线处之后的电气设备的外壳上将长期存在着近于相电压的电压,容易引起触电事故。PEN 线有重复接地的情况如图 1-27(b)所示。这时将形成经后段 PEN 线、接地装置、电源中性点接地装置的单相短路,设备外壳上的电压比前一种情况低得多;如果故障电动机的容量较小,则其熔断器或断路器的动作电流也较小,事故能自动切除。因此,重复接地提高了安全性。由同一台变压器或同一段母线供电的低压线路,不宜同时采用保护接地和保护接零两种方式。

2. TT 系统

TT 系统的电源中性点直接接地,系统内所有电气装置的外露可导电部分用保护接地线 PE 线接到独立的接地体上,如图 1-28 所示。

第一个 T:配电网电源端中性点接地;第二个 T:电气设备金属外壳单独接地。

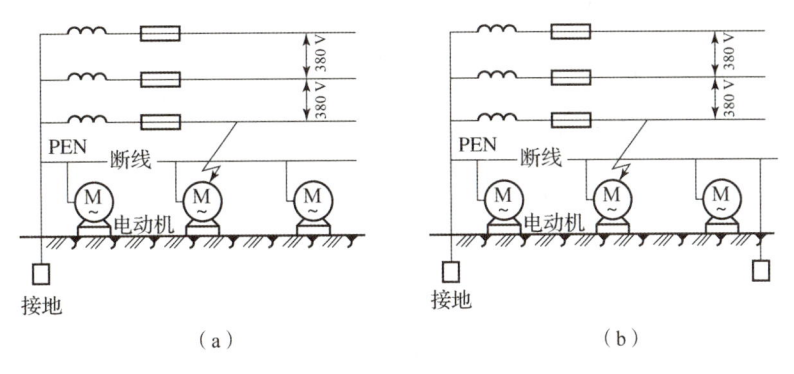

图 1-27 保护中性线 PEN 线（或保护线 PE 线）的接地
(a) 无重复接地情况；(b) 有重复接地情况

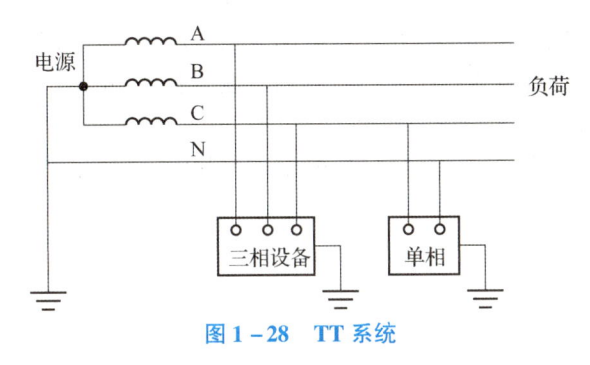

图 1-28 TT 系统

由于各设备的 PE 线之间没有直接的电气联系，互相之间不会发生电磁干扰，因此这种系统也适用于对抗电磁干扰要求较高的场所。但是这种系统中若有设备因绝缘不良或损坏使其外露可导电部分带电时，由于其漏电电流一般很小往往不足以使线路上的过电流保护装置（熔断器或低压断路器）动作，从而增加了触电危险。因此为保障人身安全，这种系统中必须装设灵敏的漏电保护装置。

采用 TT 系统时应满足的要求：①除配电变压器低压侧中性点直接接地外，中性线不得重复接地，且应保持与相线相等的绝缘。②必须装设剩余电流总保护、中级保护装置。配电变压器低压侧及各出线回路均应装设短路和过负荷保护。③中性线不得装设熔断器或单独的开关装置。农网中广泛采用 TT 系统，高压侧采用三相星形、中性点不接地系统，低压侧采用三相四线制中性点直接接地系统。

注意：GB 50096—2019《住宅设计规范》规定了住宅应采用 TT、TN-C-S 或 TN-S 接地方式，并进行总等电位连接。

3. IT 系统（三相三线制）

IT 系统的电源中性点不接地或经过 1 000 Ω 阻抗接地，系统内所有电气装置的外露可导电部分用保护接地线 PE 线接到独立的接地体上，如图 1-29 所示。

此系统中各设备之间也不会发生电磁干扰，而且在发生单相接地故障时，仍可短时继续运行，但需装设单相接地保护，以便在发生单相接地故障时发出报警信号。

这种 IT 系统主要用于对连续供电要求较高或对抗电磁干扰要求较高及有易燃、易爆危险的场所，如医院手术室、矿山、井下等地。

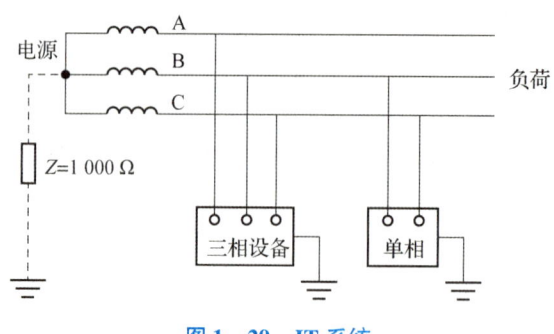

图 1-29　IT 系统

采用 IT 系统时应满足如下要求：①配电变压器低压侧及各出线回路均应装设短路和过流保护。②网络内的带电导体严禁直接接地。③当发生单相接地故障，故障电流很小，切断供电不是绝对必要时，则应装设能发出接地故障音响或灯光信号的报警装置，而且必须具有两相不同地点发生接地故障的保护措施。④各相对地应有良好的绝缘水平，在正常运行情况下，从各相测得的泄漏电流（交流有效值）应小于 30 mA。⑤不得从变压器低压侧中性点引出中性线作 220 V 单相供电。⑥变压器低压侧中性点和各出线回路终端的相线均应装设击穿熔断器。

拓展阅读

我国电力发展概况

保护接地与接保护中性线的选择

1882 年 7 月 26 日，上海成立了上海电气公司，安装了一台以蒸汽机带动的直流发电机，正式发电，从电厂到外滩沿街架线，供给照明用电。该电厂和世界上第一座火电厂——于 1875 年建成的法国巴黎火车站电厂相距仅 7 年，和美国的第一座火电厂——旧金山实验电厂相距仅 3 年，和英国的第一座火电厂——伦敦霍尔蓬电厂同年建成，这说明当年我国电力建设和世界强国差距并不大。我国大陆水力发电始于 1912 年 5 月，在云南昆明附近的螳螂川上建成了石龙坝水电厂，装有两台 240 kW 的水轮发电机组。以上这些是人们公认的我国电力工业的起点。

但是，从 1882 年 7 月上海第一台发电机组发电开始到 1949 年，在 60 多年中经历了辛亥革命、土地革命、抗日战争和解放战争，电力工业发展迟缓，全国发电设备的总装机容量为 184.86 万 kW（当时占世界第 21 位），年发电量仅 43.1 亿 kW·h（当时占世界第 25 位），人均年占有发电量不足 10 kW·h。当时我国的电力系统大多是大城市发、供电系统，跨地区的有东北中部和南部的 154 kV、220 kV 电力系统、东北东部的 110 kV 电力系统（分别以丰满、水丰和镜泊湖等水电厂为中心）及冀北电力系统。

中华人民共和国成立后电力工业有了很大的发展，尤其是在 1978 年以后，改革开放发展国民经济的正确决策和综合国力的提高，电力工业突飞猛进，取得了举世瞩目的辉煌成就。到 1995 年年末，全国年发电量已达到 10 000 亿 kW·h，仅次于美国而跃居世界第 2 位，全国发电设备总装机容量达 2.1 亿 kW，当时居世界第 3 位。从 1996 年起，我国发电装机容量和年发电量均跃居世界第 2 位，超过了俄罗斯和日本，仅次于美国，成为名副其实的电力大国。到 2005 年，我国发电装机容量已超过了 5 亿 kW，年发电量已达 24 747 亿 kW·h。2010—2019 年，我国发电装机累计容量从 9.66 亿 kW 增长到 20.11 亿 kW，连续 9 年稳居全球第 1。

半个多世纪的风雨历程，铸造了我国的繁荣昌盛，50 多年的艰苦奋斗，成就了我国电力工业的灿烂辉煌。

项目小结

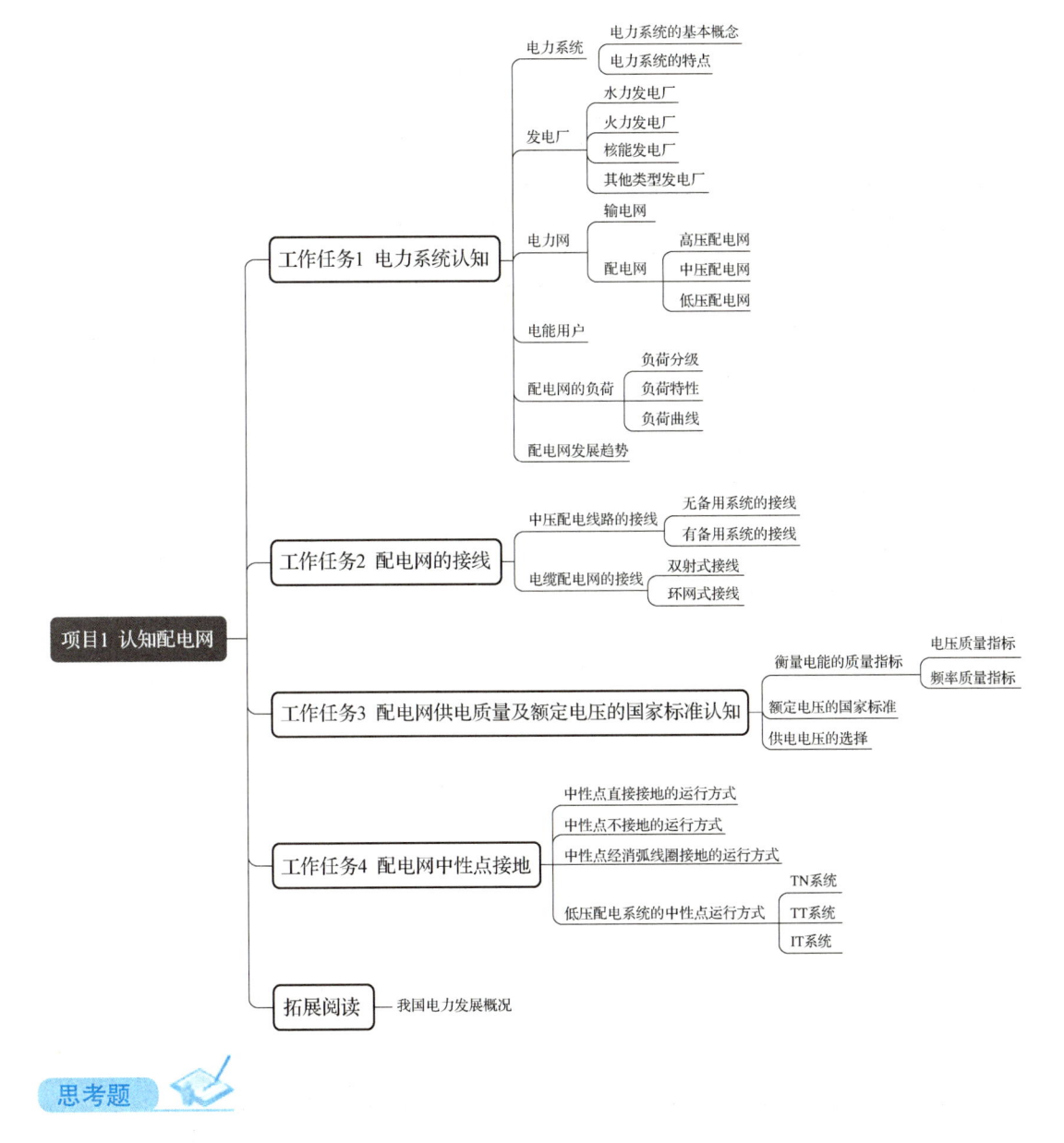

项目1 认知配电网
- 工作任务1 电力系统认知
  - 电力系统
    - 电力系统的基本概念
    - 电力系统的特点
  - 发电厂
    - 水力发电厂
    - 火力发电厂
    - 核能发电厂
    - 其他类型发电厂
  - 电力网
    - 输电网
    - 配电网
      - 高压配电网
      - 中压配电网
      - 低压配电网
  - 电能用户
  - 配电网的负荷
    - 负荷分级
    - 负荷特性
    - 负荷曲线
  - 配电网发展趋势
- 工作任务2 配电网的接线
  - 中压配电线路的接线
    - 无备用系统的接线
    - 有备用系统的接线
  - 电缆配电网的接线
    - 双射式接线
    - 环网式接线
- 工作任务3 配电网供电质量及额定电压的国家标准认知
  - 衡量电能的质量指标
    - 电压质量指标
    - 频率质量指标
  - 额定电压的国家标准
  - 供电电压的选择
- 工作任务4 配电网中性点接地
  - 中性点直接接地的运行方式
  - 中性点不接地的运行方式
  - 中性点经消弧线圈接地的运行方式
  - 低压配电系统的中性点运行方式
    - TN 系统
    - TT 系统
    - IT 系统
- 拓展阅读 我国电力发展概况

思考题

1. 简要描述电力系统的特点。

2. 简要描述配电网的构成。
3. 简要描述配电网负荷的分级。
4. 简要描述配电网的发展趋势。
5. 画出无备用干线式接线示意图,说明其工作特点。
6. 确定图 1-30 中供配电系统中线路 WL1 和电力变压器 T1、T2 和 T3 的额定电压。

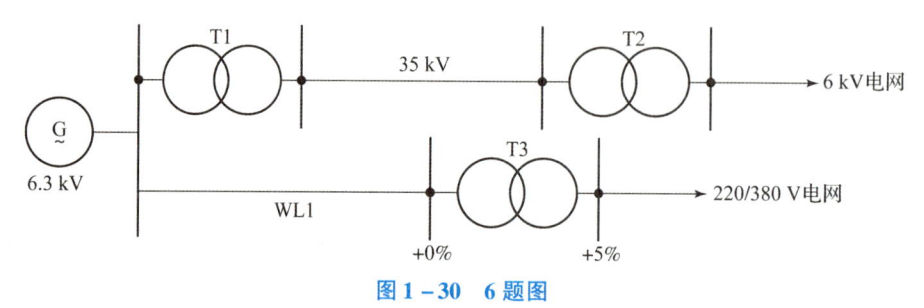

图 1-30 6 题图

7. 说明 TN、TT、IT 系统的含义。

项目 2

认知配电线路

知识目标

1. 掌握配电线路的基本概念。
2. 熟悉架空配电线路的结构特点。
3. 熟悉架空线路结构参数内涵。
4. 掌握电力电缆的分类方法。
5. 掌握电力电缆的结构特点。
6. 掌握配电线路电气设备分类方法。
7. 熟悉配电线路各类电气设备的结构特点。

能力目标

1. 能够解释架空配电线路的结构特点及参数内涵。
2. 能够说明电力电缆的结构特点。
3. 能够描述配电线路各类电气设备的结构特点。

素养目标

1. 培养学生会分析、敢表达的学术自信。
2. 锻炼学生的表达沟通能力并培养学生的团队协作精神。
3. 培养学生吃苦耐劳、一丝不苟的工匠精神。
4. 树立学生执行工作程序、遵守工作规范的服从意识。

重点难点

1. 架空配电线路的结构特点。
2. 电力电缆的结构特点。
3. 配电线路各类电气设备的结构特点。

课程导入

配电线路是配电网的重要组成部分,担负着输送和分配中低压电能的任务。

技能训练

工作任务1 架空配电线路认知

实施工单

《架空配电线路认知》实施工单

学习项目	认知配电线路	姓名		班级	
任务名称	架空配电线路认知	学号		组别	
任务目标	1. 能够明确说明配电线路的基本概念。 2. 能够描述配电线路的特点及分类方法。 3. 能够描述架空线路基本结构特点。 4. 能够说明架空线路结构参数内涵				
任务描述	学生以小组为单位,通过查阅相关资料及实地调研,完成下列任务: 1. 介绍配电线路的基本概念。 2. 描述配电线路的分类方法。 3. 描述架空线路基本结构特点。 4. 以小组为单位,查找资料,说明架空线路结构参数内涵				
任务要求	1. 场地要求:供配电系统实训室。 2. 设备要求:无。 3. 工具要求:无				
课前任务	请根据教师提供的视频资源,探索配电线路特点,并在课程平台讨论区进行讨论				

续表

学习项目	认知配电线路	姓名		班级	
任务名称	架空配电线路认知	学号		组别	
课中训练	1. 通过查阅相关资料，将架空配电线路认知情况记录在下表。 **架空配电线路认知情况记录表** 	知识点		内容
---	---	---
配电线路基础知识	概念	
	基本要求	
	分类	
架空线路基本结构	导线	
	避雷线	
	杆塔	
	横担	
	绝缘子	
	金具	
	拉线	
架空线路结构参数	档距	
	弧垂	
	导线应力	
	线间距离	
	荷重	| 2. 学生分组调研所在城市架空配电线路的特点，并进行汇报展示				
任务总结	对项目完成情况进行归纳、总结、提升				
课后任务	思考城市轨道交通架空配电线路有哪些应用，并在课程平台讨论区进行讨论。				

评价标准

采用学生自评（20%）、组内互评（20%）、组间互评（20%）、教师评价（40%）四种评价方式，评价内容及标准如下表所示。

《架空配电线路认知》任务评价内容及标准

序号	评价项目	评价内容	评价标准	分值	得分
1	任务完成情况	配电线路基础知识	配电线路相关概念描述是否正确。配电线路基本要求描述是否清楚。配电线路分类方法描述是否明确。根据实际情况酌情打分	10分	
		架空线路基本结构	导线、避雷线、杆塔及横担的功能描述是否正确。绝缘子、金具及拉线结构特点描述是否明确。根据实际情况酌情打分	35分	
		架空线路结构参数	档距及档距的内涵描述是否正确。导线应力及线间距离的内涵、特点描述是否明确。根据实际情况酌情打分	35分	
2	职业素养情况	资料搜集情况	资料搜集非常全面5分；资料搜集比较全面1~4分；资料搜集不全面酌情扣1~5分	5分	
		语言表达情况	表达非常准确5分；表达比较准确1~4分；表达不准确酌情扣1~5分	5分	
		工作态度情况	态度非常认真5分；态度较为认真2~4分；态度不认真、不积极酌情扣1~5分	5分	
		团队分工情况	分工非常合理5分；分工比较合理1~4分；分工不合理酌情扣1~5分	5分	

理论要点

一、配电线路基础知识

1. 概念

配电线路是指从降压变电站把电力送到配电变压器或将配电变电站的电力送到用电单位的线路。

2. 基本要求

1) 供电可靠

要保证对用户可靠地、不间断地供电,就要保证线路架设的质量,加强运行维护、管理和检修工作,防止发生事故。线路供电的安全程度,一般以 100 km/年线路平均发生事故的次数(即事故频率)来表示。

2) 电压质量

电压的好坏直接影响用电设备的安全、经济运行与否,电压过低不仅使电动机的功率和效率降低,而且常常造成电动机过热烧毁。GB/T 12325—2008《电能质量 供电电压偏差》规定高压配电线路的电压损耗为 +5%,低压配电线路的为 +4%。

3) 经济供电

在配电过程中,架空线路上必定有电能损失,线路损失在全部输送的电能中所占的百分数称为损失率(线路损耗率),它是衡量供电经济性的重要指标。配电线路应在现有基础上不断采取各种措施降低线路损耗,增强输电效率,降低输电成本,提高供电经济性。

3. 分类

配电线路按照敷设场所分为室外配电线路、室内配电线路;按照敷设方式分为架空线路、电缆线路。

1) 架空线路

架空线路主要指采用架空明线线路,架设在地面之上,用绝缘子将配电导线固定在直立于地面的杆塔上用以传输电能的配电线路,如图 2-1 所示。

图 2-1 架空线路

优点:结构简单、架设方便、投资少;传输电容量较大,电压高;散热条件好;维护方便。

缺点:网络复杂和集中时,不易架设;在城市人口因碰撞或过分接近树木及其他高大设施或物体容易导致电击、短路等事故;对城市景观建设有一定影响;工作条件差,易受环境条件(如冰、风、雨、雪、温度、化学腐蚀、雷电等)影响。

2) 电缆线路

电缆线路主要指将电缆敷设于地下、水中、沟槽等处的电力线路,如图 2-2 所示。

优点:不易受周围环境和污染的影响,送电可靠性高;线间绝缘距离小,占地少,无干扰电波;地下敷设时,不占地面与空间,既安全可靠,又不易暴露目标。

缺点:成本高,一次性投资费用比较大;电缆线路不易变动与分支;电缆故障测寻与维修较难,需要具有较高专业技术水平的人员来操作。

图 2-2 电缆线路

轨道交通外部供电系统一般采用专设架空线路或电力电缆配电。

二、架空线路基本结构

架空线路的结构如图 2-3 所示。它主要包括杆塔及其基础、导线、绝缘子、拉线、横担、金具、防雷设施及接地装置等。

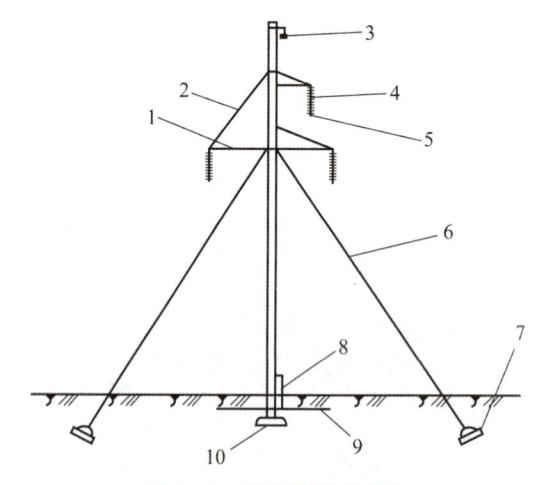

图 2-3 架空线路的结构
1—横担；2—吊杆；3—避雷线；4—绝缘子；5—导线；6—拉线；7—拉线盘；
8—引下线；9—接地装置；10—底盘

（一）导线

导线的作用是传导电流，因此要求导线应具有良好的导电性能。又由于架空导线经常受风、雨、雪、水等影响，故导线还应有一定的机械强度。

1. 导线的材料

目前，常用的导线材料是铜、铝、铝合金、钢等。

铜的导电性能最好，机械强度大，耐化学腐蚀性能最好，是比较理想的导线材料。但因为铜的蕴藏量相对较少且用途很广，所以仅在特殊地区为抵抗空气中化学杂质腐蚀而用铜导线外，一般不采用铜导线。

铝的导电率比铜稍低，因此，输送同样功率且保持同样大小的功率损耗时，铝线的截面为铜线的 1.6~1.65 倍，但铝的密度小，总质量比铜轻。此外，我国铝产量较大，价格较低，而且我国电力工业部门总的指导方针是"以铝代铜"，所以，一般电力线路均用铝线。

铝线的主要缺点是表面易氧化、不易焊接、抗腐蚀能力差以及机械强度低等。铝合金可以克服铝线的主要缺点。铝合金导线的导电率与铝相近，而机械强度则与铜相近，抗化学腐蚀能力较强，质量较轻，但成本较铝线高。

钢线的导电率是这几种材料中最低的，但它的机械强度却是最高的，而且价格最低，因此在小容量线路（如自动闭塞线路及农村电网）或跨越河川、山谷等需要较大拉力的地方常被采用。钢导线的表面应镀锌，以防锈蚀。

2. 导线的结构形式

导线在结构上可分为裸导线、绝缘导线两大类。

1）裸导线

裸导线可分为单股导线、多股绞线及复合材料多股导线三类。

（1）单股导线。

单根实心金属线，因为制造工艺上的原因，当截面积增加时，导线的机械强度下降，所以单股导线的面积一般在 10 mm² 以下，目前常用的单股导线的截面积为 6 mm²。一般只有铜和钢的单股线，铝的机械强度差，不能作单股线使用，如图 2-4（a）所示。

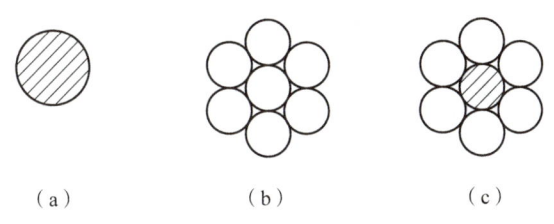

图 2-4 裸导线分类
(a) 单股导线；(b) 多股导线；(c) 复合材料多股导线

（2）多股绞线。

由铜、铝、钢和铝合金等任一种金属制成股线，然后由 7 股、19 股或 37 股相互扭绞制成多股绞线，相邻两层扭绞方向相反扭制，如图 2-4（b）所示。该种结构的优点是机械强度较高、柔韧、适于弯曲；电阻较相同截面单股导线略有减小。

（3）复合材料多股导线。

该种导线由两种金属股线绞成或由两种金属制成的复合股线绞成。前者如钢芯铝线、钢芯铝合金线、钢铝混绞线等；后者如铜包钢绞线、铝包钢绞线等，如图 2-4（c）所示。

常见的是钢芯铝绞线，其结构如图 2-5 所示，其线芯部位由钢线绞合而成，外部再绞合铝线，综合钢的力学性能和铝的电气性能，成为目前广泛应用的架空导线。

2）绝缘导线

随着城市建筑、人口密度的增加和城市绿化的发展，导线对建筑物的安全距离很难保证，线、物矛盾日渐突出。架空配电线路采用绝缘导线代替裸导线已成为城市配电网的必然趋势。架空绝缘配电线路适用于城市人口密集

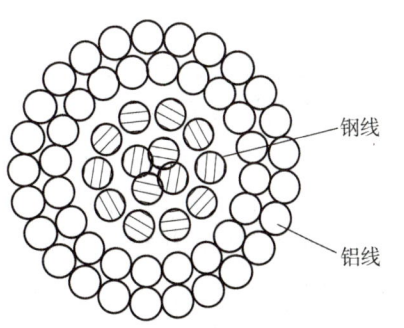

图 2-5 钢芯铝绞线结构

地区，线路走廊狭窄，架设于裸导线与建筑物的间距不能满足安全要求的地区，以及风景绿化区、林带区和污秽严重的地区等，提高了供电可靠性和供电安全。

1）绝缘材料

目前绝缘导线的绝缘材料一般为黑色耐气候型的交联聚乙烯、高密度聚乙烯、聚乙烯及聚氯乙烯等。这些绝缘材料一般具有较好的电气性能、抗老化及耐磨性能等，暴露在户外的材料中添加1%的炭黑，以防日晒老化。

10 kV 绝缘导线主要有铜芯交联聚乙烯绝缘导线和铝芯交联聚乙烯绝缘导线；低压主要有铜芯聚乙烯绝缘导线和铝芯聚乙烯绝缘导线。

从 10 kV 线路到配电变压器高压侧套管的高压引下线应用绝缘导线，不能用裸导线。由配电变压器低压配电箱（盘）引到低压架空线路上的低压引上线采用绝缘导线。低压进户、接户线也必须采用硬绝缘导线。

2）结构特点

低压绝缘导线的结构为直接在线芯上挤包绝缘层，其结构如图 2-6（a）所示，中压绝缘导线的结构是在线芯上挤包一层半导体屏蔽层，在半导体屏蔽层外挤包绝缘层，其结构如图 2-6（b）所示。

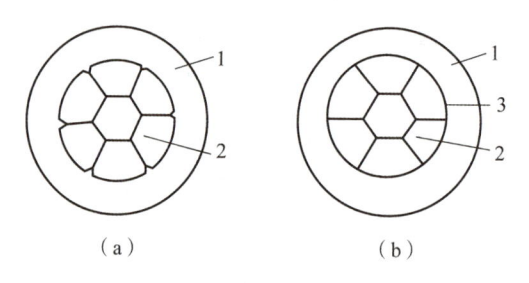

图 2-6 绝缘导线结构图
1—绝缘层；2—导体；3—屏蔽层

绝缘导线的线芯一般采用经紧压的圆形硬铝（LY8 或 LY9 型）、硬铜（TY 型）或铝合金导线（LHA 或 LHB 型）。线芯紧压的目的是降低绝缘导线制造过程中所产生的应力，防止水渗入后在绝缘导线内滞留，特别是对铜芯绝缘导线，易引起腐蚀应力断线。考虑夏日短时段暴晒的因素，推荐选用绝缘导线的截面积可视同裸导线或需增大一级截面。

3. 导线的型号

架空导线的型号由汉语拼音字母和数字两部分组成，字母在前，数字在后。用汉字拼音第一个字母表示导线的材料和结构，如 L—铝导线；T—铜导线；G—钢导线；J—多股绞线；LGJ—钢芯铝绞线；字母后面的数字表示导线的标称截面，单位是 mm^2。钢芯铝绞线字母后面有两个数字，斜线前面的数字是铝线部分的标称截面，斜线后面的数字是钢芯的标称截面。例如，LGJ-35/6，钢芯铝绞线，铝线部分标称截面积为 35 mm^2，钢芯部分标称截面积为 6 mm^2；TJ-50 表示截面积为 50 mm^2 的多股铜绞线。架空配电线路常用的导线种类和型号：①铝绞线：LJ-×××；②钢芯铝绞线：LGJ-×××；③轻型钢芯铝绞线：LGJQ-×××；④加强型钢芯铝绞线：LGJJ-×××；⑤铜绞线：TJ-×××；⑥铝芯绝缘导线：JKLYJ-×××；⑦铜芯绝缘导线：JKYJ-×××。

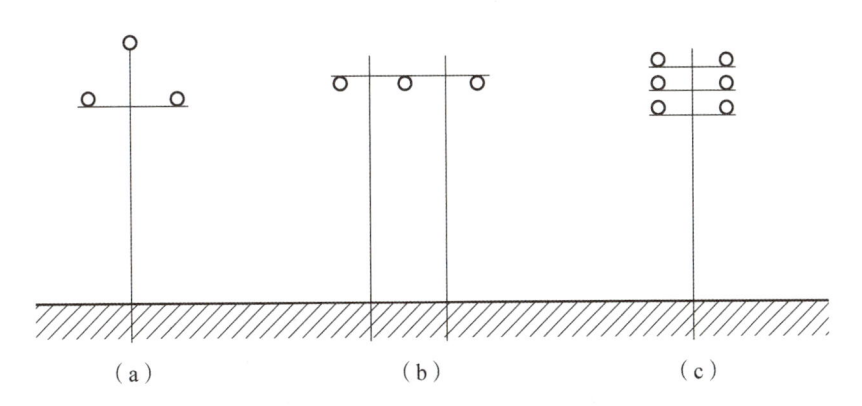

4. 导线在杆塔上的排序

导线在杆塔上的排列方式通常可分为以下几种：三角排列、水平排列、垂直排列，其结构如图 2-7 所示。

图 2-7 导线在杆塔上的排列方式
(a) 三角排列；(b) 水平排列；(c) 垂直排列

3~10 kV 架空配电线路导线一般采用三角排列或水平排列，多回线路的导线宜采用三角排列、水平混合排列或垂直排列；低压架空配电线路导线一般采用水平排列。

1) 相序排列

高压架空配电线路导线的排列相序一般为面向负荷侧自左向右依次为 A、B、C 相。低压架空配电线路的排列相序，若采用二线制供电时，应把中性线安装在靠建筑物一侧，若采用三相四线供电时，则面向负荷侧自左向右依次为 A、N、B、C 相；在城镇中心房屋密集区，为保证供电安全，推荐采用从靠近建筑物向马路依次排列，即高压 A、B、C，低压 A、N、B、C 相。中性线不应高于相线，同一地区排列位置应尽量统一。

2) 线间距离

架空线路线间的最小距离不应小于表 2-1 中所列的数值。同杆架设 10 kV 及以下双回线路的横担间最小垂直距离，不应小于表 2-2 中所列的数值。

表 2-1 架空线路线间的最小距离   单位：m

电压等级 \ 档距	40 及以下	50	60	70	80	90	100	110	120	绝缘线小于50
采用针式绝缘子或瓷横担的 3~10 kV	0.6	0.65	0.7	0.75	0.85	0.9	1.0	1.05	1.15	0.5
0.4 kV	0.3	0.4	0.45				—			0.3

注：(1) 3 kV 以下线路，靠近电杆两侧导线之间的水平距离不应小于 0.5 m。
　　(2) 表中数值不论导线排列形式。

表 2-2　同杆架设 10 kV 及以下双回线路的横担间最小垂直距离

双回线路电压等级	直线杆/m	分支杆或转角杆/m
3~10 kV 与 3~10 kV	0.80	0.45/0.60
3~10 kV 与 3~10 kV 以下	1.20	1.0
3 kV 以下与 3 kV 以下	0.60	0.30

（二）避雷线

避雷线是为了保护导线避免雷击而安装的引雷入地的导线，一般装设在导线上方，如图 2-8 所示。

图 2-8　避雷线实物图

1. 避雷线的作用

（1）防雷：以减少雷击导线的机会，提高线路的耐雷水平，降低雷击跳闸率，保证线路安全送电。

（2）分流作用：以减小流经杆塔的雷电流，从而降低塔顶电位。

（3）耦合作用：通过对导线的耦合作用可以减小线路绝缘子的电压。

（3）屏蔽作用：对导线的屏蔽作用还可以降低导线上的感应过电压。

2. 避雷线的装设

通常低压配电路中避雷线常采用镀锌钢绞线；中、高配电路中避雷线常采用钢芯铝绞线、铝包钢绞线等良导体，可以降低不对称短路时的工频过电压，减少潜供电流。

装设避雷线的一般规定如表 2-3 所示。

表 2-3　装设避雷线的一般规定

线路的电压等级/kV	避雷线的敷设情况
1~10	一般不架设
35	仅在变电站进线段装设
60	负荷重要且所经地段年平均雷电日在 30 天以上时，沿全线架设；否则仅在变电站进线段架设
110 及以上	沿全线架设

在雷击不严重的 110 kV 及较低电压的线路上，通常仅在靠近变电站 2 km 左右的范围内装设避雷线，作为变电站进线的防雷措施。

避雷线一般使用镀锌钢绞线架设，常用的截面积是 25 mm^2、35 mm^2、50 mm^2、70 mm^2。导线的截面积越大，使用的避雷线截面积也越大。

（三）杆塔

杆塔的作用是支撑导线和避雷线，使其对大地、建筑物、树木、铁路、公路及被跨越的电力线路、通信线路等保持足够的安全距离，并在各种气象条件下，保证配电线路能够安全可靠运行。

1. 杆塔的负荷

1）水平荷载

（1）电杆、导线、避雷线上的风压力。

（2）电杆两侧垂直荷载的差异对电杆产生的弯矩，将其折合成水平分量。

（3）转角杆导线、避雷线张力的转角合力即角荷。

（4）分支杆塔分支线的张力。

（5）导线、避雷线的不平衡张力等。

2）垂直荷载

（1）导线、避雷线、绝缘子、金具、横担及杆上电气设备等重力。

（2）导线、避雷线等覆冰的重力。

（3）电杆本身及基础的重力等。

2. 杆塔的基础

将杆塔固定在地下的装置和杆塔自身埋入土壤中起固定作用的整体统称为杆塔基础。杆塔基础起着支撑杆塔全部荷载的作用，并保证杆塔在运行中不因承受的垂直荷载、水平荷载、事故断线张力和外力作用而发生上拔、下沉或受外力作用时发生倾倒或变形。

3. 杆塔的防雷接地装置

埋设在基础土壤中的圆钢、扁钢、角钢、钢管或其组合式结构均称为防雷接地装置。它与避雷线或杆塔直接相连，当雷击杆塔或避雷线时，能将雷电流引入大地，可防止雷电流击穿绝缘子串的事故发生，提高线路的耐雷水平，减少线路雷击跳闸率。

防雷接地装置主要根据土壤电阻率的大小进行设计，必须满足规程规定的接地电阻值的要求。

（四）横担

横担是架空线路的支撑元件，如图 2-9 所示，其上的绝缘子将导线定位，且形成一定的几何尺寸。横担的主要作用是使导线保持一定的电气距离，且承受档距内线段的荷重。横担和金具的组合使线路处于平稳状态。

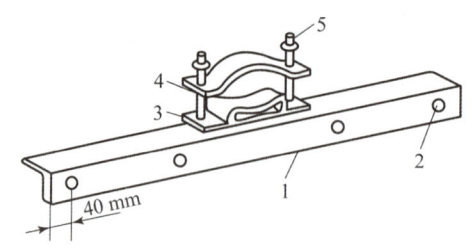

图 2-9 横担

1—角钢；2—绝缘子安装孔；3—M 形垫铁；4—抱箍；5—方头螺栓

配电线路的杆型结构比较简单，所以配电线路的横担类型也较为简单。经过多年实践，现在配电线路较常用的是单横担、双横担、带斜撑双横担三种类型。

目前，我国配电线路的横担通常使用等边角钢横担，其经济技术指标较为合理，便于取材、加工和施工。选用横担时，应尽量使同一种导线的单横担和双横担使用相同规格的钢材，以减少横担的材料规格种类。在同一地区、同一区段的横担应选用相同的尺寸。横担常用的等边角钢规格为∟56 mm×5 mm、∟63 mm×6 mm、∟75 mm×8 mm 等几种。

（五）绝缘子

绝缘子是架空线路绝缘的主体，用来支持导线，使导线间、导线与地和杆塔间保持绝缘，还用于固定导线、承受导线的垂直和水平荷载，因此，它应具有机械强度高、绝缘性能好、不受强度急剧变化影响、耐自然侵蚀及抗老化的特点。绝缘子的材料一般为瓷、钢化玻璃及合成材料。

绝缘子的选用

绝缘子应按线路电压等级选用，架设在工业污秽地区或接近海岸、盐湖、盐碱地区的线路，应根据运行经验和可能污染的程度，增加绝缘子的爬电距离等，并宜采用防污型绝缘子或采用其他有效措施。对于多雷区的 3~10 kV 线路，当采用裸导线横担时，宜提高绝缘子等级。

绝缘子的机械强度使用安全系数法来计算，根据 GB 50061—2020《66 kV 及以下架空电力线路设计规范》的规定，其值不应小于下列数值：瓷横担绝缘子为 3.0；柱式绝缘子、针式绝缘子为 2.5；悬式绝缘子为 2.7；蝴蝶式绝缘子为 2.5；合成绝缘子为 3.0。

绝缘子的机械强度安全系数计算公式如下：

$$K = T/T_{max}$$

式中，K 为安全系数；T 为瓷横担绝缘子、柱式绝缘子及针式绝缘子的抗弯破坏负荷，碟式绝缘子的破坏负荷（kN）；T_{max} 为绝缘子的最大使用负荷（kN）。

绝缘子瓷件表面的瓷应光滑，无裂纹、缺釉、斑点、气泡、损伤等缺陷；瓷件与铁帽、铁脚的结合部应牢固，胶结的混凝土（胶合剂）表面不得有裂纹；绝缘子的铁帽、铁脚不得有裂纹，热镀锌应完好，无脱落、缺锌现象。

（六）金具

在架空线路上用于悬挂、固定、保护、连接、接续架空导线或绝缘子以及在拉线杆塔的拉线结构上用于连接拉线的金属器件称为线路金具。金具主要用于支持、固定和接续导线及绝缘子连接成串，亦用于保护导线和绝缘子。

金具的种类很多，按不同的用途和性能一般可分为固定金具、接续金具、连接金具、保护金具、拉线金具等。

1）固定金具

它主要有悬垂线夹和耐张线夹两种。

（1）悬垂线夹。

如图 2-10 所示，悬垂线夹主要用在直线杆塔上，主要用于将导线固定在直线杆塔的悬式绝缘子链上或将避雷线固定在直线杆塔上。

（2）耐张线夹。

如图 2-11 所示，耐张线夹主要用于将导线固定在非直线杆塔的耐张绝缘子链上或将避雷线固定在非直线杆塔上。常用的耐张线夹有螺栓型、压接型、楔型等。螺栓型有正装式和倒装式之分，适用于铝线、铜线和钢芯铝绞线。

图 2-10　悬垂线夹　　　　图 2-11　耐张线夹

2）接续金具

如图 2-12 所示，接续金具主要用于架空电力线路导线及避雷线终端的接续、非直线杆塔跳线的接线及导线补修等。

按照安装方法的不同，接续金具分为钳压、液压、爆压和螺栓连续等几类。

3）连接金具

如图 2-13 所示，连接金具主要用于将悬式绝缘子组装成串，并将一串或数串绝缘子串连、悬挂在杆塔横担上。

图 2-12　接续金具　　　　图 2-13　连接金具

4）保护金具

如图 2-14 所示，保护金具主要包括供导线及避雷线用的防振金具、分裂导线用的保持线间距离抑制导线风力振动的间隔棒、绝缘子串用的均压屏蔽环，以及预绞丝护线条、防振锤、铝包带等。

5）拉线金具

如图 2-15 所示，拉线金具主要用于组装拉线固定杆塔，包括从杆塔顶端引至地面拉线之间所有的零件。杆塔的安全运行，主要是依靠拉线及其拉线金具来保证。根据使用条件，拉线金具可分为紧线、调节及连接三类。

图 2-14　保护金具

图 2-15　拉线金具

（七）拉线

拉线的作用是使拉线产生的力矩平衡杆塔承受的不平衡力矩，增加杆塔的稳定性。凡承受固定性不平衡载荷比较显著的电杆，如终端杆、角度杆、跨越杆等均应装设拉线。为了避免线路受强大风力载荷的破坏，或在土质松软的地区为了增加电杆的稳定性，也应装设拉线。

金具现场检查要求

拉线按安装形式一般可分为按普通拉线、人字拉线、水平拉线、弓形拉线、V 形拉线及 X 形拉线等。

1）普通拉线

如图 2-16 所示，普通拉线就是常见的一般拉线，用于耐张杆塔、终端杆塔、转角杆塔和分歧杆塔，装设在电杆受力的反面，用以平衡电杆所受导线的单向拉力，对于耐张杆塔则在电杆顺线路方向前后设拉线，以承受两侧导线的拉力。

2）人字拉线

如图 2-17 所示，人字拉线又称抗风拉线，由两条普通拉线组成，装在线路垂直方向电杆的两侧，用于直线杆防风时，垂直于线路方向；用于耐张杆时，顺线路方向。线路直线耐张段较长时，一般每隔 7~10 座电杆安装一个人字拉线。

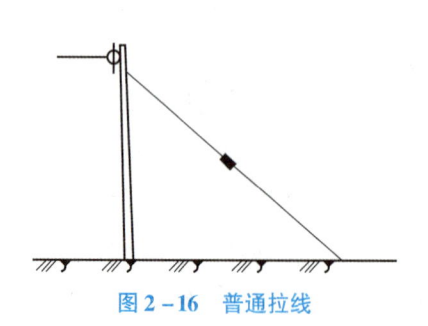

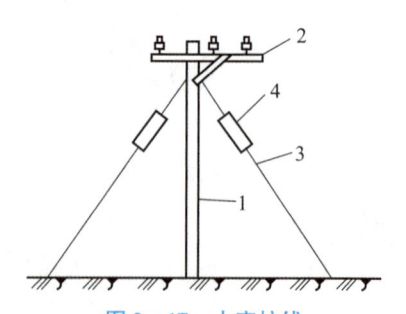

图 2-16　普通拉线

图 2-17　人字拉线
1—电杆；2—横担；3—拉线；4—拉线绝缘子

3）水平拉线

如图 2-18 所示，水平拉线又称为高桩拉线，在不能直接作普通拉线的地方，如跨越道路等地方，则可作水平拉线，水平拉线通过高桩将拉线升高一定高度，不会妨碍车辆的通行。拉线与路面中心的垂直距离 h_1 应不小于 6 m，对地面高度 h_2 应不小于 4.5 m，拉线桩的埋深 h_3 为其全长的 1/6。

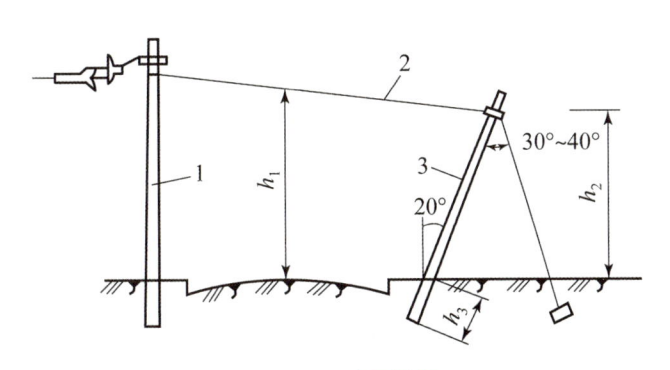

图 2-18 水平拉线
1—电杆；2—拉线；3—拉线桩

4）弓形拉线

如图 2-19 所示，弓形拉线又称自身拉线，受地形或周围自然环境的限制不能安装普通拉线时，一般可安装弓形拉线。弓形拉线的效果会有一定折扣，必要时可采用撑杆，撑杆可以看成特殊形式的拉线。

5）V 形拉线

如图 2-20 所示，V 形拉线主要应用于电杆较高、多层横担的电杆，V 形拉线不仅可以防止电杆倾覆，而且可以防止电杆承受过大的弯矩，通常装设在不平衡作用力合成点上下两处。

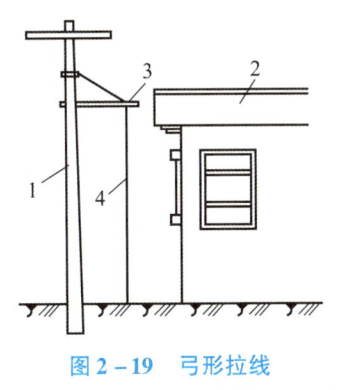

图 2-19 弓形拉线
1—电杆；2—房屋；3—拉线横担；4—拉线

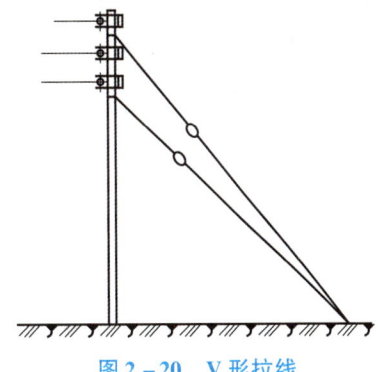

图 2-20 V 形拉线

6）X 形拉线

如图 2-21 所示，X 形拉线也称为交叉拉线，常用于门形双杆，既防止了杆塔顺线路、横线路倾倒，又减少了线路占地宽度。

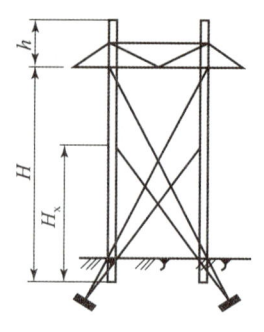

图 2-21 X 形拉线

拉线的设置要求

三、架空线路结构参数

1. 档距

档距是说明线路导线架设状态的物理参数。简而言之,它是线路相邻两杆塔之间的距离,一般用 L 表示。

线路档距的大小取决于技术和经济的要求。档距小,杆塔数量多,线路造价就增加;档距大,导线拉力大、弧垂大,要求导线和杆塔的机械强度高,杆塔高度增加,因而,也增加了杆塔建造费用。所以,在选择档距时要进行技术经济比较,再作决定。

在平原地区,线路档距能够较匀称地确定。在山区,由于受地形的限制和影响,要设计大档距且相邻两档架空线的悬挂点应有一定的高差。

规程规定:35 kV 线路,档距一般为 100～150 m;6～10 kV 线路,档距一般在 100 m 以下;380/220 V 低压线路,档距一般为 30～50m。

2. 弧垂

导线悬挂曲线上任一点至两悬点连线的铅垂距离,称为该点弧垂,常用 f_x 表示。档距中央导线的 O 点至悬点 A、B 两点连线的铅垂距离,称为档距中央弧垂,常用 f 表示,如图 2-22 所示。

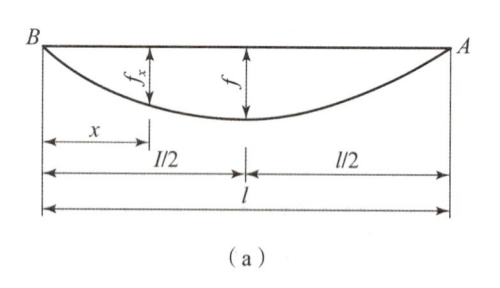

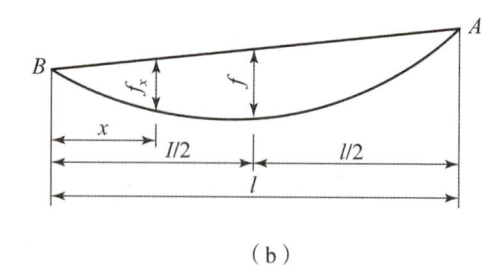

图 2-22 导线弧垂
(a) 悬点等高时的弧垂; (b) 悬点不等高时的弧垂

导线弧垂有水平弧垂和斜弧垂之分,如果导线两悬点等高,连线是水平的,其相应各点的弧垂称为水平弧垂;如果两悬点不等高,连线是倾斜的,其相应弧垂则称为斜弧垂。有计算证明,水平弧垂和斜弧垂是近似相等的。因此,所谓弧垂泛指斜弧垂。工程中所谓某点的弧垂就是指某点的斜弧垂，除特别说明外，均指档距中央弧垂。档距中央弧垂也是档距中最大的弧垂。

导线弧垂的大小决定于导线的张力和档距的大小，并随气象条件（温度、风向、风速、覆冰情况等）的变化而变动。当气温升高时，由于导线的伸长而使导线的张力降低和使弧垂增大；相反，当气温降低时，则由于导线的缩短而使张力增大和弧垂减小；当导线上覆冰或受风压时，由于机械负载的增加，导线的张力和弧垂都将增大，导线的张力不应超过其容许张力，否则会造成断线事故；弧垂过大，则导线对地面、水面或其他被跨越物的距离就要减小，为保证安全距离，必须采用高杆塔或调整档距。

3. 导线应力

导线单位横截面上的内力称为导线应力。一档导线中各点应力是不相等的，导线上某点应力的方向与导线悬挂曲线上该点的切线方向相同，因此，一档导线中导线最低点应力的方向是水平的，如图 2-23 所示。

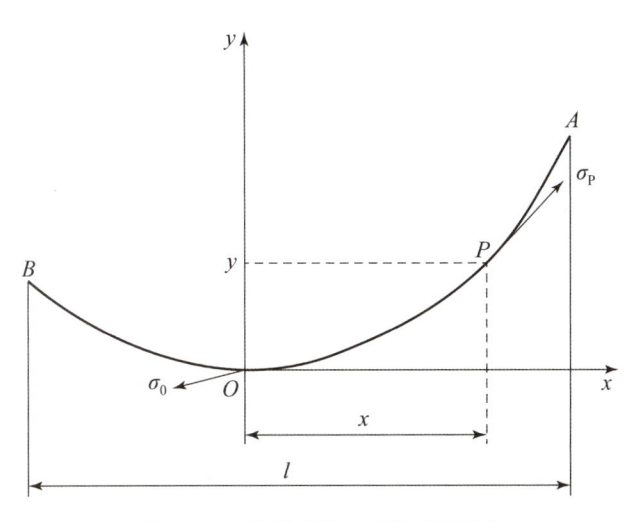

图 2-23 导线在档距中的受力状态

一个耐张段在施工紧线时，直线杆塔上导线置于放线滑车中，当忽略滑车的摩擦力影响时，各档导线最低点的应力均相等。所以，在导线应力、弧垂分析中，除特别指明外，导线的应力都是指档中导线最低点的水平应力，常用 σ_0 表示。

4. 安全距离

导线最低点到地面的距离称为安全距离，档距、弧垂和安全距离三者的关系如图 2-24 所示。

架空配电线路与其他线路、房屋建筑、铁路及公路等交叉跨越时，必须保证在正常运行情况下，导线出现最大弧垂时，在交叉跨越处导线与被跨越物间的安全距离不小于表 2-4 所列的数值。

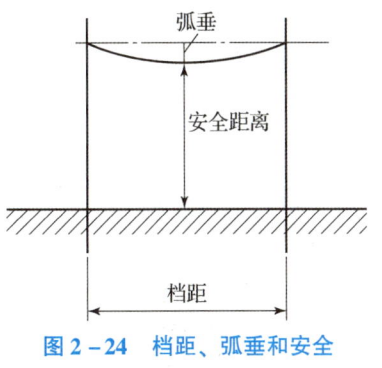

图 2-24 档距、弧垂和安全距离的关系

表 2-4 架空配电线路与被跨越物的安全距离　　　　　　　　　单位：m

线路经过的地区		标称电压/kV		
		3 以下	3～10	35
居民区		6.0	6.5	7.0
非居民区		5.0	5.5	6.0
交通困难地区		4.0（3）	4.5（3）	5.0
步行可以到达的山坡		3.0	4.5	5.0
步行不能到达的山坡峭壁和岩石		1.0	1.5	3.0
导线与建筑物之间的最小垂直距离		2.5（2.0）	3（2.5）	4.0
边导线与建筑物之间的最小距离		1.0（0.2）	1.5（0.75）	3.0
导线与树木之间的垂直距离		3.0	3.0	4.0
导线与公园、绿化区或防护林带的树木之间的最小距离		3.0	3.0	3.5
导线与果树、经济作物、城市绿化灌木之间的最小垂直距离		3.0	3.0	3.0
导线与街道、人行道及树木之间的最小距离	最大计算弧垂情况下的垂直距离	1.0（0.2）	1.5（0.8）	3.0
	最大计算风偏情况下的水平距离	1.0（0.5）	2.0（1.0）	3.5

5. 荷重

架空线路的导线在运行时要承受自身质量、金具质量、风压和覆冰的质量，这些统称为导线的荷重（比载）。在选线时，应参考不同导线的规格和物理特性中的拉断力及瞬时破坏应力，不允许荷重产生的破坏力大于架空线的拉断力和瞬间破坏应力，且有一定的安全系数。

工作任务 2　电缆配电线路认知

实施工单

《电缆配电线路认知》实施工单

学习项目	认知配电线路	姓名		班级	
任务名称	电缆配电线路认知	学号		组别	
任务目标	1. 能够说明电力电缆的分类方法。 2. 能够描述电缆的基本结构特点。 3. 能够描述常用电缆的适用条件。 4. 能够识别电力电缆的型号。 5. 能够认知电缆双头				

续表

学习项目	认知配电线路	姓名		班级	
任务名称	电缆配电线路认知	学号		组别	
任务描述	学生以小组为单位，通过查阅相关资料及实地调研，完成下列任务： 1. 介绍电力电缆的分类。 2. 描述电缆的基本结构特点。 3. 描述常用电缆的适用条件。 4. 识别电力电缆的型号				
任务要求	1. 场地要求：供配电系统实训室。 2. 设备要求：无。 3. 工具要求：无				
课前任务	请根据教师提供的视频资源，探索电力电缆的发展，并在课程平台讨论区进行讨论				
课中训练	1. 通过查阅相关资料，将电缆配电线路认知情况记录在下表。 **电缆配电线路认知情况记录表** {见下表} 2. 请学生分组调研所在城市配线电缆的特点，并进行汇报展示				

电缆配电线路认知情况记录表

知识点		内容
电力电缆的发展	电力电缆的发展	
电力电缆的分类	按电压等级、导体截面积及导体芯数分	
	按截面形状、结构特点及绝缘材料分	
电缆基本结构	导体	
	绝缘层	
	屏蔽层	
	保护层	
常用电缆的适用条件	聚氯乙烯绝缘聚氯乙烯护套电力电缆	
	交联聚乙烯绝缘电力电缆	
	通用橡皮绝缘护套软电缆	
	橡皮绝缘电力电缆	
	油浸纸绝缘铅包电力电缆	
	可控型电焊机电缆	
	非铠装电力和照明用聚氯乙烯绝缘电缆	
电力电缆型号	电力电缆型号	
电缆双头	电缆终端	
	中间接头	

续表

学习项目	认知配电线路	姓名		班级	
任务名称	电缆配电线路认知	学号		组别	
任务总结	对项目完成情况进行归纳、总结、提升				
课后任务	思考电力电缆如何与架空线路混接,并在课程平台讨论区进行讨论				

评价标准

采用学生自评(20%)、组内互评(20%)、组间互评(20%)、教师评价(40%)四种评价方式,评价内容及标准如下表所示。

《电缆配电线路认知》任务评价内容及标准

序号	评价项目	评价内容	评价标准	分值	得分
1	任务完成情况	电力电缆的发展	对电力电缆发展的理解是否清楚。根据实际情况酌情打分	5分	
		电力电缆的分类	电力电缆的分类方法是否正确、清楚。根据实际情况酌情打分	10分	
		电缆基本结构	导体的结构特点表述是否清楚。绝缘层的结构特点表述是否清楚。屏蔽层的结构特点表述是否清楚。保护层的结构特点表述是否正确、清楚。根据实际情况酌情打分	30分	
		常用电缆的适用条件	常用各种电缆的适用条件描述是否正确、清楚。根据实际情况酌情打分	15分	
		电力电缆型号	电力电缆型号表述是否正确、清楚。根据实际情况酌情打分	10分	
		电缆头	电力电缆终端及中间接头表述是否正确、清楚。根据实际情况酌情打分	10分	

续表

序号	评价项目	评价内容	评价标准	分值	得分
2	职业素养情况	资料搜集情况	资料搜集非常全面5分；资料搜集比较全面1~4分；资料搜集不全面酌情扣1~5分	5分	
		语言表达情况	表达非常准确5分；表达比较准确1~4分；表达不准确酌情扣1~5分	5分	
		工作态度情况	态度非常认真5分；态度较为认真2~4分；态度不认真、不积极酌情扣1~5分	5分	
		团队分工情况	分工非常合理5分；分工比较合理1~4分；分工不合理酌情扣1~5分	5分	

理论要点

广义的电线电缆简称为电缆。GB/T 2900.10—2013《电工术语 电缆》将其定义为用以传输电（磁）能、信息和实现电磁能转换的线材产品，而电力电缆是用于电力传输和分配大功率电能的电缆。

一、电力电缆的发展

1890年世界上首次出现电力电缆，距今已有130多年的历史。我国电力电缆的生产是从20世纪30年代开始的，到1949年，电力电缆生产的规模还很小，能力也比较薄弱，曾生产过6.6 kV橡胶绝缘铅护套电力电缆。1951年研制成功了6.6 kV铅护套纸绝缘电力电缆，在此基础上生产了35 kV及以下油浸纸绝缘电力电缆的系列产品。1966年生产了第一条充油电力电缆。1968—1971年先后研制、生产了220 kV和330 kV充油电力电缆，并先后在刘家峡、新安江、渔子溪、乌江渡等水电站投入运行。1983年成功研制500 kV充油电力电缆，并在辽宁省投入运行。电缆在我国高低压电网中都得到了广泛的应用。

目前，在大城市的供电、工厂矿山企业内部的供电、一些发电厂的引出线及水下输电线路等，多采用电力电缆线路。随着新材料、新技术的开发和应用，电力电缆制造工艺逐渐简化、质量不断提高、造价逐渐降低以及施工趋于简便，电力电缆的应用范围日益扩大。

二、电力电缆的分类

1. 根据电压等级分类

电力电缆可分为低压电力电缆（1 kV）、中压电力电缆（6~35 kV）和高压电力电缆（66~500 kV）。低压电力电缆使用最多，一般厂矿企业配电线路都在使用。中压电力电缆常

用在一些大中型企业的主要供电线路、地区配电网以及在发电厂重要负荷和发电机出线中。高压电力电缆适用于一些不宜采用架空导线的输配电线路以及过江、海底敷设等场合。

2. 根据绝缘材料分类

1）油纸绝缘

油纸绝缘电缆以油浸纸为绝缘材料，其耐电强度高、介电性能稳定、寿命较长、热稳定性好、载流量大、材料资源丰富、价格便宜。其主要缺点是不适于高落差敷设，制造工艺较为复杂，生产周期长，电缆头制作技术比较复杂等。

2）塑料绝缘

塑料绝缘电缆一般分为聚氯乙烯绝缘型、聚乙烯绝缘型、交联聚乙烯绝缘型。

塑料绝缘电力电缆与油浸纸绝缘电力电缆相比，发展较晚，但因制造工艺简单，不受敷设落差限制，电缆的敷设、接续、维护方便，具有耐化学腐蚀性等优点，特别是交联聚乙烯的出现，已形成塑料电缆取代油纸绝缘电缆的趋势。

3）橡胶绝缘

一般分为天然橡胶绝缘型、乙丙橡胶绝缘型、硅橡胶绝缘型等。

橡胶绝缘在很大的温度范围内具有高弹性，对气体、潮气、水分等具有低的渗透性，较高的化学稳定性和电气性能，橡胶绝缘电缆柔软、可曲度大，但由于它价格高、耐电晕性能差，长期以来只用于低压及可曲度要求高的场合。

三、电力电缆的基本结构

电力电缆最基本的组成有三部分，即线芯（导体）、绝缘层和护层，如图 2-25 所示。对于中压及以上电压等级的电力电缆，导体在输送电能时，具有高电位。为了改善电场的分布情况，减小导体表面和绝缘层外表面处的电场畸变，避免尖端放电，电缆还要有内外屏蔽层。总的来说，电力电缆的基本结构必须由导体（也可称线芯）、绝缘层、屏蔽层和护层四部分组成。

1. 线芯（导体）

线芯起传导电流作用，通常采用高电导率的铜或铝制成，为了制造和应用上的方便，导线线芯的截面有统一的标称等级。我国电力电缆目前的规格是 10~35 kV 电缆的导电部分截面积为 16 mm²、25 mm²、35 mm²、50 mm²、70 mm²、95 mm²、120 mm²、150 mm²、185 mm²、240 mm²、300 mm²、400 mm²、500 mm²、625 mm² 和 800 mm²，共 15 种，目前 16~400 mm² 的是常用的规格。

线芯的芯数为单芯、双芯、三芯、四芯和五芯，共五种。单芯电缆一般用来输送直流电、单相交流电或用作高压静电除尘器的引出线。1 kV 及以下电源中性点直接接地时，TN-C 方式供电单相回路应采用双芯电缆；TT 方式供电单相回路应采用双芯电缆。三芯电缆主要用于三相交流电网中，在 35 kV 及以下各种电缆线路中得到广泛应用。四芯电缆多用于低压配电线路、中性点接地的 IT 方式供电回路和 TN-C 方式供电回路中

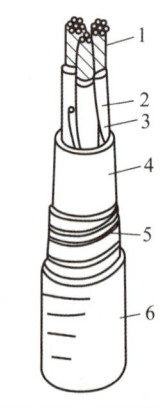

图 2-25 交联聚乙烯绝缘电力电缆

1—线芯（导体）；2—交联聚乙烯绝缘；3—填料；4—聚氯乙烯内护层；5—钢铠或铝铠外护层；6—聚氯乙烯外护层

（四芯电缆的第四芯截面积通常为主线芯截面积的 40%～60%）。五芯电缆用于低压配电线路、中性点接地的 TN-S 方式供电回路中。

线芯的截面形状很多，如图 2-26 所示，有圆形、弓形、扇形和椭圆形等，单芯电缆及多芯电缆且其芯线截面在 16 mm² 以下时为圆形芯线，截面在 25 mm² 及以上时为半圆形或扇形芯线。

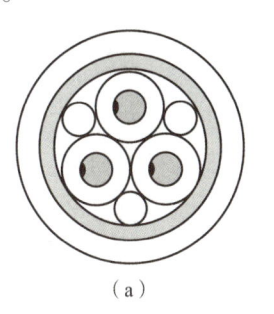

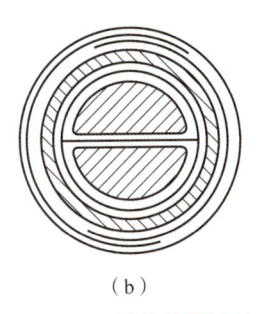

图 2-26 线芯截面形状
(a) 圆形；(b) 半圆形；(c) 扇形

当线芯截面积大于 25 mm² 时，通常是采用多股导线胶合并经过压紧而成，这样可以增加电缆的柔软性和结构稳定性，安装时可在一定程度内弯曲而不变形。

2. 绝缘层

绝缘层能将线芯与大地以及不同相的线芯间在电气上彼此隔离，从而保证在输送电能时不发生相对地或相间击穿短路，因此绝缘层也是电缆结构中不可缺少的组成部分。

绝缘层所选用的绝缘材料一般可分为均匀质和纤维质两大类。前者包括聚乙烯、聚氯乙烯、交联聚乙烯、橡胶等。后者包括棉、麻、丝、绸、纸等。这两类绝缘材料从绝缘质量方面来说，其根本差异是它们的吸湿能力明显不同。均匀质绝缘材料具有高度的抗潮性。因此，在制造电缆时无须加金属内护层，但它容易受光、热、油、电晕的作用而损坏。纤维质绝缘材料却具有耐热、耐电、耐用和性能稳定等优点，适于作高压电缆的绝缘材料。它的最大缺点是极易吸收水分，导致绝缘性能急剧下降，甚至完全被损坏。因此，纤维质绝缘材料的电缆必须借助于外层护套来防止水分的侵入。同时，为了提高绝缘质量，纤维质绝缘材料还必须除去所含的全部水分，并用适当的绝缘剂加以浸渍。

我国高压电力电缆主要采用浸渍纸绝缘，而橡皮、塑料一般用于较低电压等级（35 kV 及以下）电力电缆的绝缘。由于塑料绝缘电缆制造工艺简单、施工方便、易于维护，在较低电压等级下，塑料绝缘电力电缆正在逐步取代油浸纸绝缘电力电缆。近年来，由于塑料工业的进步与发展，使较高电压等级塑料电缆的研制成为可能。

3. 屏蔽层

10 kV 及以上的电缆一般都有导体屏蔽层和绝缘屏蔽层，也称为内屏蔽层和外屏蔽层。导体屏蔽层的作用是消除导体表面的不光滑（多股导线绞合产生的尖端）所引起的导体表面电场强度的增加，使绝缘层和电缆导体有较好的接触。同样，为了使绝缘层和金属护套有较好接触，一般在绝缘层外表面均包有外屏蔽层。

油纸电缆的导体屏蔽材料一般用金属化纸带或半导电纸带。绝缘屏蔽层一般采用半导电纸带。

塑料、橡皮绝缘电缆的导体或绝缘屏蔽材料分别为半导电塑料和半导电橡皮。对于无金

属护套的塑料、橡胶电缆，在绝缘屏蔽外还包有屏蔽铜带或铜丝。

4. 保护层

保护层的作用是密封保护电缆免受外界杂质和水分的侵入，以及防止外力直接损坏电缆绝缘层，有些电缆的外护套还具有阻燃的作用，因此它的制造质量对电缆的使用寿命有很大的影响。

保护层材料的密封性和防腐性必须良好，并且有足够机械强度，适当考虑空气中敷设电缆外护套材料的阻燃性能。

保护层主要可分成三大类，即金属保护层、橡塑保护层和组合保护层。

电缆保护层所用的材料繁多，主要分为两大类：一类是金属材料，如铝、铅、钢、铜等，这类材料主要用以制造密封护套、铠装或屏蔽；另一类是非金属材料，如橡胶、塑料、涂料以及各种纤维制品等，其主要作用是防水和防腐蚀。

四、电力电缆的型号

电力电缆的型号是由一个或数个汉语拼音及数字组成的，分别代表电缆的用途、类别及结构特征、电压等级、芯线数及其截面积。电缆型号的表示方法如图 2-27 所示。

常用电缆的适用条件

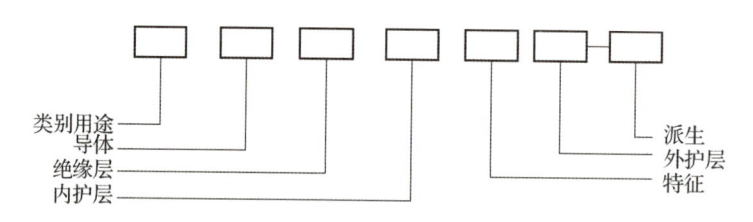

图 2-27 电缆型号的表示方法

电缆型号中各种符号代表的意义如表 2-5 所示。

表 2-5 电缆型号中各符号代表的意义

类别	导体	内护层	特征	外护层
V—聚氯乙烯塑料；	L—铝芯；	H—橡套；	CY—充油；	0—相应的裸外护层；
		HF—非燃性橡套；	D—不滴流；	1——级防腐、麻被外护套；
X—橡皮；	铜芯不表示		F—分相；	2—二级防腐，钢带铠装、钢带加强层；
XD—丁基橡皮；			G—高压；	3—单层细钢丝铠装；
		I—铝套；	P—贫油干绝缘；	4—双层细钢丝铠装；
Y—聚乙烯；		Q—铅套；		5—单层粗钢丝铠装；
YJ—交联聚乙烯；		Y—聚乙烯护套；	Z—纸	6—双层粗钢丝铠装；
				22—外护层为钢带铠装，聚氯乙烯护套；

续表

类别	导体	内护层	特征	外护层
Z—纸				29—双层钢带铠装，聚氯乙烯护套； 39—细钢丝铠装，聚氯乙烯护套； 59—粗钢丝铠装，聚氯乙烯护套

示例：ZLQ22 - 3×120/10。

其中，Z—纸绝缘电力电缆；L—铝导体；Q—内护层为铅套；22—外护层为钢带铠装，聚氯乙烯护套；3×120/10—三相、标称截面积为120 mm^2；额定电压为10 kV。

五、电缆附件

电缆终端和电缆接头统称为电缆附件，它们是电缆线路中必不可少的组成部分。电缆终端是安装在电缆线路末端，具有一定的绝缘和密封性能，用于将电缆与其他电气设备相连接的电缆附件。电缆接头是安装在电缆与电缆之间，使两根及以上的电缆导体连通，并具有一定绝缘、密封性能的附件。

（一）电缆终端

电缆终端安装在电缆末端，以使电缆与其他电气设备或架空输电导线相连接，并维持绝缘直至连接点的装置。

1. 电缆终端的作用

（1）均匀电缆末端电场分布，实现电应力的有效控制。

（2）通过接线端子、出现杆实现与架空线芯或其他电气设备的电气连接，110 kV 及以上电压等级终端接线端子的内表面和出现杆的外表面需要镀银，减小接触电阻。

（3）通过终端的接地线实现电缆线路的接地。

（4）通过终端的密封处理实现电缆的密封，免受潮气等外部环境的影响。

2. 电缆终端分类

终端按其不同特性的材料可以分为六种，如表 2 - 6 所示。

表 2 - 6 终端按其不同特性的材料分类

类型	特点描述
绕包式	这是一种较早应用的方式，用带状的绝缘包绕电缆应力锥，油纸绝缘电缆的内绝缘常以电缆油或绝缘胶作为主要绝缘并填充终端内气隙。电缆终端外绝缘设计，不仅要求满足电气距离的要求，还要考虑气候环境的影响
浇注式	用液体或加热后呈液态的绝缘材料作为终端的主绝缘，浇注在现场装配好的壳体内，一般用于 10 kV 及以下的油纸电缆终端
模塑式	用辐照聚乙烯或化学交联带，在现场绕包于处理好的交联电缆上，然后套上模具加热或同时再加压，从而使加强绝缘和电缆的本体绝缘形成一体。一般用于 35 kV 及以下交联电缆的终端。日本在 500 kV 交联聚乙烯电缆上有应用，但操作工艺复杂，工期很长，影响了实际应用

续表

类型	特点描述
热（收）缩式	用高分子材料加工成绝缘管、应力管、伞裙等在现场经装配加热能紧缩在电缆绝缘线芯上的终端。其主要用于 35 kV 及以下塑料绝缘电缆线路
冷（收）缩式	用乙丙橡胶、硅橡胶加工成管材，经扩张后，内壁用螺旋形尼龙条支撑，安装时只需将管子套上电缆芯，拉去支撑尼龙条，靠橡胶的收缩特性管子就紧缩在电缆芯上。其一般用于 35 kV 及以下塑料绝缘电缆线路，特别适用于严禁明火的场所，如矿井、化工及炼油厂等
预制式	用乙丙橡胶、硅橡胶或三元乙丙橡胶制作的成套模压件。其中包括应力锥、绝缘套管及接地屏蔽层等各部件，现场只需将电缆绝缘做简单的剥切后，即可进行装配。其可做成户内、户外或直角终端，用于 35 kV 及以下的塑料绝缘的电缆线路

现在电缆线路中应用最多的是热缩式、冷缩式和预制式三种类型的终端。

（二）中间接头

中间接头是连接电缆与电缆的导体、绝缘、屏蔽层和保护层，以使电缆线路连续的装置。

1. 中间接头的作用

（1）电应力的控制。

在电缆中间接头里，除了要控制电缆屏蔽切断处的电应力分布以外，还要解决线芯的绝缘割断处应力集中的问题，两端电缆外屏蔽切断处电应力的控制与电缆终端头有相同的要求。

（2）实现电缆与电缆之间的电气连接。

（3）实现电缆的接地或接头两侧电缆金属护套的交叉互连。

（4）通过中间接头的密封实现电缆的密封。

2. 中间接头分类

中间接头按照用途不同可以分为七种，如表 2-7 所示。

表 2-7 中间接头按用途不同分类

类型	特点描述
直通接头	连接两根电缆形成连续电路
绝缘接头	将导体连通，而将电缆的金属护套、接地屏蔽层和绝缘屏蔽在电气上断开，以利于接地屏蔽或金属护套进行交叉互连，降低金属护套感应电压，减小环流
塞止接头	将充油电缆线路的油道分隔成两段供油

续表

类型	特点描述
分支接头	将支线电缆连接至干线电缆或将干线电缆分成支线电缆
过渡接头	连接两种不同类型绝缘材料或不同导体截面的电缆
转换接头	连接不同芯数电缆
软接头	接头制成后允许弯曲呈弧形状，主要用于水底电缆

在电力工程中使用最多的是直通接头和绝缘接头。

工作任务 3　配电线路电气设备认知

实施工单

《配电线路电气设备认知》实施工单

学习项目	认知配电线路	姓名		班级	
任务名称	配电线路电气设备认知	学号		组别	
任务目标	1. 能够说明配电线路电气设备的分类方法。 2. 能够描述变换设备的结构特点及工作原理。 3. 能够描述控制设备的结构特点及工作原理。 4. 能够描述保护设备的结构特点。 5. 能够描述补偿设备的结构特点。 6. 能够准确描述成套配电装置的结构特点				
任务描述	学生以小组为单位，通过查阅相关资料及实地调研，完成下列任务： 1. 介绍变换设备及控制设备的结构特点及工作原理。 2. 描述保护设备及补偿设备的结构特点及工作原理。 3. 准确描述成套配电装置的结构特点				
任务要求	1. 场地要求：供配电系统实训室。 2. 设备要求：无。 3. 工具要求：无				
课前任务	请根据教师提供的视频资源，探索配电线路中各种电气设备的特点，并在课程平台讨论区进行讨论				

续表

学习项目	认知配电线路	姓名		班级	
任务名称	配电线路电气设备认知	学号		组别	
课中训练	1. 通过查阅相关资料，将配电线路电气设备认知情况记录在下表。 **配电线路电气设备认知情况记录表**<table><tr><th colspan="2">知识点</th><th>内容</th></tr><tr><td rowspan="4">配电一次设备的分类</td><td>按电压等级来分</td><td></td></tr><tr><td>频率质量指标</td><td></td></tr><tr><td>按安装地点来分</td><td></td></tr><tr><td>按其功能来分</td><td></td></tr><tr><td rowspan="2">变换设备</td><td>变压器</td><td></td></tr><tr><td>互感器</td><td></td></tr><tr><td rowspan="4">控制设备</td><td>熔断器</td><td></td></tr><tr><td>隔离开关</td><td></td></tr><tr><td>负荷开关</td><td></td></tr><tr><td>断路器</td><td></td></tr><tr><td rowspan="2">保护设备</td><td>避雷器</td><td></td></tr><tr><td>接地装置</td><td></td></tr><tr><td rowspan="3">补偿设备</td><td>电容器</td><td></td></tr><tr><td>低压配电屏（柜）</td><td></td></tr><tr><td>动力和照明配电箱</td><td></td></tr></table>2. 请学生分组调研所在城市配电线路主要电气设备的选择情况，并进行汇报展示
任务总结	对项目完成情况进行归纳、总结、提升
课后任务	思考城市配电线路主要电气设备的选择依据，并在课程平台讨论区进行讨论

评价标准

采用学生自评（20%）、组内互评（20%）、组间互评（20%）、教师评价（40%）四种评价方式，评价内容及标准如下表所示。

《配电线路电气设备认知》任务评价内容及标准

序号	评价项目	评价内容	评价标准	分值	得分
1	任务完成情况	一次设备的分类	一次设备的分类方法描述是否全面、明确。根据实际情况酌情打分	10分	
		变换设备	变压器的功能描述是否正确。互感器结构特点描述是否明确。根据实际情况酌情打分	20分	
		控制设备	熔断器及隔离开关的功能描述是否正确。负荷开关及断路器功能阐述是否正确、全面。根据实际情况酌情打分	20分	
		保护设备	避雷器的功能描述是否正确。接地装置结构特点描述是否明确。根据实际情况酌情打分	10分	
		补偿设备	电容器结构特点描述是否明确。根据实际情况酌情打分	10分	
		成套配电装置	低压配电屏(柜)及动力和照明配电箱结构特点描述是否明确。根据实际情况酌情打分	10分	
2	职业素养情况	资料搜集情况	资料搜集非常全面5分；资料搜集比较全面1~4分；资料搜集不全面酌情扣1~5分	5分	
		语言表达情况	表达非常准确5分；表达比较准确1~4分；表达不准确酌情扣1~5分	5分	
		工作态度情况	态度非常认真5分；态度较为认真2~4分；态度不认真、不积极酌情扣1~5分	5分	
		团队分工情况	分工非常合理5分；分工比较合理1~4分；分工不合理酌情扣1~5分	5分	

理论要点

配电线路中担负输送和分配电力这一主要任务的电路称为一次电路;一次电路中的所有电气设备称为一次设备。

一、配电一次设备的分类

1. 按电压等级来分

通常交流 50 Hz、额定电压 1 kV 以上或直流、额定电压 1 500 V 以上的称为高压设备;交流 50 Hz、额定电压 1 kV 及以下或直流、额定电压 1 500 V 及以下的称为低压设备。

2. 按安装地点来分

1) 户内式高压电器

装在建筑物内,不具有防风、雨、雷、灰尘、露、冰和浓霜等性能。户内式高压电器的工作电压一般为 35 kV 及以下的电压等级。

2) 户外式高压电器

其适于安装在露天,能承受风、雨、雷、灰尘、露、冰和浓霜等作用。户外式高压电器的工作电压一般为 35 kV 及以上的电压等级。

3. 按功能来分

1) 变换设备

变换设备是指按系统工作要求来改变电压、电流或频率的设备,例如电力变压器、电压互感器、电流互感器及变流或变频设备等。

2) 控制设备

控制设备是指按系统工作要求来控制电路通断的设备,例如各种高低压开关。

3) 保护设备

保护设备是指用来对系统进行过电流和过电压保护的设备,例如高低压熔断器和避雷器。

4) 补偿设备

补偿设备是指用来补偿系统中的无功功率、提高功率因数的设备,例如并联电容器。

5) 成套配电装置

成套配电装置按照一定的线路方案的要求,将有关一次设备和二次设备组合为一体的电气装置,例如高低压开关柜、动力和照明配电箱等。

二、变换设备

(一)变压器

变压器是将某一等级的交流电压变为频率相同的另一种或几种等级的交流电压,但不改变传输容量的电气设备。变压器除用于改变电压外,还可用于改变电流、变换阻抗等。

1. 变压器的基本结构

变压器的种类虽然很多、用途各异,但其基本结构大致相同。最简单的变压器是由一个闭合的软磁铁芯和两个套在铁芯上相互绝缘的绕组构成，如图 2-28 所示。

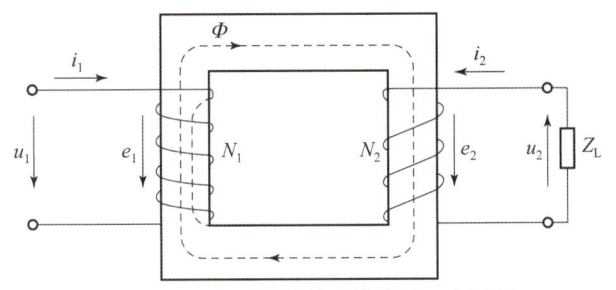

图 2-28　变压器的基本结构及工作原理

通常一侧绕组接交流电源，称为一次绕组（也称原绕组或初级绕组），匝数为 N_1；另一侧绕组接负载，称为二次绕组（也称副绕组或次级绕组），匝数为 N_2。

2. 变压器的铭牌及主要技术参数

变压器的主要技术数据一般都标注在变压器的铭牌上。图 2-29 所示为变压器铭牌。变压器铭牌主要包括：额定容量、额定电压、额定频率、绕组连接组以及额定性能数据（阻抗电压、空载电流、空载损耗和负载损耗）和总重等。

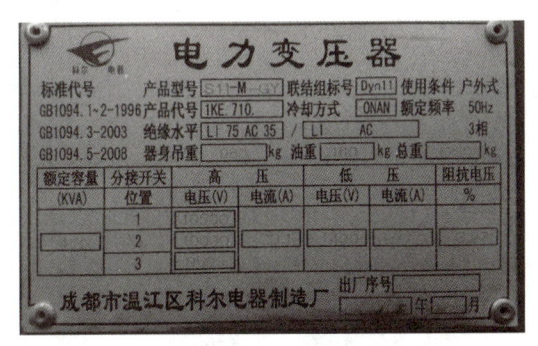

图 2-29　变压器铭牌

（1）额定电压 U：变压器长时间运行时所能承受的工作电压，包括一次额定电压和二次额定电压，都是指线电压。由于允许高压电源电压在 ±5% 的范围内变化，一次额定电压往往只表示电压等级。二次额定电压指空载电压，用 kV 表示。

（2）额定电流 I_{1N} 和 I_{2N}：变压器在额定容量下，允许长期通过的电流，在三相变压器中均代表线电流，用 A 或 kA 表示。

（3）额定容量 S_N：变压器在正常工作条件下能发挥出来的最大功率，单位为 kV·A，指视在功率。单相时 $S_N = U_{2N} I_{2N}$；三相时 $S_N = \sqrt{3} U_{2N} I_{2N}$。

（4）额定频率 f_N：工业用电频率，我国规定为 50 Hz。

（5）阻抗电压：把变压器的二次绕组短路，在一次绕组慢慢升高电压，当二次绕组的短路电流等于额定值时，此时一次侧所施加的电压。一般以额定电压的百分数表示（%）。

（6）温升：变压器绕组或上层油温与变压器周围环境的温度之差称为绕组或上层油面的温升。

（7）连接组标号：根据变压器一、二次绕组的相位关系，把变压器绕组连接成各种不同的组合，称为绕组的连接组。

3. 典型配电变压器

1) 油浸式配电变压器

油浸式配电变压器主要由铁芯、绕组、油箱、散热器、油枕、气体继电器、绝缘套管、防爆管等部分组成。三相油浸式配电变压器外形如图 2-30 所示。

其主要部件及功能如下。

（1）铁芯。

铁芯是用导磁性能良好的硅钢片叠装组成的，它形成一个磁通闭合回路，变压器的一、二次绕组都绕在铁芯上。变压器铁芯分为心式和壳式结构，目前广泛应用的变压器一般都是心式结构。心式铁芯由铁芯柱和铁轭组成。油浸式配电变压器的铁芯内部有冷却铁芯的油道，便于变压器油循环，同时也加强了设备的散热效果。图 2-31 所示为心式变压器铁芯。

图 2-30　三相油浸式配电变压器的外形

图 2-31　心式变压器铁芯

（2）绕组。

绕组又称线圈，是变压器的导电回路，采用铜线或铝线绕制成多层圆筒形。

（3）油箱。

油箱是油浸式配电变压器的外壳，其作用除装油外，还用来安装其他部件。

（4）调压装置。

调压装置是为了保证变压器二次电压稳定而设置的。当电源电压变动时，利用调压装置调节变压器分接开关，保证二次侧输出电压稳定。调压装置分为有载调压装置和无载调压装置两种。

（5）散热器。

散热器装在油箱壁上，上下有管道与油箱相通，变压器上部油温与下部油温有温差时，通过散热器形成油的对流，经散热器冷却后流回油箱，起到降低变压器油温度的作用。为了提高冷却效果，可以采用自冷、强迫风冷和强迫水冷等措施。

（6）油枕。

油枕也称油柜。变压器油因温度变化会发生热胀冷缩现象，油面也将随温度的变化而上升或下降。油枕的作用是给油的热胀冷缩留有缓冲余地，保持油箱始终充满油；同时，由于有了油枕，减少了油与空气的接触面积，可减缓油的氧化。

（7）气体继电器。

气体继电器又称为瓦斯继电器，是变压器内部故障的主保护装置，它装在油箱和油枕之间连接油管的中部。当变压器内部发生严重故障时，气体继电器接通断路器跳闸回路；当变压器内部发生不严重故障时,气体继电器接通故障信号回路。

(8)绝缘套管。

高、低绝缘套管位于变压器油箱顶盖上,油浸式变压器一般采用瓷质绝缘套管。绝缘套管的作用是使高、低压绕组引线与油箱保持良好的绝缘,并对引线予以固定。

(9)防爆管。

防爆管又称安全气道,安装在变压器的油箱上,其出口用玻璃防爆膜封住。当变压器内部发生严重故障而气体继电器失灵时,油箱内部的气体便冲破玻璃防爆膜从安全气道喷出,防止变压器爆炸。

2)干式变压器

干式变压器是指铁芯和线圈不浸在绝缘液体中的变压器,如图 2-32 所示。

干式变压器不采用液体绝缘,不存在液体泄漏和污染环境的问题,干式变压器结构简单、维护和检修方便,被广泛应用在对安全运行要求较高的场合。许多国家和地区都规定,在高层建筑的地下变电站、地铁、矿井、人流密集的大型商业和社会活动中心等重要场所,均使用这种变压器。

干式变压器的型号的表示方法如图 2-33 所示。例如,型号为 SCZ(B)1010/0.4 kV 对应为:三相树脂绝缘、有载调压、低压为箔式线圈,设计序号为 10,额定容量为 10 kV·A,额定电压为 0.4 kV 的干式变压器。

图 2-32　10 kV 级 SCB10 型干式变压器

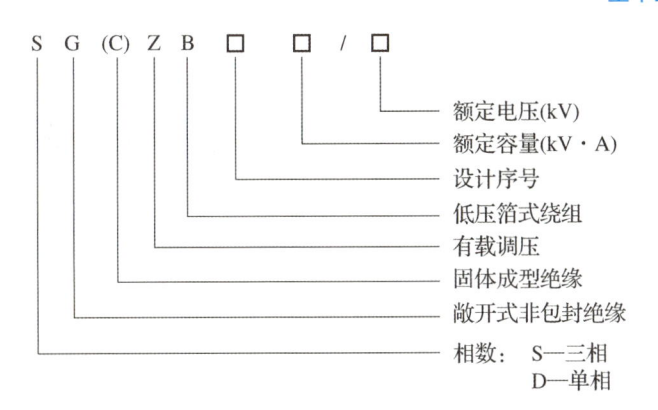

图 2-33　干式变压器型号的表示方法

干式变压器的特点

(二)互感器

互感器是电流互感器和电压互感器的统称。它实质上是一种特殊变压器,又称为仪用变压器或测量互感器。它是根据变压器的变压、变流原理将一次电量(电压、电流)转变为相同类型的二次电量的电器,在城市轨道交通供配电系统中起到了非常重要的作用。

配电变压器容量的选择

1. 电流互感器

电流互感器将一次侧的大电流变成二次侧标准的小电流(5 A 或 1 A),用以分别向测量

仪表、继电器的电压线圈和电流线圈供电。

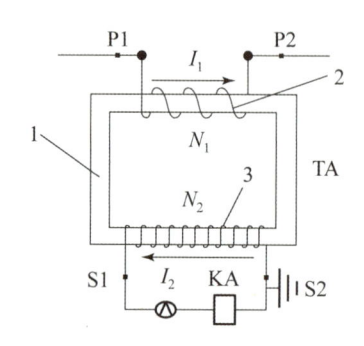

1）电流互感器的基本结构

电流互感器的基本结构如图 2－34 所示，其一次绕组串联在一次电路内，绕组匝数少且导体较粗；二次绕组与测量仪表或继电器等的电流线圈串联，绕组匝数多且导体较细。二次侧所接负载是测量仪表、继电器的电流线圈，阻抗小，正常运行状态下近似于短路状态。

图 2－34　电流互感器的基本结构
1—铁芯；2——次绕组；3—二次绕组

2）电流互感器型号

电流互感器型号的表示方法如图 2－35 所示。

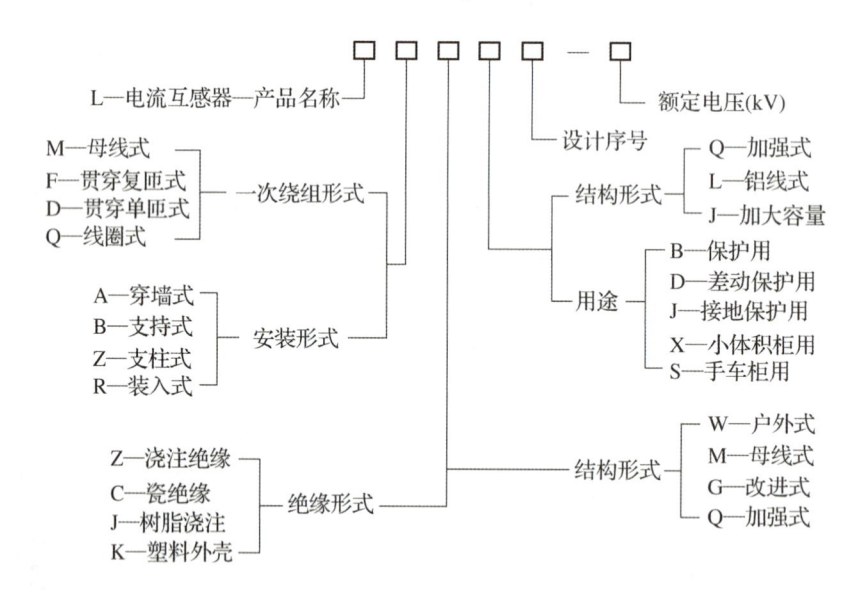

图 2－35　电流互感器型号的表示方法

3）电流互感器使用注意事项

（1）电流互感器在工作时其二次侧不允许开路。

（2）电流互感器的二次侧必须有一端接地，以防其一、二次绕组间绝缘击穿时，一次侧的高压窜入二次侧，危及人身安全和测量仪表、继电器等设备的安全。电流互感器在运行时，二次绕组应与铁芯同时接地运行。

（3）电流互感器在接线时，要注意其端子的极性。按照 GB 1208—2016《电流互感器》的规定，一次绕组端子用 P1、P2 表示，二次绕组端子用 S1、S2 表示，P1 和 S1、P2 与 S2 分别为对应的同名端即同极性端。如果一次电流 I_1 从 P1 流向 P2，则二次电流 I_2 由 S2 流向 S1，如图 2-34 所示。

在安装和使用电流互感器时，一定要注意其端子极性，否则将造成不良后果或事故。

2. 电压互感器

电压互感器将一次侧的高电压变成二次侧标准的低电压 $\left(100\text{ V 或}\dfrac{100}{\sqrt{3}}\text{ V}\right)$，用以分别向测量仪表、继电器的电压线圈和电流线圈供电。

1）电压互感器的基本结构

电压互感器的基本结构如图 2-36 所示，其一次绕组并联在一次电路内，绕组匝数较多且导线较细；二次绕组与仪表、继电器等的电压线圈并联，绕组匝数较少且导线较粗。电压互感器二次侧所接负载是仪表、继电器等的电压线圈，阻抗很大，工作时电压互感器二次绕组接近于开路状态。

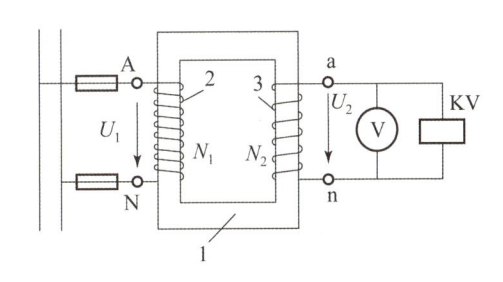

图 2-36 电压互感器的基本结构
1—铁芯；2——次绕组；3—二次绕组

2）电压互感器的型号

电压互感器有很多不同的规格，这些特征也都应在型号中表示出来，其型号的表示方法如图 2-37 所示。

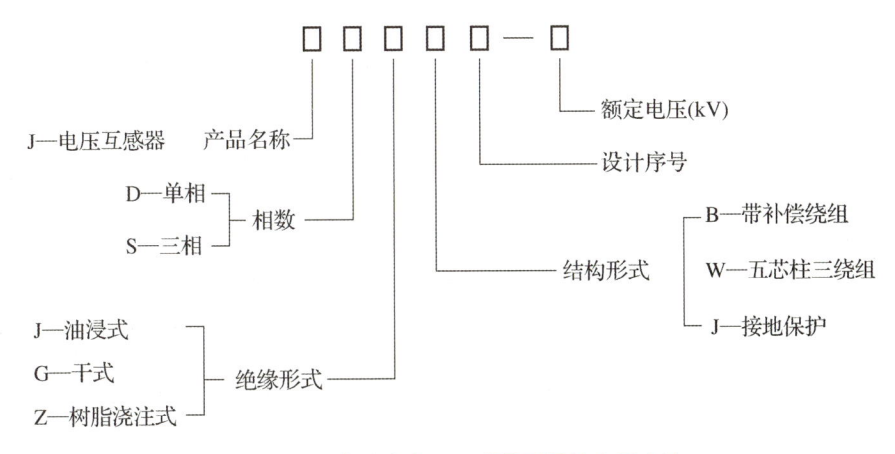

图 2-37 电磁式电压互感器型号的表示方法

3）电压互感器使用的注意事项

（1）电压互感器工作时，一、二次侧不得短路。

（2）电压互感器的二次侧必须有一端接地，以防电压互感器一、二次绕组绝缘击穿时，一次侧的高压窜入二次侧，危及人身和设备安全。

（3）电压互感器接线时必须注意接线端子极性，防止因接错线而引起事故。单相互感器分别标有 A、X 和 a、x。三相电压互感器分别标有 A、B、C、N 和 a、b、c、n。

三、控制设备

（一）熔断器

熔断器（文字符号为 FU，图形符号为 ▭）俗称保险，是一种应用极广的开断电器，也是最早使用、结构最为简单的保护电器，主要用于线路、电力变压器、电压互感器、电容器组和电动机等设备的短路及过载保护。其主要功能是对线路及电力变压器等电气设备的短路及过负荷保护。其特点是结构简单、体积小、质量轻、布置紧凑、价格低廉、使用方便、动作直接不需要继电保护和二次回路相配合，在电力系统中得到广泛的应用。

1. 熔断器分类及型号

1）分类

（1）按安装地点，可分为户外式（W）和户内式（N）。
（2）按灭弧方法，可分为产气纵吹式、封闭填料式（T）、封闭产气式（M）、瓷插式（C）。
（3）按限流特性，可分为限流式和非限流式。

限流式熔断器能在短路电流达到最大值前，使电弧熄灭，短路电流迅速减到零，因而开断能力较大，其额定最大开断电流为 6.3~100 kA；非限流式熔断器熄弧能力较差，电弧可能要延续几个周期才能熄灭，其额定最大开断电流在 20 kA 以下。

2）型号

熔断器型号的表示方法如图 2-38 所示。

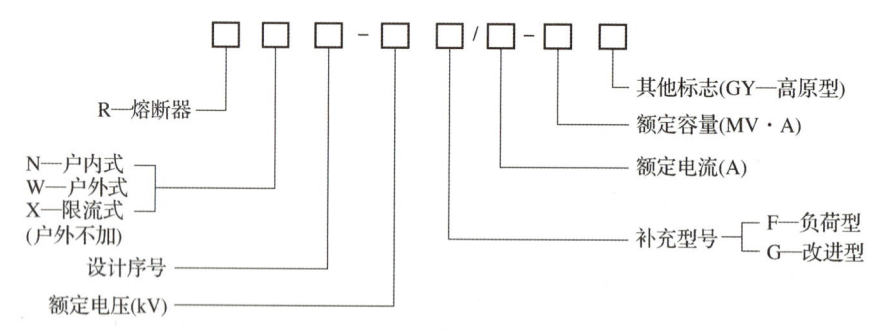

图 2-38 熔断器型号的表示方法

2. 熔断器的基本结构和各部分功能

熔断器主要由熔体、填充物、熔体管、熔断指示器、金属触头及触头座、支持绝缘子及底座等构成。

1）熔体

熔体是熔断器的核心部件，正常情况下用于导通电路，故障情况下熔体熔化并切断电路以保护设备或线路。熔体常用的材料有铅锡合金、铅锌合金。锌、铝熔体有片状，也有丝状。电流较大的线路中可采用铜圆单线作熔丝。

2）填充物

填充物一般采用的是固体石英砂，它是一种热导率很高的绝缘材料，用于冷却和熄灭电弧。石英砂填料之所以有助于灭弧，是因为石英砂具有很大的热惯性与较高的绝缘性能，并且因其为颗粒状，同电弧的接触面较大，能大量吸收电弧的能量，使电弧很快冷却，从而加快电弧熄灭过程。

3）熔体管

熔体管是熔断器的外壳，用于放置熔体，可以限制熔体电弧的燃烧范围，并具有一定的灭弧作用。

4）熔断指示器

熔断指示器用于反映熔体的状态（即完好或已熔断）。

5）金属触头及触头座

熔体管两端装有金属触头（两触头间用熔体连接），并与触头座相配合，一般由铜材料制成。它们允许通过的最大工作电流称为熔断器的额定电流。在使用熔断器时，应使熔体的额定电流小于或等于熔断器的额定电流。

6）支持绝缘子及底座

支持绝缘子固定在底座上，用于安装固定金属静触头座及熔体管。

3. 配电线路中几种典型熔断器

1）RN系列户内中压管式熔断器

RN系列户内中压管式熔断器全部是限流型熔断器。图2-39和图2-40所示为RN型熔断器的外形和熔管内部结构。其主要组成部分是熔管、触座、动作指示器、绝缘支柱和底座。熔管一般为瓷质管，熔丝由单根或多根镀银的细铜丝并联绕成螺旋状，熔丝埋放在石英砂填料中，熔丝上焊有小锡球。

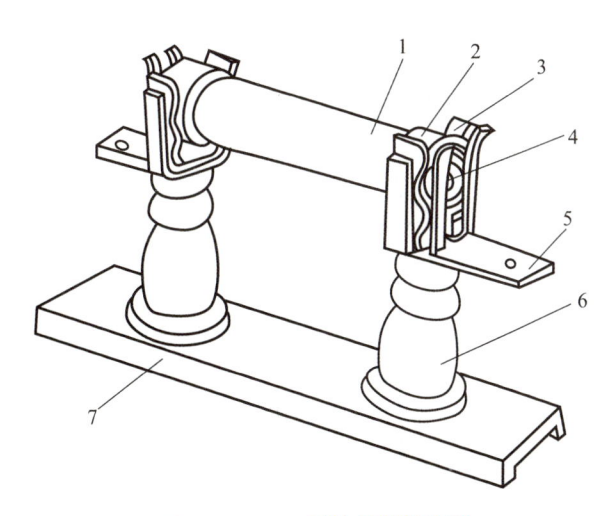

图2-39 RN型熔断器的外形

1—瓷熔管；2—金属管帽；3—弹性触座；4—熔断指示器；5—接线端子；
6—瓷绝缘支柱；7—底座

荷电流通过时，铜丝上锡球受热熔化，铜锡分子相互渗透形成熔点较低的铜锡合金，使铜熔丝能在较低的温度下熔断，从而使熔断器能在过负荷电流或较小短路电流时也能动作，提高熔断器保护的灵敏度。因几根并联铜丝是在密闭的充满石英砂填料的熔管内工作，当短路电流发生时，一旦熔丝熔断产生电弧时，即产生粗弧分细、长弧切短和狭沟灭弧的现象，因此，熔断器的灭弧能力很强，能在短时间切断短路电流。当过电流通过熔体时，工作熔体熔断后，指示熔体也相继熔断，其熔断指示器弹出，给出熔体熔断的指示信号。

2）RW 系列户外中压跌落式熔断器

RW 系列熔断器又称为跌落式熔断器，如图 2 - 41 所示，广泛应用于 10 kV 架空配电线路的支线及用户进线处、35 kV·A 以下容量的配电变压器一次侧以及电力电容器等设备，作为过负荷或短路保护和进行系统、设备投切操作。

当短路电流通过电路使熔体熔断时，熔管内产生电弧，在电弧高温作用下产生大量的气体，对电弧形成纵吹，使电弧熄灭。同时，上方动触头因熔体熔断、张力消失，熔管以下静触头为支点，依靠自身重量而向下翻转跌落，形成明显断开点，切断故障。

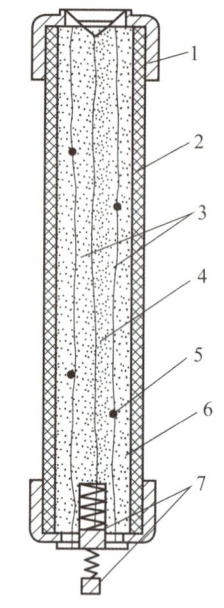

图 2 - 40　RN 型熔断器熔管内部结构

1—金属管帽；2—瓷管；3—工作熔体；4—指示熔体（铜丝）；5—锡球；6—石英砂填料；7—熔断指示器

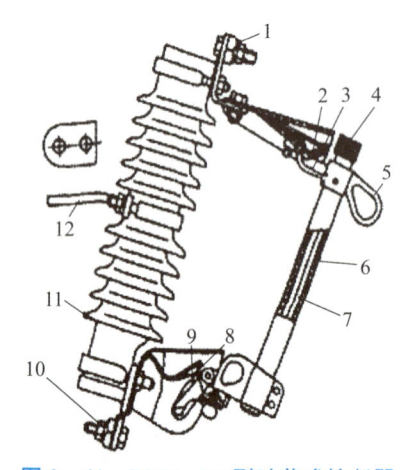

图 2 - 41　RW4 - 10 型跌落式熔断器

1—上接线端子；2—上静触头；3—上动触头；4—管帽；5—操作环；6—熔管；7—铜熔丝；8—下动触头；9—下静触头；10—下接线端子；11—绝缘瓷瓶；12—安装板

跌落式熔断器是分相操作的。操作第二相时会产生比较强烈的电弧。因此，跌落式熔断器正确的操作顺序是拉闸时先拉开中间相，再拉开背风相，最后拉开迎风相；合闸时先合上迎风相，再合上背风相，最后合上中间相。

3）RC1 系列瓷插式熔断器

图 2 - 42 所示为 RC1 A 型瓷插式熔断器。RC1 A 型瓷插式熔断器结构简单，价格低，使用方便，但断流容量小、动作误差大，因此多用于在 500 V 以下的线路末端，作不重要负荷的电力线路、照明设备和小容量电动机的短路保护用，如居民区、办公楼、农用负荷等要

求不高的供配电线路末端的负荷。

4）RL1 系列螺旋式熔断器

图 2-43 所示为 RL1 系列螺旋式熔断器。瓷质熔体装在瓷帽和瓷底座间，内装熔丝和熔断指示器（红色色点），并填充石英砂。它的灭弧能力强，属"限流"式熔断器；并且体积小、质量轻、价格低、使用方便、熔断指示明显，具有较高的分断能力和稳定的电流特性。因此被广泛地用于 500 V 以下的低压动力干线和支线上作短路保护用。

图 2-42　RC1 A 型瓷插式熔断器

图 2-43　RL1 系列螺旋式熔断器

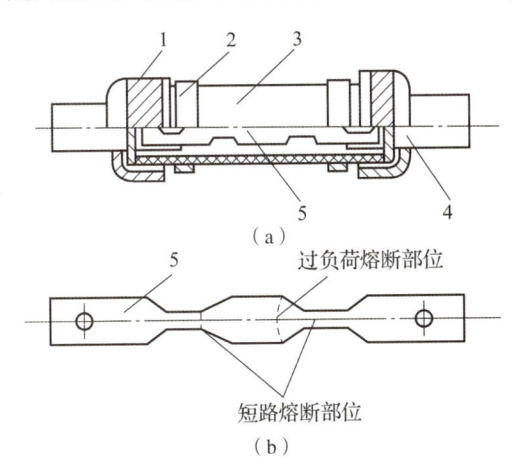

5）RM10 型低压熔断器

RM10 型低压熔断器由纤维熔管、变截面锌熔片和触头底座等部分组成。其熔管的结构如图 2-44（a）所示，安装在熔管内的变截面锌熔片如图 2-44（b）所示。锌熔片之所以冲制成宽窄不一的变截面，目的在于改善熔断器的保护性能。短路时，短路电流首先使熔片窄部（阻值较大）加热熔化，使熔管内形成几段串联短弧，同时由于中间各段熔片跌落，迅速拉长电弧，使短路电弧加速熄灭。当过负荷电流通过时，由于电流加热熔片的时间较长，而熔片窄部的散热较好，因此往往不在窄部熔断，而在宽窄之间的斜部熔断。由熔片熔断的部位，可以大致判断熔断器熔断的故障电流性质。

图 2-44　RM10 型低压熔断器
1—铜管帽；2—管夹；3—纤维质熔管；4—刀形触头；5—变截面锌熔片

当其熔片熔断时，纤维管的内壁将有极少部分纤维物质被电弧烧灼而分解，产生高压气体压迫电弧，加强电弧中离子的复合，从而加速电弧的熄灭。但是其灭弧能力较差，不能在短路电流到达冲击值之前（0.01 s 前）完全灭弧，所以这类无填料密封管式熔断器属"非限流"熔断器。

(二)隔离开关

隔离开关(文字符号为 QS,图形符号为 ——/——)又称隔离刀开关,是一种没有专门灭弧装置的开关设备。其结构特点是断开后具有明显可见的空气绝缘间隔,其功能主要是隔离高压电源,以保障对其他电气设备和线路的安全检修以及人身安全。

1. 隔离开关的型号

隔离开关型号的表示方法如图 2-45 所示。

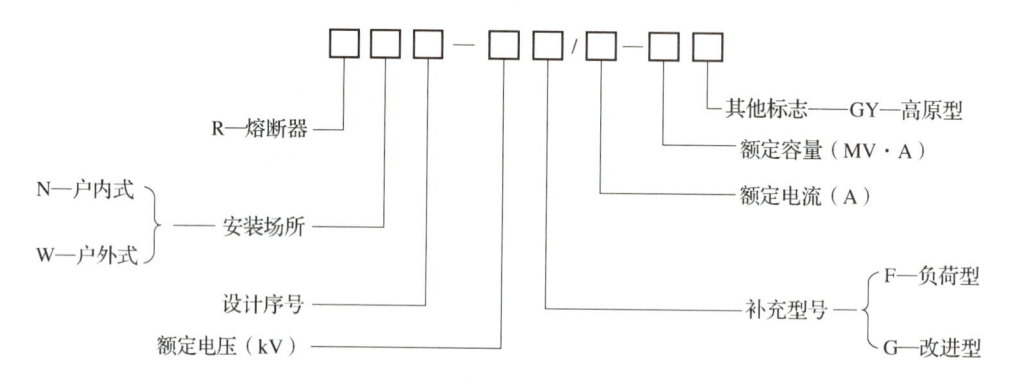

```
□□□-□□/□-□□
```

- R—熔断器
- N—户内式 / W—户外式 —— 安装场所
- 设计序号
- 额定电压(kV)
- 其他标志——GY—高原型
- 额定容量(MV·A)
- 额定电流(A)
- 补充型号—— F—负荷型 / G—改进型

图 2-45 高压隔离开关型号的表示方法

例如 GN5-10G/400 表示户外式隔离开关,设计序号为 5,额定电压为 10 kV,改进型,额定电流为 400 A。

2. 配电线路中几种典型的隔离开关

1) GN 系列户内式隔离开关

图 2-46 所示为 GN8-10 型插入式户内高压隔离开关。它采用了三相共底架结构,主要由静触头、基座、支柱绝缘子、拉杆绝缘子、动触头组成。隔离开关导电部分由动、静触头组成,每相导电部分通过两个支柱绝缘子固定在基座上,三相平行安装。

GN 系列隔离开关一般采用手动操动机构进行操作。操动机构通过连杆转动转轴,再通过拐臂与拉杆瓷绝缘子使各相闸刀作垂直摆动,从而达到分、合闸的目的。

2) 带有接地开关的隔离开关

带有接地开关的隔离开关称接地隔离开关,是用来进行电气设备的短接、联锁和隔离,一般是用来将退出运行的电气设备和成套设备部分接地和短接。而接地开关是用于将回路接地的一种机械式开关装置。在异常条件(如短路)下,可在规定时间内承载规定的异常电流;在正常回路条件下,不要求承载电流。大多与隔离开关构成一个整体,并且在接地开关和隔离开关之间有相互联锁装置。

图 2-47 所示为 GN30-10D 型隔离开关,该隔离开关主要用于 10~35 kV 的室内中压供配电线路上,可采用手动操动机构或电动操动机构进行操作。

3) 直流馈线隔离开关

如图 2-48 所示,直流馈线隔离开关是安装在变电所室

图 2-46 GN8-10 型插入式户内高压隔离开关

内或室外接触网钢柱上,应用于城市轨道交通供电系统的牵引变电所直流馈线侧。电压等级为 DC 1 500 V 或者 DC 750 V。直流馈线隔离开关是由线接触、底座、支持瓷瓶、静触头、闸刀、操作瓷瓶和转轴等构成。

图 2-47 GN30-10D 型隔离开关

图 2-48 直流馈线隔离开关

4) 低压隔离器

如图 2-49 所示,低压隔离器也称刀开关,是一种结构简单、价格低廉的手动电器,主要用于接通和断开长期工作设备的电源及不经常启动和制动、容量小于 7.5 kW 的异步电动机。现在的大部分场合,刀开关已被自动开关(空气断路器)所取代。

(三)负荷开关

负荷开关是一种带有简单灭弧装置,具有一定的灭弧能力,能开断和关合额定负荷电流的开关电器,具有一定的分合闸速度,能通过一定的短路电流,也能开断正常的负荷电流和过负荷电流,但不能开断短路电流。因此,负荷开关可用于控制供电线路的负荷电流,可用来控制空载线路、空载变压器及电容器等。

图 2-49 HK2 型开启式低压隔离器

1. 负荷开关的分类

(1) 按使用地点分为户内型和户外型。

(2) 按灭弧介质及作用原理,可分为产气式、压气式、压缩空气式、油浸式、真空式、SF_6 式等。

(3) 按是否带熔断器可分为带熔断器式和不带熔断器式。

2. 负荷开关的型号

负荷开关型号的表示方法如图 2-50 所示。

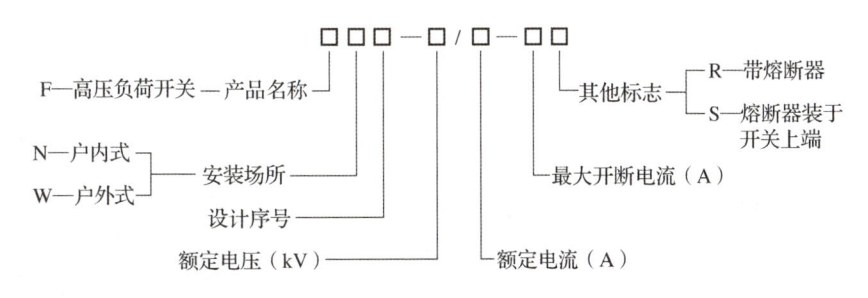

图 2-50 负荷开关型号的表示方法

3. 负荷开关的结构特点

图 2-51 所示为 FN3-10RT 型负荷开关，负荷开关的结构与隔离开关类似。从图 2-51 中可以看到负荷开关的上半部分很像一般隔离开关，实际上它也就是在隔离开关的基础上加一个简单的灭弧装置。负荷开关上端的绝缘子就是一个压气式灭弧室，它不仅起支持绝缘子的作用，而且内部是一个气缸，其中装有由操动机构主轴传动的活塞，如图 2-52 所示，其功能如打气筒。当负荷开关分闸时，在闸刀一端的弧动触头与绝缘喷嘴内的弧静触头之间产生电弧。由于分闸时主轴转动而带动活塞，压缩气缸内的空气使之从喷嘴往外吹弧，使电弧迅速熄灭。同时，其外形与户内式隔离开关相似，也具有明显的断开间隙。因此，它同时也具有隔离开关的作用。

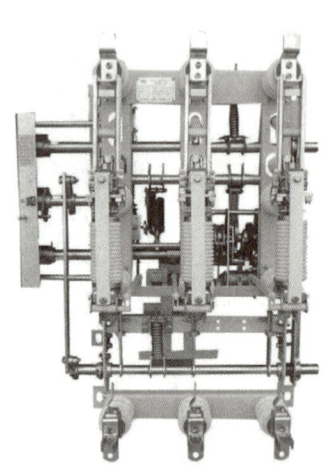

图 2-51　FN3-10RT 型负荷开关

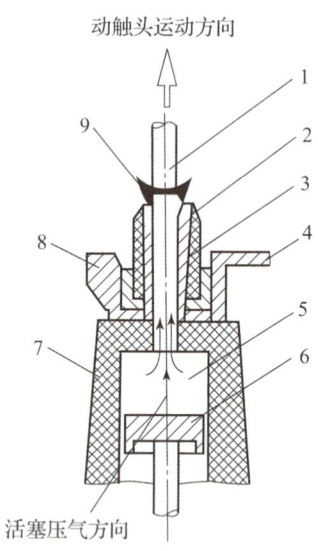

图 2-52　FN3-10 型负荷开关灭弧工作原理

1—弧动触头；2—绝缘喷嘴；3—弧静触头；4—接线端子；5—气缸；6—活塞；7—上绝缘子；8—主静触头；9—电弧

4. 低压负荷开关

低压负荷开关是由带灭弧装置的刀开关与熔断器串联而成的，外装封闭式铁壳或开启式胶盖的开关电器，又称"开关熔断器组"。

低压负荷开关具有带灭弧罩的刀开关和熔断器的双重功能，既可带负荷操作，也能进行短路保护，但一般不能频繁操作，短路熔断后需重新更换熔体才能恢复正常供电。

低压负荷开关根据结构的不同，有封闭式负荷开关（HH 系列）和开启式负荷开关（HK 系列）。其中，封闭式负荷开关是将刀开关和熔断器的串联组合安装在金属盒（过去常用铸铁，现用钢板）内，因此又称"铁壳开关"，如图 2-53 所示。一般用于粉尘多，不需要频繁操作的场合，作为电源开关和小型电动机直接启动的开关，兼作短路保护用。而开启式负荷开关采用瓷质胶盖，可用于照明和电热电路中作不频繁通断电路和短路保护用。

图 2-53　封闭式负荷开关

(四) 断路器

断路器（文字符号：QF，图形符号：─／─）是输配电线路中最为重要的电气设备。它具有可靠的灭弧装置，因此，断路器有两个功能：一是控制作用，根据电力系统的运行要求，接通或断开工作电路；二是保护作用，即在电气设备或电力线路发生故障时，继电保护装置发出跳闸信号，启动断路器，将故障部分设备或线路从电网中迅速切除，确保电网中无故障部分的正常运行。

1. 断路器分类

断路器种类较多，按使用场合可分为户内式和户外式；按灭弧介质的不同可分为油断路器、六氟化硫（SF_6）断路器、真空断路器、空气断路器等。目前，油断路器属于淘汰产品，但由于少油断路器成本低，能满足小容量供配电系统的运行要求，仍在供配电系统中使用；六氟化硫断路器主要用于高压系统中；真空断路器主要用于中压系统中；空气断路器主要用于低压系统中。

2. 断路器的型号

断路器型号表示方法如图 2-54 所示。

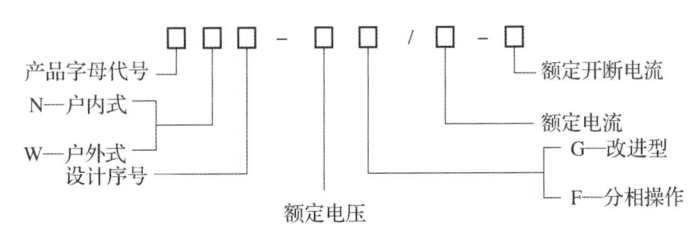

```
          □□─□□/□─□
产品字母代号─┘ │  │  │  │
  N─户内式────┘  │  │  │
  W─户外式       │  │  │
  设计序号        │  │  └─额定开断电流
                额定电压 │
                      额定电流
                      G─改进型
                      F─分相操作
```

图 2-54 断路器型号表示方法

3. 配电线路中几种典型断路器

1）真空断路器

真空断路器是利用"真空（气压为 $10^{-2} \sim 10^{-6}$ Pa）"作为绝缘和灭弧介质，具有无爆炸、低噪声、体积小、质量轻、寿命长、电磨损少、结构简单、无污染、可靠性高、维修方便等优点，因此，虽然价格较高，仍在要求频繁操作和高速开断的场合，尤其是对安全要求较高的工矿企业、住宅区、商业区等被广泛采用。

真空断路器根据其结构分有落地式、悬挂式、手车式三种形式；按使用场合分有户内式和户外式。它是实现无油化改造的理想设备。下面重点介绍 ZN3-10 型真空断路器。

ZN3-10 真空断路器主要由真空灭弧室、操动机构（配电磁或弹簧操动机构）、绝缘体传动件、底座等组成。其外形结构如图 2-55 所示。真空灭弧室由圆盘状的动静触头、屏蔽罩、波纹管屏蔽罩、绝缘外壳（陶瓷或玻璃制成外壳）等组成，其结构如图 2-56 所示。

在触头刚分离时，由于真空中没有可被游离的气体，只有高电场发射和热电发射使触头间产生真空电弧。电弧的温度很高，使金属触头表面产生金属蒸气，由于触头的圆盘状设计使真空电弧在主触头表面快速移动，其金属离子在屏蔽罩内壁上凝聚，以致电弧在自然过零后极短的时间内，触头间隙又恢复了原有的高真空度。因此，电弧暂时熄灭，触头间的介质强度迅速恢复；电流过零后，外加电压虽然很快恢复，但触头间隙不会再被击穿，真空电弧在电流第一次过零时就能完全熄灭。

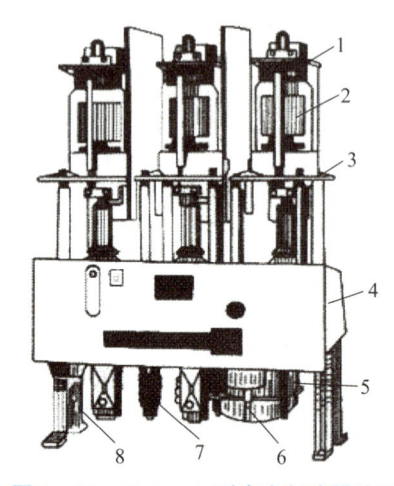

图 2-55　ZN3-10 型真空断路器外形

1—上接线端子；2—真空灭弧室；3—下接线端子；
4—操动机构箱；5—合闸电磁铁；6—分闸电磁铁；
7—断路弹簧；8—底座

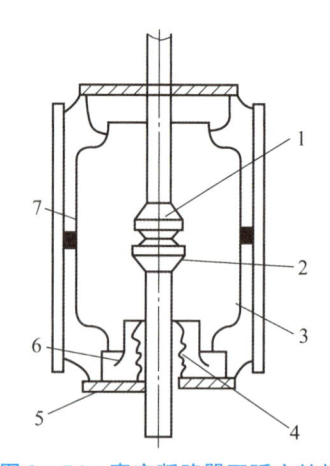

图 2-56　真空断路器灭弧室结构

1—静触头；2—动触头；3—屏蔽罩；
4—波纹管；5—金属法兰盘；6—波纹管屏蔽罩；
7—绝缘外壳

2）低压断路器

低压断路器，俗称低压自动开关、自动空气开关或空气开关等，它是低压供配电系统中最主要的电气元件。它不仅能带负荷通断电路，而且能在短路、过负荷、欠压或失压的情况下自动跳闸，断开故障电路。

（1）工作原理。

低压断路器的原理和接线如图 2-57 所示。主触头用于通断主电路，它由带弹簧的跳钩控制通断动作，而跳钩由锁扣锁住或释放。当线路出现短路故障时，其过电流脱扣器动作，将锁扣顶开，从而释放跳钩使主触头断开。同理，如果线路出现过负荷或失电压的情况，通过热脱扣器或失电压脱扣器的动作，也使主触头断开。如果按下按钮 6 或 7，使失压脱扣器或者分励脱扣器动作，则可以实现开关的远距离跳闸。

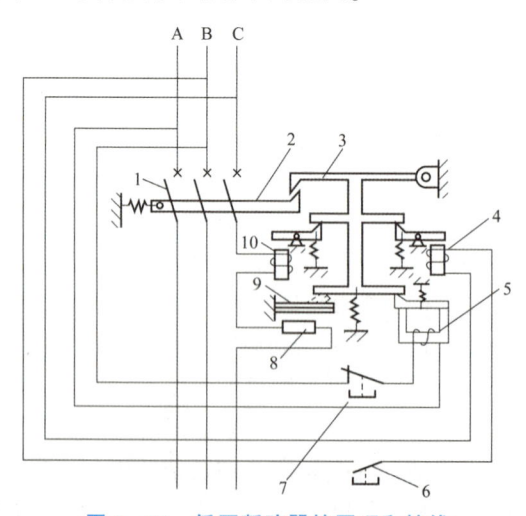

图 2-57　低压断路器的原理和接线

1—主触头；2—跳钩；3—锁扣；4—分励脱扣器；5—失压脱扣器；6—脱扣按钮（常开）；
7—脱扣按钮（常闭）；8—加热电阻；9—热脱扣器（双金属片）；10—过流脱扣器

(2) 分类。

按用途分,有配电用、电动机用、照明用和漏电保护用等。

按极数分,有单极、双极、三极和四极断路器,小型断路器可经拼装由几个单极的组合成多极的。

按结构分,有塑料外壳式(装置式)和框架式(万能式)。

按保护性能分,有非选择型、选择型和智能型。

非选择型断路器一般为瞬时动作,只作短路保护用;也有长延时动作,只作过负荷保护用;选择型断路器具有两段保护或三段保护。两段保护为瞬时(或短延时)和长延时特性两段。三段保护为瞬时、短延时和长延时特性三段,其中瞬时和短延时特性适于短路保护,而长延时适于过负荷保护。图 2-58 所示为低压断路器的三种保护动作特性曲线。

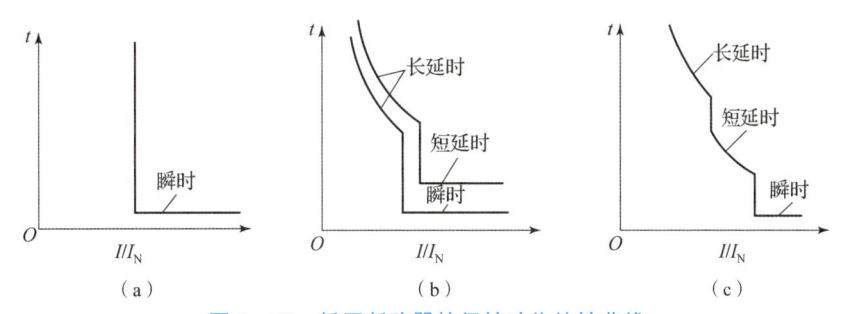

图 2-58 低压断路器的保护动作特性曲线
(a) 瞬时动作特性;(b) 两段保护特性;(c) 三段保护特性

断路器智能化的发展速度越来越快,将微处理器引入断路器,使断路器的保护功能大大增强,选择性匹配精确,同时带有开放式通信接口,可进行"四遥",以满足控制中心和自动化系统的一系列要求。智能型框架式断路器有 WCW1(DW45)、CM1Z、TM40、SDM6、SRMW1、HSM1Z、PAW1 和 YCW1 等系列。

四、保护设备

1. 避雷器

避雷器(文字符号为 F)是用来防止雷电产生的过电压波沿线路侵入变配电所或其他建筑物内,以免危及被保护的电气设备的绝缘。避雷器应与被保护设备并联,装在被保护设备的电源侧,如图 2-59 所示。当线路上出现危及设备绝缘的雷电过电压时,避雷器的火花间隙被击穿,或由高阻变为低阻,使电压对大地泄放,从而保护设备的绝缘。

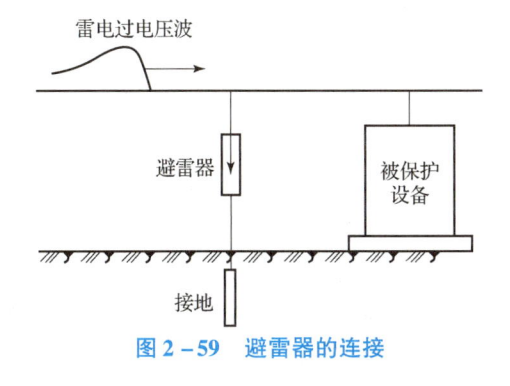

图 2-59 避雷器的连接

避雷器经历火花间隙、管型避雷器、阀型避雷器、金属氧化物避雷器几个阶段。目前国内配电网使用的避雷器以金属氧化锌避雷器为主，其结构如图2-60所示。

氧化锌电阻片具有良好的非线性伏安特性，在正常工作电压下，具有极高的电阻而呈绝缘状态，通过它的电流只有微安级，对电网运行影响极小；在雷电过电压作用下，则呈现低阻状态，泄放雷电流，使与避雷器并联的电气设备的残压被抑制在设备绝缘安全值以下，待有害的过电压减小时，迅速恢复高电阻而成绝缘状态，从而有效地保护了被保护电气设备的绝缘免受过电压的损害。

2. 接地装置

在电力生产过程中，为了保证人身、设备安全和电气设备正常工作，将电气设备的某个部分与大地之间作良好的电气连接，称为接地。

接地装置由接地体和接地线组成。

接地体是埋入地中与土壤作良好接触的金属导体，也称为接地极。接地线是连接于接地体与电气设备之间的金属导体，也称为接地引下线。

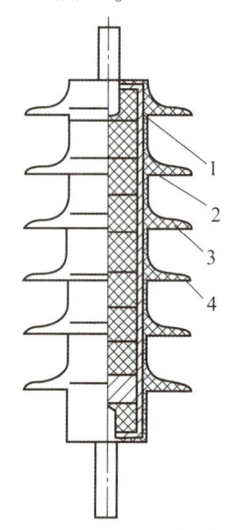

图2-60 10 kV硅橡胶外套氧化锌避雷器的结构
1—金属电极；2—氧化锌电阻片；
3—环氧玻璃纤维包封层；4—硅橡胶外套

接地体的作用是向土壤释放电流。它可分为自然接地体和人工接地体两种。自然接地体是利用已有的与大地接触良好的金属导体作为接地电流的流散件，如埋设在地下的金属管道、建筑物的地下金属构件等。人工接地体是指按照要求专门埋设的金属导体，可以是角钢、扁钢、钢管或圆钢等。人工接地体可以垂直敷设也可水平敷设，钢管和角钢一般是垂直敷设，扁钢和圆钢一般是水平敷设。

垂直敷设的接地体与水平敷设的接地体用焊接的方式连接在一起，形成混合接地体，即接地网。接地网的敷设形式有两种：放射形接地网，是采用一条或数条接地体，按照放射状敷设在接地槽中形成的接地体，一般应用在土壤电阻率较小的地区和电压等级较低的线路；环形接地网，一般是用扁钢围绕杆塔基础或建筑物的基础构成的环状接地体，通常用于输电线路和箱式变电站、户外环网柜等需要修建基础安装的电气设备。

五、补偿设备

电力电容器组并联在电力网络中，是电力系统的无功电源之一，用于补偿无功功率，改善功率因数。也就是说，它改变了电流和电压之间的相位差，即转移了它们的相位，因此又叫移相电容器或无功补偿电容器，简称补偿电容器。

高压电容器主要由出线瓷套管、电容元件组和外壳等组成，如图2-61（a）所示。外壳用薄钢板密封焊接而成，出线瓷套管焊在外壳上。接线端子从出线瓷套管中引出。外壳内的电容元件组（又称芯子）由若干个电容元件连接而成。电容元件是用电容器纸、膜纸复合或纯薄膜作介质，用铝钳作极板卷制而成的。

为适应各种电压等级电容器耐压的要求，电容元件可接成串联或并联，如图2-61（b）、图2-61（c）所示。单台三相电容器的电容元件组在外壳内部接成三角形。在电压为10 kV及以下的高压电容器内，每个电容元件上都串有一个熔丝，作为电容器的内部短路保护。有些电容器设有放电电阻，当电容器与电网断开后，能够通过放电电阻放电，一般情况下 10 min 后电容器残压可降至 75 V 以下。

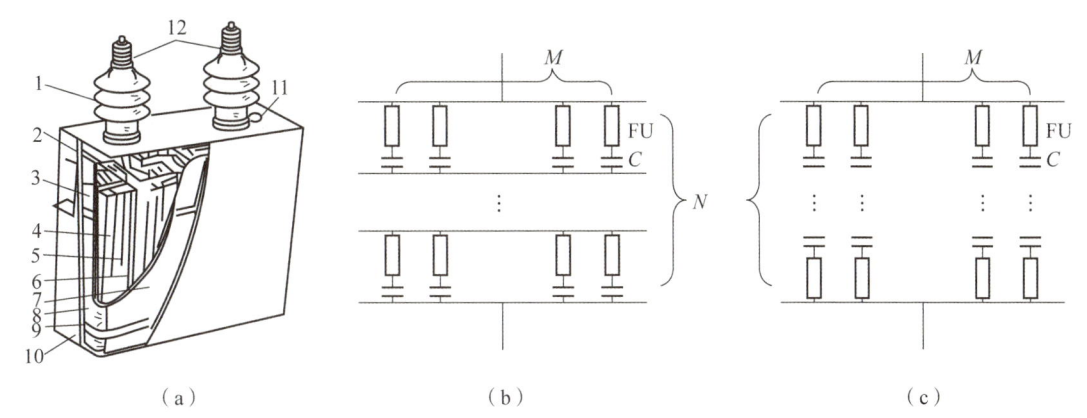

图 2-61 电容器结构及内部接线图

(a) 结构；(b) 先并后串接线方式；(c) 先串后并接线方式

1—出线瓷套管；2—出线连接片；3—连接片；4—电容元件；5—出线连接片固定板；6—组间绝缘；7—包封件；8—夹板；9—紧箍；10—外壳；11—封口盖；12—接线端子；FU—单台保护熔断器；C—单台电容；M—电容器组中电容器并联台数；N—电容器组中电容器串联台数

拓展阅读

全国首个数字化新型低压配电网在新疆建成投运

成套配电装置

2022 年 7 月 26 日，全国首个具有低压自愈、负荷智能迁移功能的数字化新型低压配电网在新疆乌鲁木齐市奇台路正式投入使用，区域内平均故障停电时长由原来的 6~10 h 下降至 3 s，大大提高了供电可靠性。

低压配电网处于电力系统的末端环节，直接面向广大用户。如果发生低压故障，存在排查难、恢复供电耗时长等问题。国网新疆电力有限公司基于云架构大数据、边缘计算、人工智能等技术，建成数字化新型低压配电网，通过物联网数据通信，实现了对配电台区、低压分支线到负荷末端的全域感知。当这个区域的低压配电网出现设备故障时，边缘计算终端会瞬时启动自动故障定位、故障隔离、恢复供电的自愈功能，将区域内故障停电时长由原来的数小时降低至 3 s。

除了失电秒级自愈功能，源网荷供需智能平衡也是该配电网的亮点。

随着新型电力系统建设，分布式光伏、电动汽车充电桩等设备的大规模接入，引发了分布式新能源消纳能力不足、变压器过载运行、电压不稳定等问题。数字化新型低压配电网可通过负荷智能迁移技术，进行负荷实时监测，以不停电、无感知的方式完成负荷智能迁移，当分布式光伏发电时，将更多的用电负荷迁移至清洁供电电源；当电动汽车充电对电网带来冲击时，将更多的用电负荷迁移至其他稳定的供电电源，避免过载导致的设备故障及停电风险，并促进新能源就地消纳最大化。

项目小结

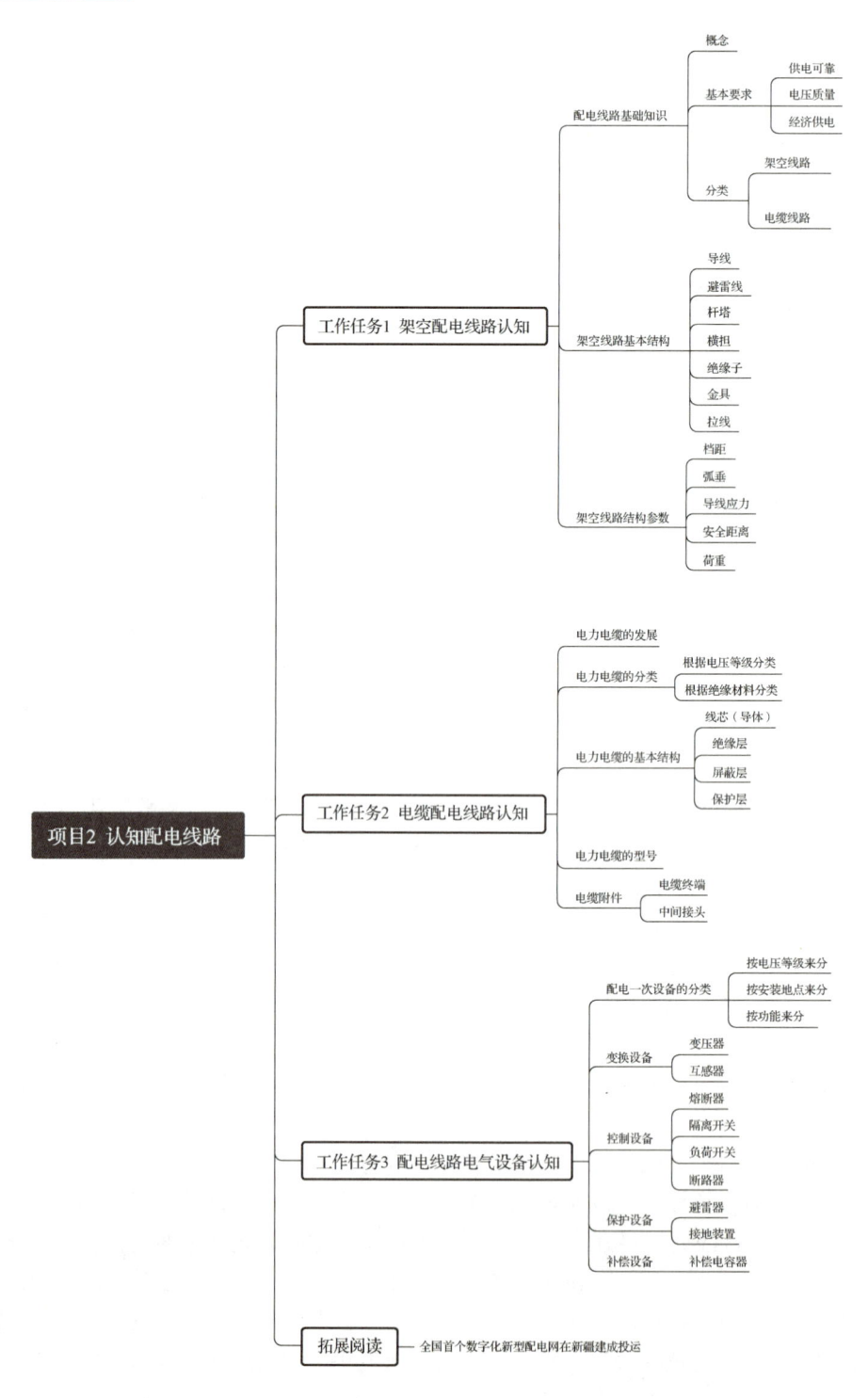

项目2 认知配电线路
- 工作任务1 架空配电线路认知
  - 配电线路基础知识
    - 概念
    - 基本要求
      - 供电可靠
      - 电压质量
      - 经济供电
    - 分类
      - 架空线路
      - 电缆线路
  - 架空线路基本结构
    - 导线
    - 避雷线
    - 杆塔
    - 横担
    - 绝缘子
    - 金具
    - 拉线
  - 架空线路结构参数
    - 档距
    - 弧垂
    - 导线应力
    - 安全距离
    - 荷重
- 工作任务2 电缆配电线路认知
  - 电力电缆的发展
  - 电力电缆的分类
    - 根据电压等级分类
    - 根据绝缘材料分类
  - 电力电缆的基本结构
    - 线芯（导体）
    - 绝缘层
    - 屏蔽层
    - 保护层
  - 电力电缆的型号
  - 电缆附件
    - 电缆终端
    - 中间接头
- 工作任务3 配电线路电气设备认知
  - 配电一次设备的分类
    - 按电压等级来分
    - 按安装地点来分
    - 按功能来分
  - 变换设备
    - 变压器
    - 互感器
  - 控制设备
    - 熔断器
    - 隔离开关
    - 负荷开关
    - 断路器
  - 保护设备
    - 避雷器
    - 接地装置
  - 补偿设备
    - 补偿电容器
- 拓展阅读 全国首个数字化新型配电网在新疆建成投运

思考题

1. 简述架空配电线路中导线材料的基本要求。
2. 简述避雷线的作用。
3. 简述杆塔按使用材料如何分类，各自有何特点。
4. 简述架空配电线路中常用的绝缘子种类及各自特点。
5. 简述金具现场检查要求。
6. 简述拉线按安装形式如何分类，各自有何特点。
7. 简述档距、弧垂、导线应力的内涵。
8. 简述电缆根据导体芯数如何分类，各自有何特点。
9. 简述电力电缆的基本结构及各自特点。
10. 解析电缆型号"ZLQ22 – 3×120/10"。
11. 说明电缆中间接头的作用。
12. 说明配电变压器基本结构。
13. 说明电流互感器、电压互感器的结构特点。
14. 简述电流互感器使用注意事项。
15. 简述电压互感器使用注意事项。
16. 说明熔断器的基本结构和各部分功能。
17. 说明断路器的基本结构。
18. 简述动力和照明配电箱功能及分类。

项目 3

配电线路工具与材料认知

知识目标

1. 掌握基本电工工具的使用方法。
2. 熟悉基本电工工具的工作特点。
3. 熟悉常用电动工具的使用方法。
4. 掌握登高及安保工具的使用方法。
5. 掌握电工常用测试仪器的使用方法及注意事项。
6. 掌握常用电工仪表使用方法。
7. 掌握常用绝缘材料分类及特点。
8. 掌握常用导电材料分类及特点。
9. 掌握常用安装材料分类及特点。

能力目标

1. 能够使用配电线路运行维护中的常用工具。
2. 能够说明配电线路常用材料分类及特点。
3. 能够根据配电线路的具体情况合理选择导线及绝缘材料。

素养目标

1. 培养学生会分析、敢表达的学术自信。
2. 锻炼学生的表达沟通能力并培养学生的团队协作精神。

3. 培养学生吃苦耐劳、一丝不苟的工匠精神。
4. 树立学生执行工作程序、遵守工作规范的服从意识。

重点难点

1. 基本电工工具的使用。
2. 常用电工仪表的使用。
3. 常用绝缘材料认知。
4. 常用导电材料认知。

课程导入

低压配电工作人员在设备安装和维修操作中，必须具备使用常用电工工具的技能和正确选择电学材料的能力。

技能训练

工作任务1　配电线路常用工具认知

实施工单

《配电线路常用工具认知》实施工单

学习项目	配电线路工具与材料认知	姓名		班级	
任务名称	配电线路常用工具认知	学号		组别	
任务目标	1. 能够明确说明基本电工工具的使用方法。 2. 能够描述常用电动工具的使用方法。 3. 能够描述登高及安保工具的使用注意事项。 4. 能够说明常用测试仪器使用方法及注意事项。 5. 能够说明常用电工仪表使用方法及注意事项。 6. 能够说明其他常用电工工具使用方法及注意事项				
任务描述	学生以小组为单位，通过查阅相关资料及实地调研，完成下列任务： 1. 介绍基本电工工具及常用电动工具的使用方法。 2. 描述登高及安保工具使用的注意事项。 3. 描述常用测试仪器及电工仪表使用方法及注意事项。 4. 说明其他常用电工工具使用方法及注意事项				
任务要求	1. 场地要求：供配电系统实训室。 2. 设备要求：无。 3. 工具要求：无。				

续表

学习项目	配电线路工具与材料认知		姓名		班级	
任务名称	配电线路常用工具认知		学号		组别	
课前任务	请根据教师提供的视频资源，探索配电线路特点，并在课程平台讨论区进行讨论					
课中训练	1. 通过查阅相关资料，将配电线路常用工具认知情况记录在下表。 **配电线路常用工具认知过程记录表** 	知识点		内容
---	---	---
基本电工工具的使用	验电器、螺丝刀、工具钳	
	电工刀、活动扳手、钢锯	
	手锤、錾子、喷灯	
常用电动工具的使用	冲击电钻	
	电锤	
	手提式切割机	
登高及安保工具的使用	电工梯子、脚扣、登高板	
	安全带、临时接地线	
	绝缘棒、绝缘手套	
	安全帽、绝缘靴（鞋）绝缘垫和绝缘台	
常用测试仪器使用	网线测试仪	
	插座测试仪	
	蓄电池内阻测试仪	
常用电工仪表使用	万用表	
	钳形电流表	
	兆欧表	
	接地电阻测试仪	
其他工具使用	卷尺、水平尺、游标卡尺	
	千分尺、电烙铁	
	管子割刀、射钉枪	
	弹簧弯管器、穿线器	
	标示牌、防护栏	| 2. 请学生分组调研所在城市配电线路常用工具的特点，并进行汇报展示					

续表

学习项目	配电线路工具与材料认知	姓名		班级	
任务名称	配电线路常用工具认知	学号		组别	
任务总结	对项目完成情况进行归纳、总结、提升				
课后任务	思考城市轨道交通中配电线路常用工具的特点，并在课程平台讨论区进行讨论				

评价标准

采用学生自评（20%）、组内互评（20%）、组间互评（20%）、教师评价（40%）四种评价方式，评价内容及标准如下表所示。

《配电线路常用工具认知》任务评价内容及标准

序号	评价项目	评价内容	评价标准	分值	得分
1	任务完成情况	基本电工工具的使用	验电器、螺丝刀、工具钳使用方法描述是否正确。 电工刀、活动扳手、钢锯使用方法描述是否清楚。 手锤、錾子、喷灯使用方法描述否明确。 根据实际情况酌情打分	20分	
		常用电动工具的使用	冲击电钻使用方法描述是否正确。 电锤使用方法描述是否正确。 手提式切割机使用方法描述是否明确。 根据实际情况酌情打分	10分	
		登高及安保工具的使用	电工梯子、脚扣、登高板使用方法描述是否正确。 安全带、临时接地线使用方法描述是否正确。 绝缘棒、绝缘手套使用方法描述是否正确。 安全帽、绝缘靴（鞋）、绝缘垫和绝缘台使用方法描述是否明确。 根据实际情况酌情打分	10分	
		常用测试仪器使用	网线测试仪使用方法描述是否正确。 插座测试仪使用方法描述是否正确。 蓄电池内阻测试仪使用方法描述是否明确。 根据实际情况酌情打分	10分	

续表

序号	评价项目	评价内容	评价标准	分值	得分
1	任务完成情况	常用电工仪表使用	万用表使用方法描述是否正确。 钳形电流表使用方法描述是否正确。 兆欧表使用方法描述是否正确。 接地电阻测试仪使用方法描述是否明确。 根据实际情况酌情打分	20分	
		其他工具使用	卷尺、水平尺、游标卡尺使用方法描述是否正确。 千分尺、电烙铁使用方法描述是否正确。 管子割刀、射钉枪使用方法描述是否正确。 弹簧弯管器、穿线器使用方法描述是否正确。 标示牌、防护栏使用方法描述是否明确。 根据实际情况酌情打分	10分	
2	职业素养情况	资料搜集情况	资料搜集非常全面5分；资料搜集比较全面1~4分；资料搜集不全面酌情扣1~5分	5分	
		语言表达情况	表达非常准确5分；表达比较准确1~4分；表达不准确酌情扣1~5分	5分	
		工作态度情况	态度非常认真5分；态度较为认真2~4分；态度不认真、不积极酌情扣1~5分	5分	
		团队分工情况	分工非常合理5分；分工比较合理1~4分；分工不合理酌情扣1~5分	5分	

理论要点

电工在工作中，如在维修、安装电气设备及线路时，经常要用到一些电工常用工具，必要时还要用到一些钳工所用的工具，正确掌握、使用、保养好所需用的这些工具，对实际操作很有益处。本任务介绍常用电工工具的结构、工作原理、功能及使用方法。

一、基本电工工具的使用

低压配电常用工具有验电器、螺丝刀、工具钳、电工刀、活动扳手、钢锯、手锤等。

(一) 验电器

验电器又称试电笔或验电笔,是用来检查线路和电器是否带电的工具。验电器分为高压验电器和低压验电器。

1. 低压验电器

在低压配电作业时常用低压验电器,常见的低压验电器有灯显验电笔和数显验电笔。

1) 灯显验电笔

灯显验电笔常做成钢笔式或螺丝刀式。其结构由金属探头、电阻、氖管、弹簧等组成,测量电压范围为 60~500 V,如图 3-1 所示。

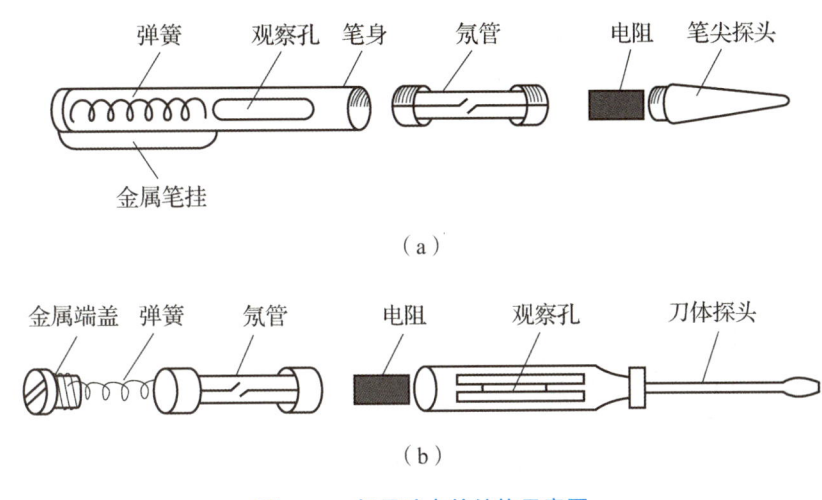

图 3-1 灯显验电笔结构示意图
(a) 钢笔式;(b) 螺丝刀式

(1) 灯显验电笔工作原理。

当用验电笔测试带电体时,验电笔末端的金属卡子与人体接触,另一端的金属探头接触带电导线或电气设备,电流由带电体、验电笔、人体到大地形成回路。当带电体与大地之间的电位差超过 60 V 时,即可使验电笔氖管发出红色的辉光,说明带电体有电。

(2) 灯显验电笔使用注意事项。

①验电笔的测试电压等级应与被测带电体的电压一致,低压验电笔的检测电压范围为 60~500 V (指带电体与大地的电位差)。

②验电笔在使用前应在带电体上进行测试,检查验电笔氖管有无发光,确认完好后方可使用。

③在强光照射下要避光测试,才能看清氖管是否发光,还可以使用"液晶显示"的验电笔。

④使用验电笔时要采用正确的握法,如图 3-2 所示。测试时应注意身体各部位与带电体的安全距离,防止发生触电事故。同时注意在测试时不要造成线路的短路故障。

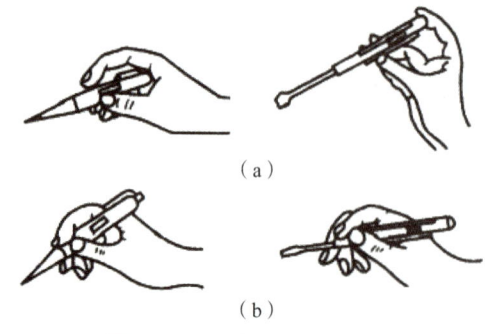

图 3-2　验电笔握法示意图

（a）正确握法；（b）错误握法

2）数显验电笔

数显验电笔由金属探头、数显电路、感应触点等组成，其测量电压范围为 12~250 V，如图 3-3 所示。

（1）数显验电笔工作原理。

数显验电笔是把连续变化的模拟量转换成数字量，通过寄存器、译码器，最后在液晶屏或数码管上显示出来。其工作电路由 A/D 转换、非线性补偿、标度变换三部分组成。能够进行电压检测和感应检测，检测 12~250 V 的交流或直流电。挡位有 12 V、36 V、55 V、110 V、220 V 五挡。

（2）数显验电笔使用注意事项。

①使用时不需用力按压按键，测试时不能同时接触直流测试和交流测试两个测试键，否则会影响灵敏度和测试结果。

②测量非对地的直流电时，手应接触另一电极（正极或负极）。

③感应检测时，验电笔前端金属靠近检测物，若显示屏出现"高压符号"表示物体带交流电。

④利用"高压符号"检测并排线路时要增加线间距离，可以区分相线和中性线，以及有无断线现象。

图 3-3　数显验电笔

> **操作口诀**
>
> 低压设备有无电，使用电笔来验电。
> 确认电笔完好性，通过试测来判断。
> 手触笔尾金属点，千万别碰接电端。
> 笔身破裂莫使用，电阻不可随意换。
> 避光测量便观察，刀杆较长加套管。
> 测量电压有范围，氖管发光为有电。

2. 高压验电器

高压验电器是用来检验对地电压在 250 V 以上的高压电气设备。目前，使用较广泛的有发光型、声光型、风车型三种。

高压验电器由检测部分、绝缘部分、握柄三部分组成。绝缘部分为指示器下面金属衔接螺栓到罩护环部分，握柄部分为罩护环以下的部分。绝缘部分、握柄部分的长度根据电压等级的不同而不同。

图 3-4 所示为发光型高压验电器，它由手柄、护环、紧固螺钉、氖管窗、氖管和金属探头等部分组成。

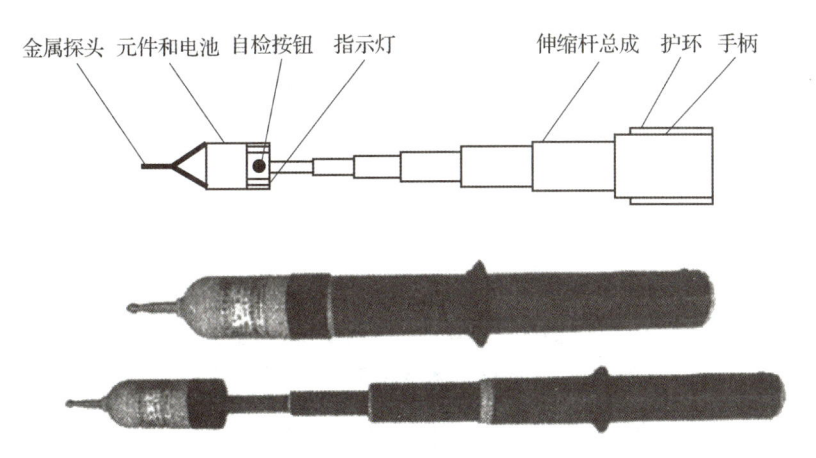

图 3-4　发光型高压验电器

在使用高压验电器时应注意以下事项。

（1）使用高压验电器进行验电时，必须执行操作监护制，即一人操作、一人监护。操作者在前，监护者在后。10 kV 以下的电压安全距离应在 0.7 m 以上。

（2）使用高压验电器时，必须确认额定电压与被测电气设备的电压等级相适应，否则可能危及操作人员的生命安全。

（3）验电时，操作人员应手握护环以下手柄部分，先在有电的设备上进行检验。检验时，应慢慢移近带电设备直至发光或发声，以验证验电器的好坏。之后再在需要进行验电的设备上检测。

（4）同杆架设的多层线路验电时，应先验低压后验高压，先验下层后验上层。

（5）雨天和雪天及潮湿环境下不能使用高压验电器。

> **操作口诀**
>
> 高压线路有无电，使用器械来检验。
> 称为高压验电器，多个品种可供选。
> 传统氖灯、回转式，新型语音加数显。
> 电压等级定杆长，手握不得过护环。
> 工作之前填好票，一切手续必齐全。
> 操作严谨防短路，一定要设监护员。
> 安全距离要保证，风雪雨天不能干。
> 先验低压后高压，先验下边后上边。
> 电容组上验电时，应将电容放完电。

(二) 螺丝刀

1. 普通螺丝刀

螺丝刀又称改锥或起子，用于紧固和拆卸螺钉。它的种类很多，电工常用的普通螺丝刀有一字形和十字形两种。一字形螺丝刀用于拧紧或拆卸一字槽的自攻螺钉、机螺钉、木螺钉等，其规格按刀体长度分为 50 mm、75 mm、100 mm、125 mm、150 mm、200 mm 等几种。十字形螺丝刀是专用紧固和拆卸十字槽的自攻螺钉、机螺钉和木螺钉，常用的规格有四种：Ⅰ号适用于直径为 2~2.5 mm 的螺钉，Ⅱ号适用于直径为 3~5 mm 的螺钉，Ⅲ号适用于直径为 6~8 mm 的螺钉，Ⅳ号适用于直径为 10~12 mm 的螺钉。其结构如图 3-5 所示。

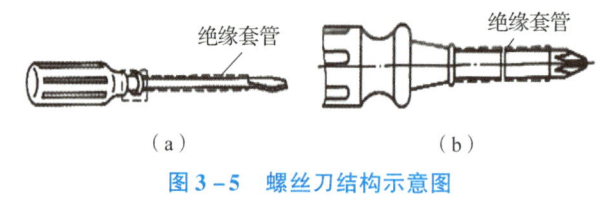

图 3-5 螺丝刀结构示意图
(a) 一字形；(b) 十字形

使用较长螺丝刀时，正确的方法是以右手握持螺丝刀，手心抵住柄端，让螺丝刀口端与螺栓或螺钉槽口处于垂直吻合状态。当开始拧松或最后拧紧时，应用力将螺丝刀压紧后再用手腕力扭转螺丝刀；当螺栓松动后，即可使手心轻压螺丝刀柄，用拇指、中指和食指快速转动螺丝刀。此时左手不得放在螺钉的周围，以免螺丝刀滑出时将手划伤。

拧螺钉时，手要用力顶住，使刀口紧压在螺钉上，以顺时针的方向旋转为拧紧螺钉，逆时针为卸下螺钉，如图 3-6 所示。

图 3-6 螺丝刀用力方向示意图

使用螺丝刀的安全注意事项：
（1）螺丝刀手柄要保持干燥清洁，以防带电操作时发生漏电。
（2）电工只允许使用木柄及塑料柄的螺丝刀，不能使用通芯螺丝刀。
（3）使用螺丝刀拆卸螺钉时，手不得触及螺丝刀的金属部分，防止发生触电事故。
（4）使用时为防止触电，可在金属杆上穿套绝缘管。
（5）在使用小头较尖的螺丝刀紧松螺钉时，要特别注意用力均匀，避免因手滑而触及其他带电体或者刺伤另一只手。
（6）切勿将螺丝刀当錾子使用，以免损坏螺丝刀。

2. 组合螺丝刀

组合螺丝刀按不同的头形可以分为一字形、十字形、米字形、星形、方头形、六角形、Y形、H形。组合螺丝刀的结构是一个手柄配备了多个选择刀头，其连接杆是金属的，容易脱离刀头，存在安全隐患，所以不能带电使用。组合螺丝刀如图3-7所示。

3. 电动螺丝刀

电动螺丝刀以电动机代替人手的动力来安装螺钉，有多种外观形式，如图3-8所示。

图3-7 组合螺丝刀　　　　图3-8 电动螺丝刀

电动螺丝刀使用注意事项：

（1）接入电源之前，检查电源开关是否在"关"的位置，检查电源电压是否适用于该工具。

（2）更换螺丝刀头时，应关闭电源。

（3）连续使用时间不应过长，避免电动机过热烧毁。

（4）螺丝刀使用过程中，不得带电拆卸。

（5）使用完后，应妥善保管，避免摔落和撞击。

> **操作口诀**
>
> 起子又称螺丝刀，拆装螺钉少不了。
> 刀口形状有多种，一字、十字不可少。
> 根据螺钉选刀口，刀口、钉槽吻合好。
> 规格大小要适宜，塑料、木柄随意挑。
> 操作起子有技巧，刀口对准螺钉槽。
> 右手旋动起子柄，左扶螺钉不偏刀。
> 小刀拧小螺钉时，右手操作有奥妙。
> 大刀不易旋螺钉，双手操作螺丝刀。
> 小钉不易用手抓，刀口上磁抓得牢。
> 为了防止人触电，金属部分塑料套。
> 螺钉固定导线时，顺时方向才可靠。

（三）工具钳

工具钳包括钢丝钳、尖嘴钳和剥线钳等，它们都由钳头和钳柄两大部分组成。工厂生产时，对钳柄的绝缘套管进行了特殊工艺处理，使它有一定的弹性，其额定工作电压达到500~1 000 V。

工具钳是一种夹钳和剪切工具，常用来剪切导线、绞弯导线、拉剥电线绝缘层、紧固或拧松螺钉。

1. 钢丝钳

带绝缘柄的钢丝钳是电工必备工具之一。其规格用钢丝钳的长度表示，有 150 mm、175 mm、200 mm 三种。钢丝钳的主要用途是剪切导线和其他金属丝，所以又称为克丝钳。其结构如图 3-9（a）所示。

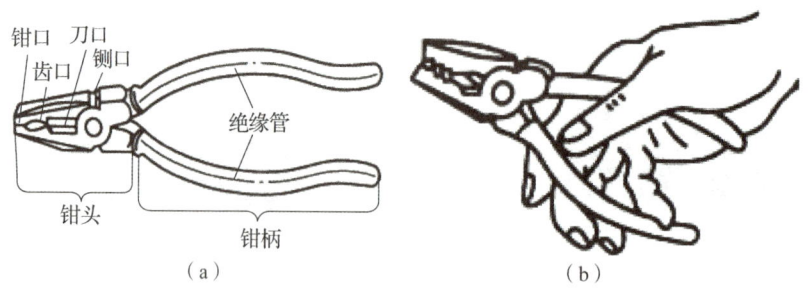

图 3-9 钢丝钳结构及握法示意图
(a) 结构；(b) 握法

钢丝钳的正确握法是用大拇指扣住一个钳柄，用食指、中指和无名指勾住另一钳柄外侧，并用小拇指顶住该钳柄内侧，这样伸屈手指或转动手腕，就能控制钳头的动作，如图 3-9（b）所示。

钢丝钳使用注意事项：

（1）使用前确定绝缘柄的绝缘良好。

（2）带电作业时，不得用刀口同时剪切相线和中性线，以免发生短路或造成触电事故。

（3）不得用钢丝钳代替榔头敲击物件。

（4）注意防潮，钳轴要经常加油，以防生锈。

2. 尖嘴钳

尖嘴钳是一种常用的必备电工工具，又叫作修口钳、尖头钳。它由尖头、刀口和钳柄组成，电工用尖嘴钳的材质一般由 45 钢制作，有一定的韧性硬度。钳柄上套有额定电压为 500 V 的绝缘套管。尖嘴钳主要用来剪切线径较小的单股与多股线，以及给单股导线接头弯圈、剥塑料绝缘层等，其规格用尖嘴钳的长度表示，有 150 mm、180 mm 等规格，如图 3-10 所示。

尖嘴钳使用注意事项：

（1）绝缘手柄损坏时，不可用来剪切带电电线。

（2）为保证安全，手离金属部分的距离应不小于 2 cm。

（3）由于钳头比较尖细且经过热处理，所以钳夹物体不可过大，用力时不要过猛，以防损坏钳头。

（4）注意防潮，钳轴要经常加油，以防止生锈。

3. 剥线钳

剥线钳是用来剥除小直径导线绝缘层的专用工具。它的手柄带有绝缘套，如图 3-11 所示。

图 3-10 尖嘴钳

使用剥线钳时，右手握住剥线钳，左手拿住导线放入剥线钳相应的卡口内，右手用力把钳口向外分开，将导线线芯与绝缘层分离即可露出相应长度的线芯。剥线钳使用注意事项：

（1）检查剥线钳绝缘柄，确定绝缘良好。
（2）检查钳头的刀口有无变形，开关动作是否灵活。
（3）观察导线与钳口直径是否相适应，防止小刀口剪切过粗导线而伤及芯线。
（4）不要用剥线钳剪切钢丝或其他硬物。
（5）剥线钳使用后应放在规定位置。

4. 斜口钳

如图 3-12 所示，斜口钳又称偏口钳，主要用于线缆绝缘皮的剥削或线缆的剪切操作。

图 3-11　剥线钳 　　　　　图 3-12　斜口钳

斜口钳的钳头部位为偏斜式的刀口，可以贴近导线或金属的根部进行切割。斜口钳可以按照尺寸进行划分，比较常见的尺寸有"4寸""5寸""6寸""7寸""8寸"五个。

在使用斜口钳时，应将偏斜式的刀口正面朝上，背面靠近需要切割导线的位置，这样可以准确切割到位，防止切割位置出现偏差。

斜口钳不可切割双股带电线缆，如必须带电切割双股导线时，可先将导线的塑料护套剥开，再用钳子将导线逐根剪断。

使用斜口钳安全注意事项：
（1）斜口钳使用前检查其绝缘及完好情况。
（2）斜口钳专门用来剪较粗的线材、电线、电缆等。
（3）避免使用斜口钳剪断较粗的钢丝、铁丝等，避免毁坏切口。
（4）不得使用斜口钳带电操作，以免发生触电事故。

5. 断线钳

断线钳是专供剪断直径较粗的金属丝、线材及电线电缆等的工具。电工常用带绝缘柄的断线钳，如图 3-13 所示。断线钳使用注意事项：

（1）使用前根据被剪线材的直径粗细和材质，调节剪切口的开度。
（2）使用时两手把钳柄张到最大，再放入线材。
（3）切导线时，不得同时剪切相线和中性线，以免发生短路或造成触电事故。
（4）操作前应检查各部件是否松动，不得超范围使用。

图 3-13　断线钳

(5) 切线材短头时，应防止飞出的断头伤人，剪切时应保持短头朝下。

6. 压线钳

压线钳又称压接钳，是用来压接导线线头与接线端子连接的一种冷压工具。压线钳的类型有手动式压线钳、电动式压线钳、气动式压线钳、液压式压线钳。操作时，先将接线端子预压在钳口腔内，将剥去绝缘层的导线端头插入接线端子的孔内，并使被压裸线的长度超过压痕的长度，将手柄压合到底，使钳口完全闭合，当锁定装置中的棘爪与齿条失去啮合，则听到"嗒"的一声，即压接完成，此时钳口自由张开。图3-14所示为手动式压线钳。

7. 网线钳

如图3-15所示，网线钳是用来压接网络线或电话线水晶头的专用工具，一般都带有剥线和剪线的功能。

图3-14 手动式压线钳　　　　图3-15 网线钳

单用网线钳可分为4P（可压接4芯线：电话接入线）、6P（可压接6芯线：电话话筒线RJ11）、8P（可压接8芯线：网线RJ45）三种；两用网线钳有4P+6P或4P+8P或6P+8P；三用网线钳就是4P+6P+8P。

在网线钳最顶部的是压线槽，压线槽提供了三种类型的线槽，分别为6P、8P以及4P。一般8P槽是最常用到的RJ-45压线槽，而4P槽为RJ11电话线路压线槽。

在网线钳8P压线槽的背面，可以看到呈齿状的模块，主要是用于把水晶头上的8个触点压稳在双绞线之上，压线钳靠近手柄端的是剥线口，刀片主要用来切断线材。

（四）电工刀

电工刀适用于电工在装配维修工作中割削电线绝缘外皮以及绳索、木桩等。电工刀的结构与普通小刀相似，它可以折叠，尺寸有大小两号。另外，还有一种多用型的，既有刀片，又有锯片和锥针，不但可以削电线，还可以锯割电线槽板、锥钻底孔，使用起来非常方便。多用型电工刀如图3-16所示。

电工刀的刀刃部分要磨得锋利才好剥削电线，但不可太锋利，太锋利容易削伤线芯，当然磨得太钝，则无法剥削绝缘层。磨电工刀刀一般采用磨刀石或油磨石，磨好后再把底部磨点倒角，即刀口略微圆一些。双芯护套线的外层绝缘的剥削可以用刀刃对准两芯线的中间部位，把导线一剖为二。

电工刀的使用：使用时，应将刀口朝外剥。剥削导线绝缘层时，应使刀面与导线呈较小的锐角，以免割伤线芯。

图3-16 多用型电工刀

> **操作口诀**
>
> 电工刀柄不绝缘,带电导线不能削。
> 剥削导线绝缘层,刀口应向外使用。
> 使用刀时应注意,防伤线芯要牢记。
> 刀刃圆角抵线芯,可把刀刃微翘起。
> 切剥导线绝缘层,电工刀要倾斜入。
> 接近线芯停用力,推转一周刀快移。
> 刀刃锋利好切剥,锋利伤线也容易。
> 使用完毕保管好,刀身折入刀柄内。

(五) 活动扳手

活动扳手又称活络扳头,是用来紧固和起松螺母、螺栓的一种专用工具。

活动扳手由头部和柄部两大部分组成。头部由活动扳唇、呆扳唇、扳口、蜗轮和轴销构成,如图 3-17 所示。

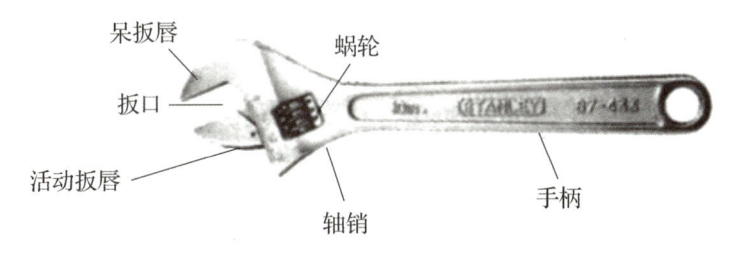

图 3-17 活动扳手结构

目前活络扳手规格较多,电工常用的有 150 mm × 19 mm、200 mm × 24 mm、250 mm × 30 mm、300 mm × 36 mm 等数种。扳动较大螺杆、螺母时,所用力矩大,手应握在手柄尾部;扳动较小螺杆、螺母时,为防止卡口处打滑,手可握在接近头部的位置,且用拇指调节和稳定螺杆。

> **操作口诀**
>
> 使用扳手应注意,大小螺母扳手异。
> 呆唇在上活唇下,不能反向用力气。
> 扳大螺母手靠后,扳动起来省力气。
> 扳小螺母手靠唇,扳口大小可调制。
> 夹持螺母分上下,莫把扳手当锤使。
> 生锈螺母滴点油,拧不动时莫乱施。

（六）钢锯

钢锯又叫手锯，是用来切割电线管的工具，如图3-18所示。

锯弓是用来张紧锯条的，分为固定式和可调式两种，常用的是可调式。锯条根据锯齿的牙距大小，分为粗齿、中齿和细齿三种，常用的规格为长度30 mm。锯条应根据所锯材料的软硬、厚薄来选用。一般情况下，粗齿锯条可用来锯割软材料或锯缝长的工件，细齿锯条可用来锯割硬材料、薄板料及角铁。

图3-18 钢锯

1. 基本使用方法

1）锯条安装

根据电工材料及厚度选择合适的锯条，使锯条齿尖朝前，装入锯弓夹头的销钉上。松紧应适当，用翼形螺母调整，直到用两个手指的力能旋紧为止。锯条安装好后，不能有歪斜和扭曲，否则锯削时易折断。调整时，不可过紧或过松。过紧，失去了应有的弹性，锯条容易崩断；过松，会使锯条扭曲，锯出的锯缝歪斜，锯条也容易折断。

2）锯削姿势与握锯

（1）锯削时的站立姿势：两腿自然站立，身体重心稍微偏于右脚。身体正前方与电工材料（一般用台虎钳固定）中心线约成45°角，且略向前倾；左脚跨前半步（左右两脚后跟之间的距离为250~300 mm)，膝盖处稍有弯曲，保持自然；右脚要站稳伸直，不要过于用力，视线要落在材料的切削部位上。

（2）握锯方法：右手满握锯柄，左手呈虎口状，拇指压住锯梁背部，其他四指轻扶在锯弓前端。

3）起锯方法

起锯的方式有两种：一种是从电工材料远离自己的一端起锯，称为远起锯；另一种是从工件靠近操作者身体的一端起锯，称为近起锯。一般情况下采用远起锯较好。起锯时，锯条与电工材料表面的倾斜角为15°左右，最少要有三个齿同时接触工件。起锯时利用锯条的前端（远起锯）或后端（近起锯），靠在一个面的棱边上起锯。起锯时来回推拉距离最短，压力要轻，这样才能保证尺寸准确，锯齿容易吃进。无论用哪一种起锯方法，起锯角度都不要超过15°。为使起锯的位置准确和平稳，起锯时可用左手大拇指挡住锯条的方法来定位。

4）运锯动作

推锯时身体上部稍向前倾，给手锯以适当的压力而完成锯削。拉锯时不切削，应将锯稍微提起，以减少锯齿的磨损。推锯时推力和压力均由右手控制，左手几乎不加压力，主要配合右手起扶正锯弓的作用。手锯推出时为切削行程，应施加压力。手锯退回行程时全齿不参加切削，只作自然拉回，不施加压力，以免锯齿磨损。将要锯断电工材料时压力要小。

5）锯削速度和往复长度

锯削速度以往复20~40次/min为宜。速度过快锯条容易磨钝，反而会降低切削效率；

速度太慢，效率不高。另外锯削时应注意推拉频率：对软材料和有色金属材料频率为往复 50~60 次/min，对普通钢材频率为往复 30~40 次/min。锯削时最好使锯条的全部长度都能进行锯割，一般锯弓的往复长度不应小于锯条长度的 2/3。

6）锯割完毕

工件快锯完时，速度要慢，行程要小，并用手扶住工件。

2. 锯条折断的原因

锯条折断的原因主要包含：锯条松动，被锯工件抖动；锯割时压力太大，锯割时锯条不成直线运动；锯条咬住；锯条折断后，新锯条从原缝锯入；锯条跑边，却还继续锯割；起锯方向不对，例如从棱角上起锯等。

3. 操作注意事项

（1）锯割前要检查锯条的装夹方向和松紧程度。

（2）锯割时压力不可过大，速度不宜过快，以免锯条折断伤人。

（3）锯割将完成时，用力不可太大，并需用左手扶住被锯下的部分，以免该部分落下时砸脚。

（七）手锤

手锤由锤头、锤柄和楔子组成，其外形如图 3-19 所示。手锤的规格以锤头的质量来区分，常用的有 0.25 kg、0.5 kg 和 1.0 kg 等几种。手锤的锤柄一般是用比较坚韧的木材制成的，长度一般在 300~350 mm。为了防止锤头脱落，一般都要将带有倒刺的斜楔打入锤柄顶端。而且无论哪一种规格的手锤，锤头孔都要做成椭圆形，而且孔的两端都比中间大，成凹鼓形，这样做的目的是装紧锤柄。

使用手锤时，为了锤击有力，应握在手柄的末端。锤击时应对准工件，并使锤头整个表面与其接触，以免损坏锤面和工件。

挥锤的方法有腕挥、肘挥和臂挥三种。腕挥是依靠手腕的动作进行锤击，采用紧握法握锤；肘挥是依靠手腕和肘部一起挥动，采用松握法握锤，锤击力较大；臂挥是手腕、肘部和全臂一起挥动，锤击力最大。

使用手锤时的注意事项：

（1）使用手锤时，不得戴手套。

（2）锤柄和锤头不得有油污。

（3）挥锤时，注意甩转方向不得有人。

> 操作口诀
>
> 握锤方法有两种，紧握锤和松握锤。
> 手锤敲击各工件，注意平行接触面。

（八）錾子

錾子是电工用来消除金属毛刺，或对已生锈的小螺栓进行錾断消除换新的一种工具，如图 3-20 所示。

图 3-19 手锤 　　　　　图 3-20 錾子

使用錾子时的注意事项：

(1) 在工作前要检查锤头是否装牢，如若牢固，用左手握紧錾子，錾子尾部要露出约 4 cm，右手握紧锤子用力敲击。

(2) 錾子应经常刃磨，并及时去掉錾子尾部毛刺，以免伤人。

(3) 錾削脆性材料或毛刺时，人体应靠錾子的后面站，以免碎屑飞出伤人。

（九）锉刀

锉刀是用来对工件进行进一步加工切削整形的一种工具。锉刀齿是在剁锉机上剁出齿纹，并交叉排列，形成很多小刀齿。锉刀的种类很多，一般可分为普通锉刀和整形锉刀。普通锉刀有平锉、半圆锉、方锉、三角锉、圆锉 5 种，图 3-21 所示为普通锉刀的一种。

使用锉刀时，要掌握正确使用方法，一般左手压锉，右手握锉，锉削时，始终保持在水平面内运动，返回时不必加压，当向前锉时两手作用在锉刀上的压力、推进力应保持锉刀在锉削运动中的平衡，以保证加工工件表面的平整。

（十）喷灯

如图 3-22 所示，喷灯是一种利用喷射火焰对工件进行加热的工具，常用来焊接铅包电缆的铅包层、大截面铜导线连接处的搪锡以及其他连接表面的防氧化镀锡等。喷灯火焰温度可达 900 ℃ 以上。

图 3-21 锉刀 　　　　　图 3-22 喷灯

喷灯的分类

按使用燃料可分为燃油（煤油、汽油）喷灯和燃气喷灯两种。

燃油喷灯使用方法
及注意事项

燃气喷灯使用方法
及注意事项

二、常用电动工具的使用

(一) 冲击电钻

1. 冲击电钻的用途

如图 3-23 所示,冲击电钻是以旋转切削为主,兼有依靠操作者推力产生冲击力的冲击机构,用于砖、砌块及轻质墙体等材料上钻孔的电动工具。

图 3-23 冲击电钻

冲击电钻一般制成可调式结构。当调节在旋转无冲击位置时,装上普通麻花钻头就能在金属上钻孔;当调节在旋转带冲击位置时,装上镶有硬质合金的钻头便能在砖石、混凝土等脆性材料上钻孔。

使用冲击电钻可大大提高工作效率,冲击电钻在室内线路敷设等工作中得到了广泛的使用。

使用冲击电钻
的注意事项

2. 冲击电钻常见故障原因及检修方法(见表 3-1)

表 3-1 冲击电钻常见故障原因及检修方法

故障现象	产生原因	检修方法
调到冲击位置,可旋转但无冲击作用	①钢球冲击电钻中,钢球严重磨损。 ②齿形冲击电钻中,控制环损坏。 ③齿形冲击电钻中,定位销损坏	①更换钢球及固定方法。 ②更换控制环。 ③更换定位销
冲击力降低	①齿形冲击电钻中,V形槽中润滑油已干或脏污、混有杂质。 ②钢球冲击电钻中,钢球冲击结构中润滑油已干或脏污、混有杂质	①拆下清洗。 ②拆下清洗
冲击时钻头发抖	①齿形冲击电钻中,活动冲击子与固定冲击子磨损。 ②钢球冲击电钻中,钢球部分磨损	①更换冲击子。 ②更换钢球

> **操作口诀**
>
> 冲击电钻有两用，既可钻孔又能冲。
> 冲击钻头为专用，钻头匹配方便冲。
> 作业前应试运行，空载运转半分钟。
> 提高效率减磨损，进给压力应适中。
> 深孔钻头多进退，排除钻屑孔中空。

（二）电锤

1. 电锤的用途

如图 3-24 所示，电锤是一种旋转带冲击的电动工具，是装修电工最常用的电动工具之一，主要用来在混凝土、楼板、砖墙和石材上钻孔。

电锤不仅可以在硬度较大的建筑材料上钻大直径的孔，而且可换装上不同的钻头进行各种不同作业。例如，电锤可用于砖、石、混凝土的破碎或打毛；可用于在砖、石、混凝土表面开浅槽或清理表面；可用于安装膨胀螺栓；可安装上空心钻头在墙上打 60 mm 直径圆孔；可作为夯实工具对地面进行夯实和捣固。

图 3-24 电锤

电锤是在电钻的基础上，增加了一个由电动机带动有曲轴连杆的活塞，在一个气缸内往复压缩空气，使气缸内空气压力呈周期变化。变化的空气压力带动气缸中的击锤往复打击钻头的顶部，好像用锤子敲击钻头，故取名为电锤。

2. 使用电锤的注意事项

（1）作业中应注意声响及温升，发现异常应立即停机检查。作业时间过长，机具温升超过 60 ℃时，应停机，自然冷却后再行作业。严禁超载使用。

（2）机具转动时，不得松手不管。

（3）作业中，不得用手触摸电锤的钻头。

使用电锤时的个人防护措施

3. 电锤常见故障及排除方法

电锤常见故障及排除方法见表 3-2。

表 3-2 电锤常见故障及排除方法

故障现象	故障原因	排除方法
电源接通但电动机不转	①插座接触不良。 ②开关断开、电缆折断、电路不通。 ③定子绕组烧毁。 ④绕组接地（短路）	①检修或更换插座。 ②寻找断开处，检查电源通、断情况。 ③检修定子。 ④排除短路故障

续表

故障现象	故障原因	排除方法
电动机启动后转速低	①电动机匝间短路或断线。 ②电源电压过低。 ③电刷压力过小	①寻找短路及断线部位修好。 ②通知电工检修调整。 ③调整电刷压力
电动机过热	①电源电压过低。 ②定子、转子发生扫膛。 ③风扇口受阻，气流不通。 ④负载过大，工作时间过长	①通知电工检修调整。 ②拆检，看是否有污物或转轴弯曲。 ③排除气流故障。 ④停机自然冷却
工作头只旋转不冲击	①用力过大。 ②零件装配不当。 ③活塞环磨损。 ④钻杆太长或活塞缸有异物	①减轻压力。 ②重新装配。 ③更换活塞环。 ④检查修理，清除异物
工作头只冲击不旋转	①刀夹座与六方刀杆磨损变圆。 ②刀杆受摩擦阻力过大。 ③混凝土内有钢筋。 ④离合器过松	①检修并更换。 ②拆检修理。 ③重新选位再钻。 ④调紧离合器
运转时出现环火或过大火花	①换向器绝缘层有炭灰，片间短路。 ②定子和转子有污物。 ③电刷接触不良。 ④转子绕组短路	①拆下转子，清除云母槽灰尘。 ②拆开，去掉灰尘及污物。 ③调整压力或更换电刷。 ④更换转子
电锤前端刀夹座处过热	①轴承缺油或油质不良。 ②工具头在钻孔时歪斜。 ③活塞缸破裂。 ④活塞缸运动不灵活。 ⑤轴承磨损过大	①加油或换油。 ②注意操作方法。 ③更换活塞缸。 ④拆开检查，清除污物，调整。 ⑤装配更换轴承

操作口诀

电锤钻孔能力强，开槽穿墙能奉献。
双手握紧锤把手，钻头垂直作业面。
做好准备再通电，用力适度最关键。
钻到钢筋应退出，还要留意墙中线。

（三）手提式切割机

1. 用途

如图 3-25 所示，手提式切割机是电工在装修装饰工程施工中切割线槽的常用工具之一。

图 3-25　手提式切割机

2. 使用注意事项

（1）在多数情况下，切割机要带水作业，操作时要调节好水量，如图 3-26 所示。操作过程中应戴橡胶手套，穿橡胶靴子，作为防触电的保护措施。

（2）操作前应仔细检查切割片是否有裂纹或损伤，如有裂纹或损伤应立即更换。应使用与工具配套的配件，如法兰等。

（3）不要损伤旋转轴、法兰（特别是安装表面）和螺栓，这些部件的损伤会导致切割片的损坏。

（4）工作时应紧握切割机的把手，严禁触摸旋转部位。同时要防止冷却水进入电动机，水进入电动机会导致触电事故。

（5）严禁带负载启动切割机，启动前应确认切割片没有与工件接触。

（6）禁止将切割机的开关长期固定在"ON"的位置。

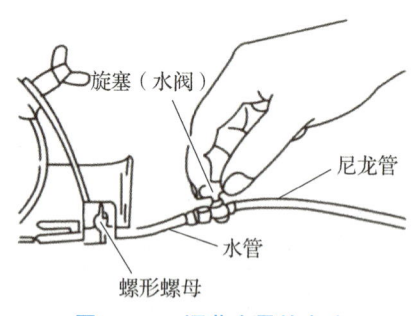

图 3-26　调节水量的方法

> **操作口诀**
>
> 切割深度调节好，水平匀速往前推。
> 带水切割防触电，橡胶手套橡胶靴。

三、登高及安保工具的使用

（一）电工梯子

梯子是电工在户内外登高作业的常用工具之一，如图 3-27 所示。常用的梯子有直梯和人字梯两种类型。一般来说，直梯常用于户外登高作业，人字梯常用于户内登高作业。

图 3-27 梯子

使用梯子进行高空作业时必须注意防滑，否则容易因出现滑脱坠落而造成摔伤事故。

（二）脚扣

脚扣是套在鞋上爬电线杆子用的一种弧形铁制工具。脚扣一般采用高强无缝管制作，经过热处理，具有质量轻、强度高、韧性好、可调性好、轻便灵活、安全可靠、携带方便等优点，是电工攀登不同规格的水泥电线杆或木质电线杆的使用工具之一，如图 3-28 所示。

梯子使用注意事项

图 3-28 脚扣

脚扣登杆的方法

首先要根据杆型选择适当脚扣，在适合登杆的起点高度将脚扣与电杆卡牢。要注意抬头观察杆上有无障碍物，选择适当方向准备登杆，然后左脚蹬下面一只脚扣，右脚蹬上面一只脚扣时将安全带围好、卡牢。登杆前对脚扣进行冲击试验，试验时先登一步电杆，然后使整

个人体的重力快速地加在另一只脚扣上。当试验证明两只脚扣都完好时，方可使用。一手托住安全带，一手扶杆向上攀登。登杆时身体上身前倾、臀部后座，双手切忌搂抱电杆，双手起的作用只是扶持，同时两只脚交替上升，步子不宜过大。到达工作高度后用力将脚扣踏实，身体向外倾斜使安全带受力，便可开始杆上作业。用脚扣登杆应保持全过程系好、系牢安全带，不得失去安全保护。在杆上作业时要注意脚的着力点应与挥力的方向相适应。

下杆方法是上杆动作的重复，但是由于水泥杆是拔梢的，即根部较粗、梢部较细，所以在开始上杆时选择好的脚扣节距在登上一定高度以后，可适当调节（缩小）脚扣的节距，这样才能使脚扣扣住电杆。而在下杆时可适当扩大脚扣的节距。具体调节方法如下：若先调节左脚的脚扣，先将左脚脚扣从杆上拿出并抬起，左手扶住电杆、右手调节；若调节右脚脚扣，则右手扶杆、左手调节。

> 操作口诀
>
> 　　上杆脚扣安全带，生命安全它担待。
> 　　用前检查要认真，存在隐患不可带。
> 　　脚扣上脚不紧松，系好腰带心放平。
> 　　双手抱住电线杆，一脚提扣往上行，
> 　　依靠重力挂脚上，扣面水平可防碰。
> 　　扣住电杆跟下踩，脚扣扣杆就稳定。
> 　　稳好一脚手上移，同侧脚扣上移动。
> 　　上移幅度不要大，膝盖直角就可行。
> 　　注意水平向上提，不磕不碰才稳定。
> 　　一步一步爬上来，到达位置来固定。
> 　　首先系好安全绳，两扣交叠好稳定。
> 　　下杆步步都要稳，防止掉扣脚踩空。
> 　　上下杆径有变化，扣的开口要调整。

脚扣登杆的注意事项

（三）登高板

如图 3-29 所示，登高板也是攀登电杆的工具，登高板由板、绳索和挂钩等组成。板采用质地坚韧的木板制成，绳索采用 16 mm 三股白棕绳，绳两端系结在踏板两头的扎结槽内，顶端装上铁制挂钩，绳长为操作者从脚跟至举起一只手手尖的长度。踏板和白棕绳均应能承受 300 kg 质量，每半年进行一次载荷试验。

1. 登高板上杆的方法

（1）先把一只登高板钩挂在电杆上，高度以操作者能跨上为准，另一只登高板反挂在肩上。

（2）用右手握住挂钩端双根棕绳，并用大拇指顶住挂钩，左手握住左边贴近木板的单根棕绳，右脚跨上踏板，

图 3-29　登高板

然后用力使人体上升，待重心转到右脚，左手即向上扶住电杆。

（3）当人体上升到一定高度时，松开右手并向上扶住电杆使人体立直，将左脚绕过左边单根棕绳踏入板内。

（4）待人体站稳后，在电杆上方挂上另一支踏板，然后右手紧握上一只踏板的双根棕绳，并使大拇指顶住挂钩，左手握住左边贴近木板的单根棕绳，把左脚从踏板左边的单根棕绳内退出，改成踏在正面下踏板上，接着将右脚跨上上面踏板，手脚同时用力使人体上升。

（5）当人体离开下面踏板时，需要把下面踏板解下，此时左脚必须抵住电杆，以免人体摇晃不稳。重复上述各步骤进行攀登，直至到达所需高度。

2. 杆上作业

1）站立方法

如图3-30所示，两只脚内侧夹紧电杆，这样升降板不会左右摆动摇晃。

图3-30 在升降板上作业的站立姿态示意图

2）安全带束腰位置

电工初学者一般喜欢把安全带束在腰部，但杆上作业时间一般较长，腰部是承受不了的，正确做法是将其束在腰部下方臀部位置，这样不仅工作时间可以更长，而且人的后仰距离也可以更大，但安全带不能束得太松，以不滑过臀部为准。

3. 登高板下杆的方法和步骤

（1）人体站稳在现用的一只踏板上（左脚绕过边棕绳踏入木板内），把另一只踏板挂在下方电杆上。

（2）右手紧握上面登高板挂钩处双根棕绳，并用大拇指抵住挂钩，左脚抵住电杆下伸，即用左手握住下面登高板的挂钩处，人体也随左脚的下落而下降，同时把下面登高板下降到适当的位置，将左脚插入下面登高板两根棕绳间并抵住电杆。

（3）将左手握住上面登高板的左端棕绳，同时左脚用力抵住电杆，以防登高板下滑和人体摇晃。

（4）双手紧握上面登高板的两端棕绳，左脚抵住电杆不动，人体逐渐下降，双手也随人体下降而下移，并紧握棕绳，直至贴近两端木板，此时人体向后仰，同时右脚从上面登高板退下，使人体不断下降，直至右脚踏到登高板。

（5）把左脚从下踏板两根棕绳内抽出，人体贴近电杆站稳，左脚下移并绕过左边棕绳踏到板上，以后步骤重复进行，直至人体双脚着地为止。

📖 操作口诀

使用踏板上下杆，没有体力不能干。
使用之前细检查，杜绝事故很关键。
风天雨天不能用，避免滑脱保安全。
劳保用品穿戴好，小型用具携带全。
钩尖朝外并朝上，其他做法不保险。
手脚用力身挺直，两手上移扶住杆。
左脚踏入踏板内，站稳站直挂踏板。
左脚抵杆防摇晃，探身解下下踏板。
站稳脚跟往上挂，如此往复到上边。
下杆更要加小心，上山容易下山难。
步步为营防急躁，脚踏实地工作完

登高板登杆的注意事项

（四）安全带

电工专用的保险绳、腰绳和腰带，统称安全带或保险带。安全带是电工在攀登电线杆时用来进行保护防止坠落的安全用具。在使用时，一定要三个工具同时应用，以全方位地对人体进行保护，如图3-31所示。

图3-31 安全带

安全带使用注意事项

安全带由锦纶、维尼纶、蚕丝等材料制成。因蚕丝原料少、成本高，目前多以锦纶为主要材料。

安全带在关键时刻能够救命，这一点已经成了人们的共识。如果不系安全带，一旦出现紧急情况，后果是不堪设想的，轻则受伤、重则丧命。

例如，某电工外出干私活，不慎从高处坠落造成一级伤残，他对此悔恨不已。由于赚外快不能算工伤，他告上法庭要求雇主赔偿50余万元。然而，由于他坠落致残的主要原因是未佩戴安全带，法院判决伤者自行承担70%的赔偿责任。

（五）临时接地线

如图 3-32 所示，装设临时接地线是一项重要的电气安全技术措施，其操作过程应该严肃、认真、符合技术规范要求，千万不可马虎大意。

1. 临时接地线的作用

（1）防止突然线路来电：当高压线路或设备检修时，应将电源侧的三相架空线或母线均用接地线临时接地。

（2）防止相邻高压线路或设备对停电线路或设备产生感应电压从而对人体造成危害，停电检修设备或线路可能产生感应电压而对人体造成危害。

（3）在停电后的设备上作业时，应将设备上的剩余电荷用临时接地线放掉，也就是放电。

图 3-32　临时接地线

2. 验电的重要性

验电是挂接地线前一个必不可少的步骤，因为线路停电的倒闸操作一般是由变电操作人员实施，对线路工作人员来说，验电才是真正的第一项技术操作内容，是对停电现场的确认手续，是能否进入下一个工序——挂接地线的依据，可有效地消除"停错电或要停电而未停电"的人为失误对人身安全造成的威胁，实现线路工作人员自我保护。因考虑到线路工作多在野外，点多面广线长，即使是在工作地段两端挂接地线后，在分支线挂接地线和工作相挂辅助接地线之前，一般情况下也要先验电，以保安全。

临时接地线操作的注意事项

（六）绝缘棒

绝缘棒俗称令克棒，一般用电木、胶木、塑料、环氧玻璃布棒或环氧玻璃布管制成。在结构上可分为工作部分、绝缘部分和手握部分，如图 3-33 所示。

绝缘棒用以操作高压跌落式熔断器、单极隔离开关、柱上油断路器及装卸临时接地线等，在不同工作电压的线路上使用的绝缘棒可按表 3-3 选用。

图 3-33　绝缘棒

表 3-3　绝缘棒规格与参数

规格	棒长 全长 L/mm	棒长 节数	工作部分长 L_3/mm	绝缘部分长 L_2/mm	手握部分长 L_1/mm	棒身直径 D/mm	钩子宽度 B/mm	钩子终端直径 d/mm
500 V	1 640	1	—	1 000	455	—	—	—
10 kV	2 000	2	185	1 200	615	38	50	13.5
35 kV	3 000	3	—	1 950	890	—	—	—

(七) 绝缘手套

如图3-34所示,电工绝缘手套是一种辅助性安全用具,一般需要配合其他安全用具一起使用。电工绝缘手套对手或者人体起到保护作用,用橡胶、乳胶、塑料等材料制成,具有防电、防水、耐酸碱、防化、防油的功能。

图3-34 绝缘手套

电工带电作业时不戴绝缘手套(或者所戴的绝缘手套不合格),手触碰带电体,很容易遭到电击,发生触电的安全事故。

电工绝缘手套按所用材料不同,可分为橡胶绝缘手套和乳胶绝缘手套两类。按照在不同电压等级的电气设备上使用,手套分为A、B、C三种型号。A型适用于在3 kV及以下电气设备上工作;B型适用于在6 kV及以下电气设备上工作;C型适用于在10 kV及以下电气设备上工作。

每次使用之前应进行充气检查,看看是否有破损、孔洞。具体方法是将手套从口部向上卷,稍用力将空气压至手掌及指头部分,检查上述部位有无漏气,如有则不能使用。

(八) 安全帽

如图3-35所示,安全帽是防止冲击物伤害头部的防护用品,由帽壳、帽衬、下颏带和后箍组成。帽壳呈半球形,坚固、光滑并有一定弹性,打击物的冲击和穿刺动能主要由帽壳承受。帽壳和帽衬之间留有一定空间,可缓冲、分散瞬时冲击力,从而避免或减轻对头部的直接伤害。

图3-35 安全帽

任何人进入生产现场或在厂区内外从事生产和劳动时,都必须戴安全帽。在实际工作中,有的人安全意识差,具体表现:戴安全帽流于形式、应付检查,安全员检查时就戴,检查之后就不戴;工休时有的人把安全帽当坐垫使用,有的人把安全帽充当器皿用;随意改变安全帽部件结构等。在施工时,该戴安全帽时不按照规定正确戴安全帽,可能出现头部遭到高处坠落物体打击、电击,也可能出现女职工头发被卷进机器里等事故。

(九) 绝缘靴 (鞋)

如图 3-36 所示，绝缘靴 (鞋) 的作用是使人体与地面绝缘，防止试验电压范围内的跨步电压触电。绝缘靴 (鞋) 只能作为辅助安全用具。

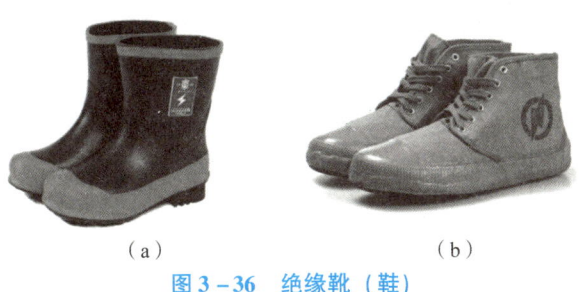

图 3-36 绝缘靴 (鞋)
(a) 绝缘靴；(b) 绝缘鞋

绝缘靴 (鞋) 有 20 kV 绝缘短靴、6 kV 矿用长筒靴和 5 kV 绝缘鞋。20 kV 绝缘靴的绝缘性能强，在 1~220 kV 高压电区可用作辅助安全用具，不能与有电设备接触，对 1 kV 以下电压也不能作为基本安全用具，穿靴后仍不能用手触及带电体。6 kV 长筒靴适用于井下采矿作业，在操作 380 V 及以下电压的电气设备时，可作为辅助安全用具，特别是在低压电缆交错复杂、作业面潮湿或有积水、电气设备容易漏电的情况下，可用绝缘长筒靴防止脚下意外触电事故。5 kV 绝缘鞋也称电工鞋，单鞋有高腰式和低腰式两种，棉鞋有胶鞋式和活帮式两种。按全国统一鞋号，规格有 22 号 (35 码) ~28 号 (45 码)。5 kV 绝缘鞋适用于电工穿用，电压在 1 kV 以下为辅助安全用具，1 kV 以上的禁止使用。在 5 kV 以下的户外变电所，可用于防跨步电压 (即当电气设备碰壳或线路一相接地时，人的两脚站立处之间呈现的电位差) 对人体的危害。

各种绝缘靴 (鞋) 的外观、色泽应与其他防护靴 (鞋) 或日常生活靴 (鞋) 有显著的区别，并应在明显处标出 "绝缘" 和耐压等级 (试验电压和使用电压)，以利识别、防止错用。

(十) 绝缘垫和绝缘台

1. 绝缘垫

如图 3-37 所示，绝缘垫是一种辅助安全用具，一般铺在配电室的地面上，以便在带电操作断路器或隔离开关时增强操作人员的对地绝缘，防止接触电压与跨步电压对人体的伤害。绝缘垫也可铺在低压开关附近的地面上，操作时操作人员站在上面，用以代替使用绝缘手套和绝缘靴，应定期进行绝缘试验。

绝缘垫使用注意事项

图 3-37 绝缘垫

绝缘垫是由特种橡胶制成的，表面有防滑条纹或压花。绝缘垫的厚度有 4 mm、6 mm、8 mm、10 mm、12 mm 五种，宽度常为 1 m，长度为 5 m，其最小尺寸不宜小于 0.75 m × 0.75 m。

2. 绝缘台

如图 3-38 所示，绝缘台是一种辅助安全用具，可用来代替绝缘垫或绝缘靴。绝缘台的台面一般用干燥、木纹直且无节的木板拼成，板间留有一定的缝隙（不大于2.5 cm），以便于检查绝缘脚（支持瓷瓶）是否有短路或损坏，同时也可节省木料，减轻质量。台面尺寸一般不小于75 cm×75 cm，不大于150 cm×100 cm。台面用四个绝缘瓷瓶支持。为了防止在台上操作时造成颠覆或倾倒，要求台面部分的边缘不应伸出绝缘脚外。绝缘脚的长度不小于 10 cm。

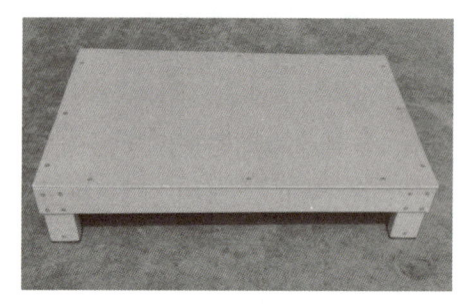

图 3-38 绝缘台

绝缘台可用于室内或室外的一切电气设备。当在室外使用时，应将其放在坚硬的地面上，附近不应有杂草，以防绝缘瓷瓶陷入泥中或草中，降低绝缘性能。

绝缘台也可用 35 kV 以上的高压支持瓷瓶作脚。这种绝缘台由于具有较高的绝缘水平，雨天需要在室外倒闸操作时用作辅助安全用具，较为可靠。

绝缘台的试验电压为 40 kV，加压时间为 2 min。定期试验一般每 3 年进行一次。

四、常用测试仪器的使用

（一）网线测试仪

网线测试仪的功能

如图 3-39 所示，网线测试仪主要是用来测试网络线、电话线的线缆接线是否正确及通断情况。

图 3-39 网线测试仪

(1) 对双绞线 1、2、3、4、5、6、7、8 的各线对逐根（对）测试，并可区分判定哪一根（对）错线、短路和开路。

(2) 开关"ON"为正常测试速度，"S"为慢速测试速度。

（二）插座测试仪

如图 3-40 所示，插座检测仪是专门用来检测三相电源插座的相位是否正常的专用检测仪表，若当接线出现错误时，该电源插座检测仪上的指示灯会进行显示，可以根据该电源插座检测仪上的标识对照，进行判断。

双绞线测试方法

当供配电系统安装完成后，需要对电源插座进行检测时，可以将电源插座检测仪安装到待检测的电源插座上，观察相位检测指示灯。

当指示灯出现"黑、红、红"时，说明该电源插座正常；当指示灯出现"黑、红、黑"时，说明该电源插座缺少地线；当指示灯出现"黑、黑、红"时，说明该电源插座缺少零线；当指示灯出现"黑、黑、黑"时，说明该电源插座缺相线；当指示灯出现"红、红、黑"时，说明该电源插座相线与零线反接；当指示灯出现"红、黑、红"时，说明该电源插座的相线与地线反接；当指示灯为"红、红、红"时，说明缺少零线、相线或错接。

当专用电源插座检测仪显示"黑、红、红"正常时，也只是表示该电源插座的相序正常，若需检测该电源插座的漏电保护是否正常，可以按下电源插座检测仪上的检测按钮，当按钮按下时，若配电箱中的漏电保护开关断开，说明该电源插座的漏电保护功能符合标准。

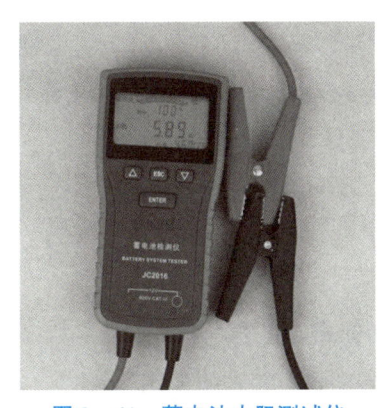

（三）蓄电池内阻测试仪

蓄电池内阻测试仪又叫"蓄电池内阻仪"或"蓄电池内阻检测仪"，是快速准确测量蓄电池健康状态和连接电阻参数的数字存储式测试仪器。可以通过在线测试，显示并记录单节或多组电池的电压、内阻、容量等重要参数。在城市轨道交通车站中，蓄电池内阻测试仪可用于检测不间断电源系统（UPS）、应急电源系统（EPS）设备蓄电池的内阻，其外形如图 3-41 所示。

图 3-40　插座测试仪　　　　　图 3-41　蓄电池内阻测试仪

蓄电池内阻测试仪使用方法

（1）首先将仪器和测试架放置于水平的工作台上。

（2）将测试接线端子插入仪器面板的插座。

（3）将仪器电源线插入 220 V/50 Hz 的电源插座。

（4）将电池的正极和负极分别用正极测试针与负极测试针顶住，使电池的中心与测试针的中心保持一致，且电池与测试针正负极完全接触。

（5）打开仪器的电源开关，显示屏读数会跳动数次，约 100 ms 后其读数会自动稳定下来。

（6）根据所测电池内阻的大小按切换键，选择适当的量程（如量程太大或太小其读数都会不准确），记下其准确的读数。

五、常用电工仪表的使用

电工在操作中，也经常要用到一些测量仪表，为此，正确掌握、使用、保养好这些测量仪表，是对电工最基本的要求。

蓄电池内阻测试仪使用注意事项

（一）万用表

万用表是一种可以用来测量交流电压、直流电压、电流、电阻、电容、电感、电平及粗略判断二极管、晶体管电极和性能好坏等的多功能便携式仪表。

万用表具有功能多、简单易用的优点，已成为电子电气工作者手中必不可少的工具之一。尽管不同型号万用表的功能有一定的差异，但都具有测量电压、电流、电阻等电气参数的基本功能。

万用表有指针式和数字式两大类，如图 3-42 所示。

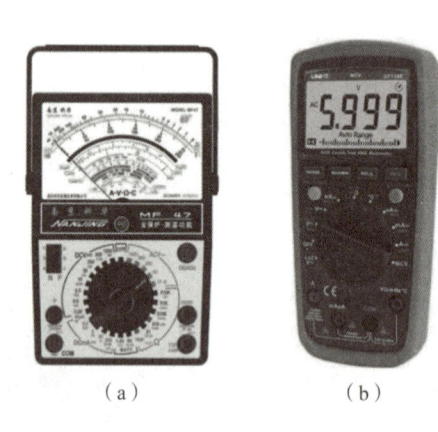

（a）　　　　（b）

图 3-42　万用表
（a）指针式；（b）数字式

1. 指针式万用表

1）指针式万用表的使用

（1）外部结构。

指针式万用表由提把、表头、量程挡位选择开关、欧姆挡调零旋钮、表笔插孔和晶体管插孔等组成。

(2) 标度盘。

标度盘上共有 7 条刻度线，从上往下依次是电阻刻度线、电压电流刻度线、10 V 电压刻度线、晶体管 β 值刻度线、电容刻度线、电感刻度线和电平刻度线。在标度盘上还装有反光镜，用以消除视觉误差。

(3) 量程挡。

转动挡位选择开关旋钮即可选择各个量程挡位。

(4) 机械调零。

机械调零是指使用前，检查指针是否指在机械零位，如果指针不指在左边"0 V"刻度线时，用螺丝刀调节表盖正中的调零器，让指针指示对准"0 V"刻度线。简单地说，机械调零就是让指针左边对齐零位。

(5) 测量电阻。

使用指针式万用表测量电阻时，首先要选择适当的量程。在选择量程时，力求使测量数值在欧姆刻度线 0.1～10 的位置，这样读数才准确。选择适当的量程后，要对表针进行欧姆调零。

如果欧姆调零旋钮已经旋到底了，表针始终在 0 Ω 线的左侧，不能指在"0"的位置上，说明万用表内的电池电压较低，不能满足要求，需要更换新电池后再进行上述调整。

如果正在测量电阻器的电阻值，必须先断开电源再进行测量，否则有可能损坏万用表。换言之，不能带电测量电阻。

测量时，两只手不能同时接触电阻器的两个引脚。因为两只手同时接触电阻器的两个引脚，等于在被测电阻器的两端并联了一个电阻（人体电阻），所以将会使得到的测量值小于被测电阻的实际值，影响测量的准确度。

量程选择要合适，若太大，不便于读数；若太小，无法测量。只有表针在标度尺的中间部位时，读数最准确。

读数以后应乘以相应的倍率（所选择挡位，如 $R \times 10 \ \Omega$、$R \times 100 \ \Omega$ 等），就是该电阻的实际电阻值。例如，选用 $R \times 100 \ \Omega$ 挡测量，指针指示为 40，则被测电阻值为 $40 \times 100 \ \Omega = 4\ 000 \ \Omega = 4 \ k\Omega$。

测量完毕后，要将量程选择开关置于交流电压最高挡位，即交流 1 000 V 挡位。

在测量电阻时，应选适当的倍率，使指针指示在中值附近。

使用指针式万用表测量电阻时，每次变换量程之后都要进行一次欧姆调零操作。无论如何都不能带电测量电阻。

(6) 测量交流电压。

使用指针式万用表测量交流电压时，必须选择适当的交流电压量程。若误用电阻量程、电流量程或者其他量程，有可能损坏万用表。此时，一般情况是内部的熔丝管损坏，可用同规格的熔丝管更换。

测量交流电压时必须注意安全，这是核心内容。因为测量交流电压时人体与带电体的距离比较近，所以特别要注意安全。如果表笔有破损、表笔引线有破损露铜等，应该完全处理好后才能使用。

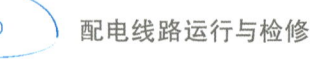

MF47 型万用表有 5 个交流电压量程，位于面板的正上方，为提醒使用者注意安全，交流电压量程全部用红色的字符标识。

测量 1 000 V 以下交流电压时，挡位选择开关置于所需的交流电压挡。测量 1 000～2 500 V 的交流电压时，将挡位选择开关置于"交流 1 000 V"挡，正表笔插入"交直流 2 500 V"专用插孔。

表笔笔尖金属部分直接与带电体接触，电压较高，测量时手不能去碰触笔尖金属部分；在测量过程中，如果要在中途转换开关选择新的量程，应将表笔脱离电源后再进行切换挡位操作。

测量电压时，要把万用表表笔并联接在被测电路上。

（7）测量直流电压。

使用万用表测量直流电压之前，必须分清电路的正负极（或高电位端、低电位端），并选择适当的量程挡位。

电压挡位合适量程的标准：表针尽量指在满偏刻度的 2/3 以上的位置（这与电阻挡合适倍率标准有所不同，一定要注意）。

测量直流电压时，红表笔要接在高电位端（或电源正极），黑表笔接在低电位端（或电源负极）。

测量直流电压时，两只表笔并联接入电路（或电源）。如果表针反向偏转，俗称打表，说明正负极性弄错，此时应交换红、黑表笔再进行测量。

在测量过程中，如果需要变换挡位，一定要取下表笔，断电后再变换挡位。

如果事先不知道被测点电位的高低，可将任意一支表笔先接触被测电路或元器件的任意一端，另一支表笔轻轻地试触一下另一个被测端，若表头指针向右偏转（正偏），说明表笔正、负极性接法正确，可以继续测量；若表头指针向左偏转（反偏），说明表笔极性接反了，交换表笔就可以测量。

（8）测量直流电流。

在测量时，红表笔接电源正极，黑表笔接电源负极。如果事先不知道极性，可以采用试测法。

在测量之前，要将被测电路断开后再接入万用表。在测量电流之前，可先估计一下电路电流的大小，若不能大致估计电路电流的大小，最好的方法是挡位由大换到小。

（9）测量完毕。

指针式万用表测量完毕，应将挡位转换开关拨到交流 1 000 V 挡，水平放置于凉爽干燥的环境，避免振动。长时间不用要取出电池，并用纸盒包装好后，放置于安全的地方。

2）使用指针式万用表的注意事项

（1）在进行高电压测量或测量点附近有高电压时，一定要注意人身和仪表的安全。在测量高电压及大电流时，严禁带电切换量程开关，否则有可能损坏转换开关。

（2）万用表用完之后，最好将转换开关置于空挡或交流电压最高挡，以防下次测量时因疏忽而损坏万用表。

（3）对长期不用的万用表，应及时将电池取出，以免电池变质后漏出的电解液腐蚀万用表的电路板。

> 操作口诀
>
> **指针式万用表测电阻**
>
> 测量电阻选量程，两笔短路先调零。
> 旋钮到底仍有数，更换电池再调零。
> 断开电源再测量，接触一定要良好。
> 两手悬空测电阻，防止并联变精度。
> 要求数值很准确，表针最好在格中。
> 读数勿忘乘倍率，完毕挡位电压中。
>
> **指针式万用表测交流电压**
>
> 量程开关选交流，挡位大小符要求。
> 确保安全防触电，表笔绝缘尤重要。
> 表笔并联路两端，相接不分相或零。
> 测出电压有效值，测量高压要换孔。
> 表笔前端莫去碰，勿忘换挡先断电。
>
> **指针式万用表测直流电压**
>
> 确定电路正负极，挡位量程先选好。
> 红笔要接高电位，黑笔接在低位端。
> 表笔并接路两端，若是表针反向转，
> 接线正负反极性，换挡之前应断电。
>
> **指针式万用表测直流电流**
>
> 量程开关拨电流，确定电路正负极。
> 红色表笔接正极，黑色表笔要接负。
> 表笔串接电路中，高低电位要正确。
> 挡位由大换到小，换好量程再测量。
> 若是表针反向转，接线正负反极性。

2. 数字万用表

数字万用表的使用。

使用数字万用表测量各种电量之前，应先将电源开关置于"ON"的位置。

（1）交直流电压的测量。

根据需要将量程开关拨至 DCV（直流）或 ACV（交流）的合适量程，红表笔插入 V/Ω 孔，黑表笔插入 COM 孔，并将表笔与被测线路并联，读数即显示。

（2）交直流电流的测量。

将量程开关拨至 DCA（直流）或 ACA（交流）的合适量程，红表笔插入 mA 孔（<200 mA时）或 10 A 孔（>200 mA 时），黑表笔插入 COM 孔，并将万用表表笔串联在被测电路中即可。测量直流量时，数字万用表能自动显示极性。

（3）电阻的测量。

将量程开关拨至 Ω 的合适量程，红表笔插入 V/Ω 孔，黑表笔插入 COM 孔。如果被测电阻值超出所选择量程的最大值,万用表将显示"1",这时应选择更高的量程。测量电阻时,红表笔为正极,黑表笔为负极,这与指针式万用表正好相反。因此,测量晶体管、电解电容器等有极性的元器件时,必须注意表笔的极性。

数字万用表使用注意事项

(二) 钳形电流表

如图 3-43 所示,钳形电流表是一种用于测量正在运行的电气设备电流的仪表。大部分钳形电流表只用于测量交流电流。钳形电流表在日常应用中由于不用串联在被测电路中,不使运行的设备停止,所以使用非常方便。

钳形电流表的工作原理如图 3-44 所示,它的主要部件是一个穿心式电流互感器,在测量时将钳形电流表的磁铁套在被测导线上,形成 1 匝的一次绕组,利用电磁感应原理,二次绕组中便会产生感应电流,与二次绕组相连的电流表指针便会发生偏转,指示出线路中电流的数值。

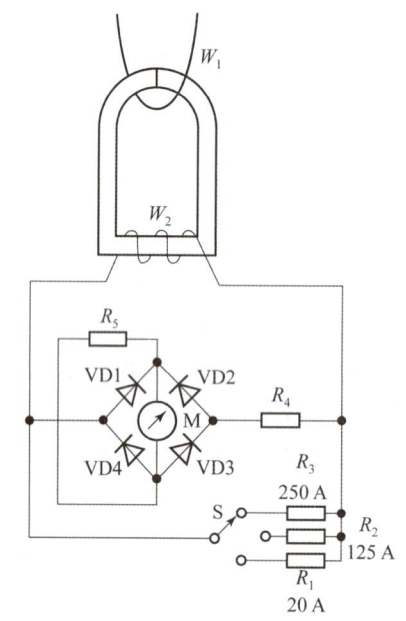

图 3-43 钳形电流表

图 3-44 钳形电流表的工作原理

1. 使用方法

(1) 测量前,检查钳形铁芯的绝缘是否完好。钳口应清洁,闭合后无明显间隙。

(2) 测量前,检查电流表指针是否已经调零。

(3) 测量时,应先选择合适的量程,如不知道被测电流的大小,可先选择较大量程进行估测,然后再选择合适的量程。

(4) 测量时,把被测导线放在钳口的中部,不能同时测量两根导线。

(5) 测量小电流时,为了使读数准确,可将导线多绕几圈放进钳口测量,实际读数为表的读数除以绕线圈数。

(6) 测量后,把电流量程放到最高挡或 OFF 挡,防止下次使用时忘记选择量程,损坏仪表。

2. 注意事项

（1）被测线路的电压不得高于钳形电流表所规定的电压。
（2）转换挡位时，必须在脱离被测线路或钳口张开的情况下进行。
（3）测量高压线路时，要严格执行高压操作规程。
（4）测量时钳口有杂声应处理接触面或重新开合一次。

操作口诀

不断电路测电流，电流感知不用愁。
测流使用钳形表，方便快捷算一流。
钳口开合应自如，清除油污和杂物。
未知电流选量程，从大到小选合适。
导线置于钳口中，钳口闭合可读数。
测量母线防短路，测量小流线缠绕。
带电测量要细心，安全距离不得小。

（三）兆欧表

电气设备绝缘性能的好坏，关系到电气设备能否正常运行和操作人员的人身安全与否。为了防止绝缘材料因发热、受潮、污染、老化等而造成损坏，以及检查修复后的设备绝缘性能是否达到规定的要求，都需要测量其绝缘电阻。兆欧表是一种常用的电工仪表，用来检测电气设备或电气线路对地及相间的绝缘电阻，以保证这些设备、电器和线路工作在正常状态，避免发生触电伤亡及设备损坏等事故。

常用的兆欧表有手摇式和电子式两种类型，如图3-45所示。

（a） （b）

图3-45 兆欧表
(a) 手摇式；(b) 电子式

兆欧表有三个接线端钮，分别标有L（线路）、E（接地）和G（屏蔽），当测量电力设备对地的绝缘电阻时，应将L接到被测设备上，E可靠接地即可。手摇式兆欧表的使用方法和注意事项如下：

（1）开路试验：在兆欧表未接通被测电阻时，摇动手柄使发电机达到120 r/min的额定转速，观察指针是否指在标度尺"∞"的位置。

（2）短路试验：将端钮L和E短接，缓慢摇动手柄，观察指针是否指在标度尺的"0"位置。

（3）确保被测设备和线路在停电的状态下进行测量。

(4) 将被测设备与兆欧表正确接线,摇动手柄由慢渐快至额定转速为 120 r/min。

(5) 正确读取被测绝缘电阻值大小,同时,记录测量时的温度、湿度、被测设备的状况等,以便分析测量结果。

(6) 兆欧表未停止转动时或被测设备未放电时,严禁用手触及,以防人身触电。

> **操作口诀**
>
> 使用兆欧表,首先查外观。
> 玻璃罩完好,刻度易分辨。
> 指针无扭曲,摆动要轻便。
> 其次校验表,标准有两个。
> 短路试验时,指针应指零。
> 开路试验时,针指无穷大。
> 第三是接线,分清被测件。
> 三个接线柱,必用 L 和 E;
> 若是测电缆,还要接 G 柱。
> 为了保安全,以下要注意。
> 引线要良好,禁止有绕缠。
> 进行测量时,勿在雷雨天。
> 测量线路段,必须要停电。
> 电容和电缆,一定先放电。
> 摇表放水平,远离磁场电。
> 匀速顺时摇,一百二十转。
> 摇转一分钟,读数较准确。
> 测量过程中,勿碰接线钮。

(四) 接地电阻测量仪

1. 测量仪表及原理

如图 3-46 所示,接地电阻一般用接地电阻测量仪测定。接地电阻测量仪是测量接地电阻的专用仪表。接地电阻测量仪由自备 100~115 Hz 的交流电源和电位差计式测量机构组成。常见接地电阻测量仪的自备电源是手摇发电机,也有的是电子交流电源。

图 3-46 接地电阻测量仪

接地电阻测量仪的主要附件是 3 条测量电线和 2 支测量电极。接地电阻测量仪有 C2、P2、P2、C1 4 个接线端子或 E、P、C 3 个接线端子。测量时，在离被测接地体一定的距离向地下打入电流极和电压极；将 C2、P2 端并接后或将 E 端接于被测接地体、将 P1 端或 P 端接于电压极、将 C1 端或 C 端接于电流极；选好倍率，以 120 r/min 左右的转速不停地摇动摇把或接通电源，同时调节电位器旋钮至仪表指针稳定地指在中心位置时，可以从刻度盘读数；将读数乘以倍率即得被测接地电阻值。

其测量原理如图 3-47 所示。测量时，电流 I_1 流过被测接地体、电流 I_2 流过仪表内的电位器，平衡时（指针指向零位时），等式 $I_1 R_E = I_2 R_2$ 成立。由此，可求得被测接地电阻为

$$R_E = \frac{I_2}{I_1} R_2 = \frac{N_1}{N_2} R_2 = K_1 R_2$$

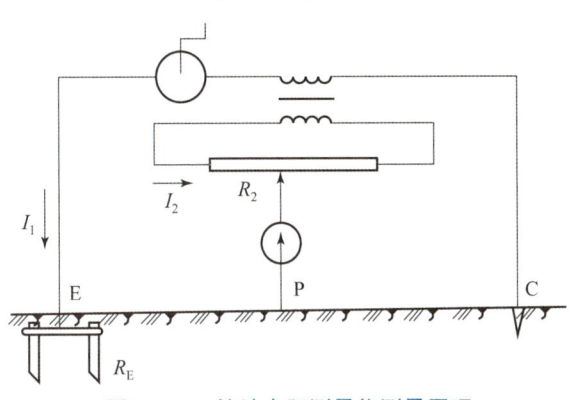

图 3-47 接地电阻测量仪测量原理

显然，被测电阻 R_E 与电位器电阻 R_2 保持一定的比例关系，可以由仪表直接读出被测接地电阻值。

2. 测量方法和注意问题

应用接地电阻测量仪测量接地电阻的注意事项：

（1）先检查接地电阻测量仪及其附件是否完好；必要时做一下短路校零实验，以检验仪表的误差。

（2）对于与配电网有导电性连接的接地装置，测量前最好与配电网断开，以保证测量的准确性，并防止将测量电源反馈到配电网上造成其他危险。

（3）正确接线。其外部接线如图 3-48 所示。

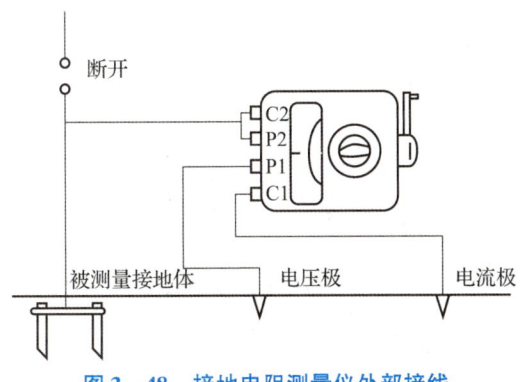

图 3-48 接地电阻测量仪外部接线

（4）接好线后，水平放置仪表，并选择适当的倍率，以提高测量精度。随后，即可开始测量。

（5）测量连线应避免与邻近的架空线平行，防止感应电压的危险。

（6）测量距离应选择适当，以提高测量的准确性。如测量电极直线排列，对于单一垂直接地体或占地面积很小的复合接地体，电流极与被测接地体之间的距离可取 40 m，电压极与被测接地体之间的距离可取 20 m；对于占地面积较大的网络接地体，电流极与被测接地体之间的距离可取为接地网对角线的 2~3 倍，电压极与被测接地体之间的距离可取为电流极与被测接地体之间距离的 50%~60%。

（7）测量电极的排列应避免与地下金属管道平行，以保证测量结果的真实性。

（8）雨天一般不应测量接地电阻，雷雨天不得测量防雷装置的接地电阻。

（9）如被测接地电阻小于 1 Ω，且测量连接线较长，应将 C2 与 P2 分开，分别引出连线接向被测接地体，以减小测量误差。

操作口诀

测量接地用仪器，型号 ZC 手摇机。
距离地线二十米，一根钢钎插入地。
沿一直线往远走，二十米后再接地。
P、C 钢钎 E 地线，P 近 C 远不可反。
放平仪表调好零，盘零、指针对中线。
旋动倍数设置钮，预设一挡试着看。
缓摇手柄调度盘，针指中线调整完。
检流指示平衡时，加速达到百二转。
调整度盘指中线，记下盘值来计算。
读数乘以倍率值，得出电阻来判断。

使用接地电阻仪测量 10 kV 配电变压器接地电阻

（五）电能表

如图 3-49 所示，电能表又称电度表，它是一种用来计算用电量（电能）的测量仪表。电能表可分为单相电能表和三相电能表，分别用在单相和三相交流电路中。

图 3-49 电能表的外形

(a) 单相电能表；(b) 三相电能表

1. 电能表的结构与原理

根据工作方式不同，电能表可分为感应式和电子式两种。感应式电能表是利用电磁感应产生力矩来驱动计数机构对电能进行计数的；电子式电能表是利用电子电路驱动计数机构来对电能进行计数的；感应式电能表由于成本低、结构简单而被广泛应用。

单相电能表（感应式）的内部结构如图 3-50 所示。从图中可以看出，单相电能表内部垂直方向有一个铁芯，铁芯中间夹有一个铝盘，铁芯上绕着线径小、匝数多的电压线圈，在铝盘的下方水平放置着一个铁芯，铁芯上绕有线径粗、匝数少的电流线圈。当电能表按图 3-50 所示的方法与电源及负载连接好后，电压线圈和电流线圈均有电流通过且都产生磁场，它们的磁场分别通过垂直和水平方向的铁芯作用于铝盘，铝盘受力转动，铝盘中央的转轴也随之转动，它通过传动齿轮驱动计数器计数。如果电源电压高、流向负载的电流大，两个线圈产生的磁场强，铝盘转速快，通过转轴、齿轮驱动计数器的计数速度快，计数出来的电量更多。永久磁铁的作用是让铝盘运转保持平衡。

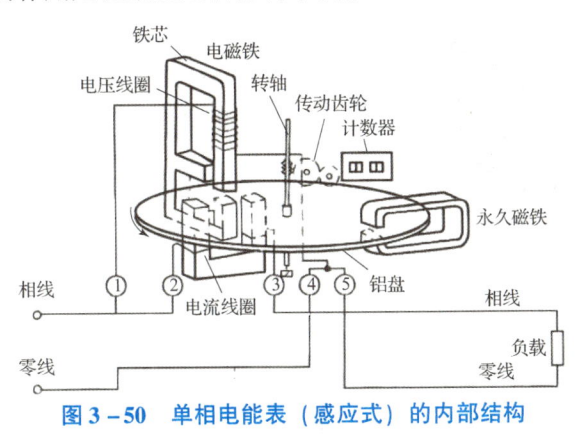

图 3-50 单相电能表（感应式）的内部结构

三相三线式电能表的内部结构如图 3-51 所示。从图中可以看出，三相三线式电能表有两组与单相电能表一样的元件，这两组元件共用一根转轴、减速齿轮和计数器，在工作时，两组元件的铝盘共同带动转轴运转，通过齿轮驱动计数器进行计数。

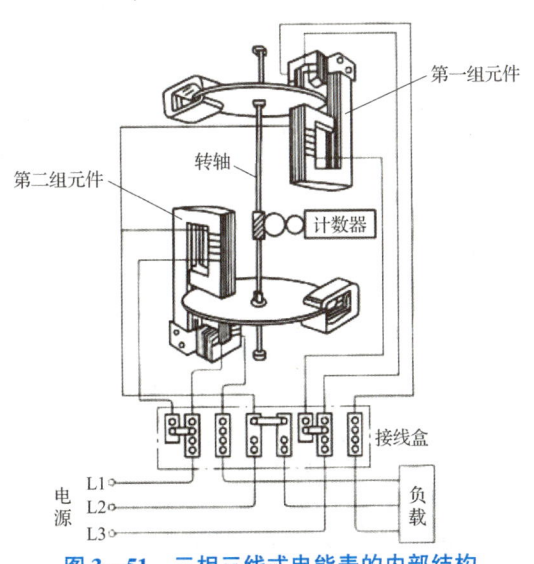

图 3-51 三相三线式电能表的内部结构

三相四线式电能表的结构与三相三线式电能表类似，但其内部有三组元件共同驱动计数机构。

2. 电能表的接线方式

电能表在使用时，要与线路正确连接才能正常工作，如果连接错误，轻则会出现电量计数错误，重则会烧坏电能表。在接线时，除了要注意一般的规律外，还要认真查看电能表接线说明图，按图接线。

1）单相电能表的接线

单相电能表的接线如图 3-52 所示。在图 3-52（b）中，圆圈上的粗水平线表示电流线圈，其线径粗、匝数少、阻值小（接近于 0 Ω），在接线时，要串接在电源相线和负载之间；圆圈上的细垂直线表示电压线圈，其线径细、匝数多、阻值大（用万用表欧姆挡测量时为几百至几千欧），在接线时，要接在电源相线和零线之间。另外，电能表电压线圈、电流线圈的电源端（该端一般标有圆点）应共同接电源进线。

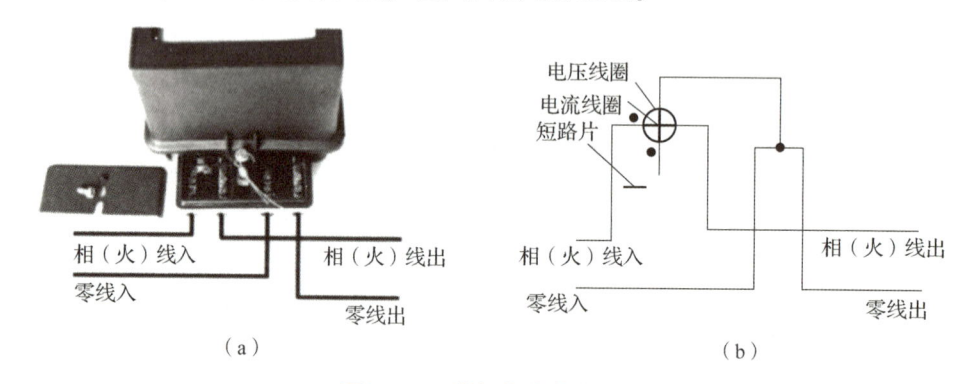

图 3-52　单相电能表的接线
（a）实际接线；（b）接线图

2）三相电能表的接线方式

三相电能表可分为三相三线式电能表和三相四线式电能表，它们的接线方式如图 3-53 所示。

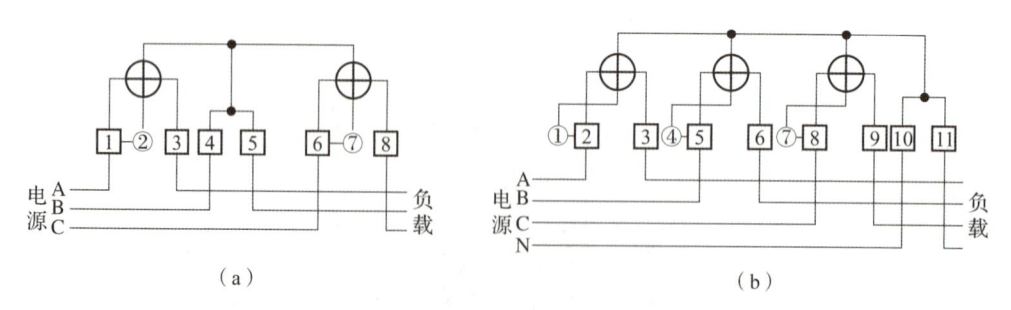

图 3-53　三相电能表常见的接线方式
（a）三相三线式电能表接线方式；（b）三相四线式电能表接线方式

3）电能表接线的注意事项

（1）电能表总线必须采用铜芯塑料线，其截面积不得小于 1.5 mm²，中间不得有接头，自总熔断器至电能表间导线长度不得超过 10 m。

(2) 电能表总线必须采用明线敷设,在进入电能表时,一般以"左进右出"原则接线。

(3) 电能表必须垂直于地面安装,中心离地高度为 1.4~1.5 m。

3. 电子式电能表

与感应式电能表相比,电子式电能表具有精度高、可靠性好、功耗低、过载能力强、体积小和质量轻等优点。有的电子式电能表采用一些先进的电子测量电路,故可以实现很多智能化的电能测量功能。常见的电子式电能表有普通电子式电能表、电子式预付费电能表和电子式多费率电能表等。

1) 普通电子式电能表

普通电子式电能表采用电子测量电路对电能进行测量。根据显示方式,可以分为滚轮显示电能表和液晶显示电能表。图 3-54 所示为两种类型的普通电子式电能表。

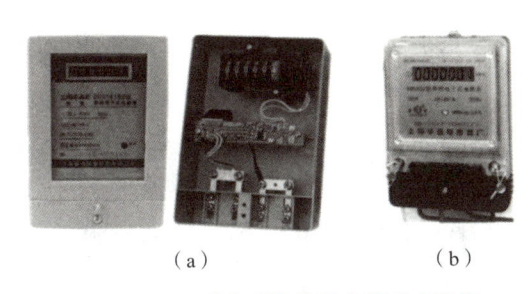

(a)

(b)

图 3-54 两种类型的普通电子式电能表
(a) 滚轮显示电子式电能表; (b) 电子式电能表

滚轮显示电子式电能表内部没有铝盘,不能带动滚轮计数器,但其内部采用了一个小型步进电动机。在测量时,电能表每通过一定的电量,测量电路会产生一个脉冲,该脉冲驱动电动机旋转一定的角度,带动滚轮计数器转动来进行计数。图 3-53 中电子式电能表的电表常数为 3 200 imp/(kW·h)(脉冲数/千瓦·时),表示电能表的测量电路需要产生 3 200 个脉冲才能让滚轮计数器计量一度电,即当电能表通过的电量为 1/3 200 度时,测量电路才会产生一个脉冲去滚轮计数器。

液晶显示电子式电能表则是由测量电路输出显示信号,直接驱动液晶显示器显示电量数值。

电子式电能表的接线与感应式电能表基本相同,这里不再叙述。

2) 电子式预付费电能表

电子式预付费电能表是一种先缴电费再用电的电能表。图 3-55 所示为电子式预付费电能表。

图 3-55 电子式预付费电能表

这种电能表内部采用了微处理器（CPU）、存储器、通信接口电路和继电器等。它在使用前，需先将已充值的购电卡插入电能表的插槽，在内部 CPU 的控制下，购电卡中的数据被读入电能表的存储器，并在显示器上显示可使用的电量值。在用电过程中，显示器上的电量值根据电能的使用量而减少，当电量值减小到 0 时，CPU 会通过电路控制内部继电器开路，输入电能表的电能因继电器开路而无法输出，从而切断了用户的供电。

根据充值方式不同，电子式预付费电能表可以分为 IC 卡充值式、射频卡充值式和远程充值式等。射频卡充值式电能表只需要将卡靠近电能表，卡内数据即会被电能表内的接收器读入存储器。远程充值式电能表有一根通信电缆与远处缴费中心的计算机连接，充值时，只要在计算机中输入充电值，计算机会通过电缆将有关数据送入电能表，从而实现远程充值。

3）电子式多费率电能表

电子式多费率电能表又称分时计费电能表，它可以实现不同时段执行不同的计费标准。图 3-56 所示为电子式多费率电能表，这种电能表依靠内部的单片机进行分时段计费控制，此外还可以显示出峰、平、谷电量和总电量等数据。

图 3-56 电子式多费率电能表

4. 电子式电能表与感应式电能表的区别

电子式电能表与感应式电能表的区别如图 3-57 所示。

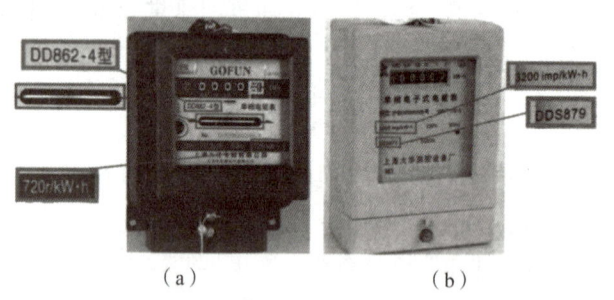

图 3-57 感应式电能表和电子式电能表的区别
(a) 感应式；(b) 电子式

两种电能表可以从以下几个方面加以区别：

(1) 查看面板上有无铝盘。电子式电能表没有铝盘，而感应式电能表面板上可以看到铝盘。

(2) 查看面板型号。电子式电能表型号的第 3 位含有字母 S，而感应式电能表没有，如 DDS879 为电子式电能表。

(3) 查看电表常数单位。电子式电能表的电表常数单位为 imp/(kW·h)，感应式电能表的电表常数单位为 r/(kW·h)(转数/千瓦·时)。

四、其他工具的使用

(一) 卷尺

在家装电工中卷尺是必不可少的测量工具,它主要用来测量敷设开关或电源插座的高度以及强弱电之间的距离等。卷尺通常以长度和精确值来区分,比较常见的有 3 m、5 m 和 7.5 m 的卷尺,精确值各不相同。图 3-58 所示为卷尺实物。

卷尺内部装有弹簧,在拉出进行测量时,实际是拉出标尺及弹簧的长度。在使用卷尺时,应将卷尺内的尺卷卡在需要测量的地方,并将卷尺向地面或需要的方向拉直,即可读出测量的数值。

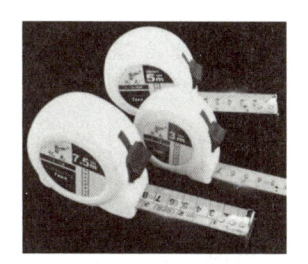

图 3-58 卷尺实物

(二) 水平尺

水平尺是在进行线路敷设或设备安装时用来测量水平度和垂直度的专用工具,水平尺的精确度高,造价低、携带方便,如图 3-59 所示。水平尺上一般会设有 2~3 个水平柱,主要用来测量垂直及水平等,有一些水平尺上还带有标尺,可以进行短距离的测量。

在低压电工作业过程中通常会使用水平尺测量接线盒敷设的水平位置。在测量时,将水平尺放平后,观察水平柱中气泡的位置,当气泡位置接近于水平柱的中心时,说明该接线盒已安装到了水平位置。

目前市场上又出现了一种新型的激光水平尺,如图 3-60 所示。在激光水平尺上同样设有水平柱和垂直柱,与水平尺的使用方法基本相同,但其不同的是激光水平尺可以在平面或凹凸不平的墙面上打出标线,进行标记使用,一般可以打出一字线、十字线或地脚线等。

图 3-59 水平尺实物   图 3-60 激光水平尺实物

(三) 游标卡尺

游标卡尺在低压电工作业过程中常用来检测管路的内径和外径,也可以用来测量接线盒的深度,以及墙面开凿的深度和宽度等。图 3-61 所示为游标卡尺的实物外形,游标卡尺是由主尺和游标两大部分构成,在主尺和游标上有两副活动量爪,分别是内测量爪和外测量爪,内测量爪通常用来测量内径,外测量爪通常用来测量长度和外径。根据游标上分格的不同,游标卡尺的精确度也有所不同。

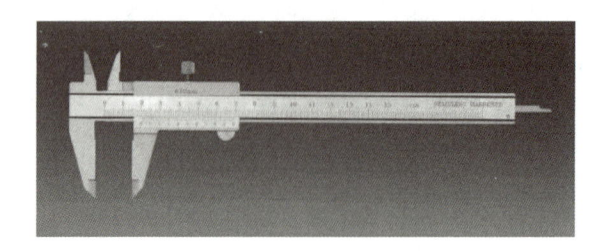

图 3-61 游标卡尺实物

在低压电工作业过程中需要埋管时，应当知道埋管管路的内径及外径，这样才可以确定开凿墙面的宽度及深度，以及敷线时选择导线的直径。在测量外径时，将管路放入外测量爪中，向内推动游标，使外测量爪卡住管路进行读数，此时为该管路的外径；使用游标卡尺测量管路内径时，应将内测量爪放入敷设管道的内部，向外拉动游标，使内测量爪卡在管路中，此时读取游标卡尺的读数。

(四) 千分尺

千分尺又叫分厘卡，可用来测量漆包线的外径。它的精确度很高，一般可精确到 0.01 mm。千分尺由固定的尺架、测砧、测微螺杆、固定套筒、微分筒、测力装置、锁紧装置等组成。

千分尺如图 3-62 所示。

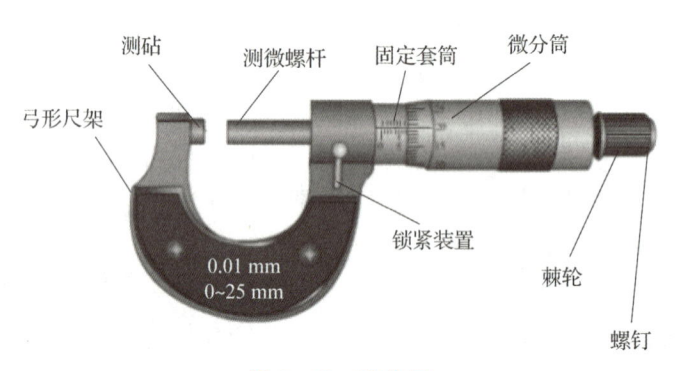

游标卡尺的读数及使用注意事项

图 3-62 千分尺

千分尺使用及注意事项

(五) 望远镜

望远镜又称千里镜，是一种利用凹透镜和凸透镜观测遥远物体的光学仪器。利用通过透镜的光线折射或光线被凹镜反射使之进入小孔并会聚成像，再经过一个放大目镜而被看到。

望远镜的第一个作用是放大远处物体的张角，使人眼能看清角距更小的细节。望远镜第二个作用是把物镜收集到的比瞳孔直径（最大 8 mm）粗得多的光束送入人眼，使观测者能看到原来看不到的暗弱物体。

在配电线路和设备巡视中，可以借助望远镜观察肉眼不能发现的线路和设备缺陷与故障，因此望远镜在配电线路巡视中使用广泛。但望远镜清晰度与天气有关，晴朗天气使用效果较好，阴天、雨天、浓雾天和夜间效果较差。

（六）红外测温仪

如图3-63所示，红外测温仪是一种非接触测量仪器，不需要接触到被测温度场的内部或表面，因此，不会干扰被测温度场的状态，测温仪本身也不受温度场的损伤。

1. 优点

（1）测量范围广。因其是非接触测温，所以测温仪并不处在较高或较低的温度场中，而是工作在正常的温度或测温仪允许的条件下。一般情况下可测量的温度为负几十摄氏度到三千多摄氏度。

（2）测温速度快。即响应时间快，只要接收到目标的红外辐射即可在短时间内定温。

（3）准确度高。红外测温不会与接触式测温一样破坏物体本身温度分布，精度高。

（4）灵敏度高。只要物体温度有微小变化，辐射能量就有较大改变，易于测出。可进行微小温度场的温度测量。

（5）使用安全。由于是非接触测量，使用安全及使用寿命长。

2. 缺点

红外线测温仪具有以下缺点：

（1）易受环境因素影响（环境温度、空气中的灰尘等）；

（2）对于光亮或者抛光的金属表面的测温读数影响较大；

（3）只限于测量物体外部温度，不方便测量物体内部和存在障碍物时的温度。

3. 用途

红外线测温仪被广泛应用于电力线路巡视、检修和变电运行工作中，在运行及带电条件下检测动力设备、配电设备、电缆、电器接头等温度是否异常，以发现电气设备的缺陷。

（七）夜视仪

如图3-64所示，夜视仪是一种以像增强器为核心器件的夜间外瞄准具，其工作时不用红外探照灯照明目标，而利用微弱光照下目标所反射光线通过像增强器在荧光屏上增强为人眼可感受的可见图像来观察和瞄准目标。红外夜视仪是利用光电转换技术的军用夜视仪器。它分为主动式和被动式两种。前者用红外探照灯照射目标，接收反射的红外辐射形成图像；后者不发射红外线，依靠目标自身的红外辐射形成热图像，故又称为热像仪。红外夜视仪广泛应用于配电线路夜间巡视。

图3-63 红外测温仪

图3-64 夜视仪

(八) 电烙铁

电烙铁是电工常用的焊接工具，可用来焊接电线接头、电气元件接点等。电烙铁的工作原理是利用电流通过发热体（电热丝）产生的热量熔化焊锡后进行焊接。电烙铁如图 3-65 所示。

烙铁的选择及注意事项

图 3-65 电烙铁

电烙铁按结构可分为外热式电烙铁和内热式电烙铁。

1. 外热式电烙铁

外热式电烙铁一般由烙铁头、烙铁芯、外壳、手柄、插头等部分组成。烙铁头安装在烙铁芯内，以热传导性好的铜为基体的铜合金材料制成。烙铁头的长短可以调整（烙铁头越短，烙铁头的温度就越高），有凿式、尖锥形、圆面形、圆锥形和半圆沟形等不同的形状，以适应不同焊接面的需要。

2. 内热式电烙铁

内热式电烙铁由连接杆、手柄、弹簧夹、烙铁芯、烙铁头（也称铜头）五个部分组成。烙铁芯安装在烙铁头的里面（发热快，热效率高达 85% 以上）。烙铁芯采用镍铬电阻丝绕在瓷管上制成，一般 20 W 电烙铁的电阻为 2.4 kΩ 左右，35 W 电烙铁的电阻为 1.6 kΩ 左右。

(九) 管子割刀

管子割刀是切割管子使用的一种工具，如图 3-66 所示。用管子割刀割断的管子切口比较整齐，割断速度也比较快。

在使用时应注意：

（1）切割管子时，管子应夹持牢固，割刀片和滚轮与管子垂直，以防割刀片刀刃崩裂。

（2）刀片沿圆周运动进行切割，每次进刀不要用力过猛，初割时进刀量可稍大些，以便割出较深的刀槽，以后每次进刀量应逐渐减少。边切割边调整刀片，使割痕逐渐加深，直至切断为止。

图 3-66 管子割刀

（3）使用时，管子割刀各活动部分和被割管子表面均需加少量润滑油，以减少摩擦。

(十) 射钉枪

如图 3-67 所示，射钉枪又称射钉器，由于外形和原理都与手枪相似，故常称为射钉枪。它是利用火药爆炸产生的高压推力,将尾部带有螺纹或其他形状的射钉射入钢板、混凝土和砖墙内的紧固工具。

图 3-67 射钉枪

射钉枪的操作及注意事项

(十一)弹簧弯管器

如图 3-68 所示,弹簧弯管器是室内电工线路 PVC 管弯管工具,常用的有直径为 16 mm 和 20 mm 两种规格。

图 3-68 弹簧弯管器

弹簧弯管器的使用

(十二)穿线器

如图 3-69 所示,穿线器是在暗装或预埋的线管中穿线的工具,常用的有 5 m、10 m 和 20 m 等规格。

图 3-69 穿线器

穿线器的使用

(十三)标示牌

标示牌是一种安全标志设施,是指用来警告人们不得接近设备和带电部分,指示为工作人员准备的工作地点,提醒采取安全措施,以及禁止某设备或某段线路合闸通电的标示牌,如图 3-70 所示。悬挂标示牌的目的是提醒作业人员和有关工作人员及时纠正将进行的错误操作或动作,警告不能接近带电部分,提醒采取适当的安全措施,或者禁止向有人工作的地点送电。标示牌宜用绝缘材料制作,其式样应符合安全规程的要求(见表 3-4)。布置标示牌的数目和地点应根据具体条件和安全工作的要求来决定。

图 3-70 安全用电标示牌

表 3-4 标示牌式样

名称	悬挂处所	样式		
		尺寸/mm	颜色	字样
禁止合闸，有人工作！	一经合闸就能送电到操作施工设施的开关操作把手	200×100 和 80×50	白底	红字
禁止合闸，线路有人工作！	线路开关和隔离开关把手	200×100 和 80×50	红底	白字
在此工作！	室外和室内工作地点或施工设备	250×250	绿底，中有直径210 mm 白圆圈	黑字，写入白圆圈中
止步，高压危险！	施工地点邻近带电设备的遮拦、室外工作地点的围栏、禁止通行的过道、高压试验地点、室外构架、工作地点邻近带电设备的横梁	250×250	白底红边	黑字，有红色电符号
禁止攀登，高压危险！	工作人员或其他人员上下的铁架、铁塔和台上	250×200	白底红边	黑字

（十四）防护栏

防护栏是防护工作人员误碰或接近带电部分的安全用具，有固定防护栏和临时防护栏两种，如图 3-71 所示。固定防护栏常用金属件焊接而成；临时防护栏可用干燥木材制成。临时检修用防护栏也可用绳子代替。防护栏的高度，一般户外不能低于 1.5 m，户内不能低于 1.2 m，下脚边缘离地面不应超过 0.1 m，栏杆间净距离不大于 0.1 m。防护栏上必须悬挂标示牌。

图 3-71 防护栏

工作任务 2　配电线路常用材料认知

实施工单

《配电线路常用材料认知》实施工单

学习项目	配电线路工具与材料认知		姓名		班级	
任务名称	配电线路常用材料认知		学号		组别	
任务目标	1. 能够说明常用绝缘材料的分类方法。 2. 能够描述常用绝缘材料的特点。 3. 能够描述常用导电材料的基本特点。 4. 能够描述常用安装材料的特点。 5. 能够识别常用的安装材料					
任务描述	学生以小组为单位，通过查阅相关资料及实地调研，完成下列任务： 1. 介绍常用绝缘材料的分类及特点。 2. 描述常用导电材料的基本特点。 3. 描述常用安装材料的特点。 4. 识别常用的安装材料					
任务要求	1. 场地要求：供配电系统实训室。 2. 设备要求：无。 3. 工具要求：无					
课前任务	请根据教师提供的视频资源，探索绝缘电缆的特点，并在课程平台讨论区进行讨论					
课堂训练	1. 通过查阅相关资料，将配电线路常用材料认知情况记录在下表。 **配电线路常用材料认知情况记录表** 	知识点		内容
---	---	---
常用绝缘材料认知	塑料	
	橡胶及橡皮	
	绝缘包扎带	
	电瓷	
	云母制品	
常用导电材料认知	低阻导电材料	
	电阻材料	
	电热材料	
	室内低压导线	
	接触线							

续表

学习项目	配电线路工具与材料认知	姓名		班级	
任务名称	配电线路常用材料认知	学号		组别	
课堂训练	\<配电线路常用材料认知情况记录表\> | 知识点 | | 内容 | |---|---|---| | 常用安装材料认知 | 塑料材料 | | | | 金属材料 | | 2. 请学生分组调研所在城市电线电缆绝缘材料的特点，并进行汇报展示					
任务总结	对项目完成情况进行归纳、总结、提升。				
课后任务	思考提高导线绝缘介质绝缘性能的方法，并在课程平台讨论区进行讨论				

评价标准

采用学生自评（20%）、组内互评（20%）、组间互评（20%）、教师评价（40%）四种评价方式，评价内容及标准如下表所示。

《配电线路常用材料认知》任务评价内容及标准

序号	评价项目	评价内容	评价标准	分值	得分
1	任务完成情况	常用绝缘材料认知	塑料结构特点表述是否清楚。 橡胶及橡皮结构特点表述是否清楚。 绝缘包扎带结构特点表述是否清楚。 电瓷结构特点表述是否清楚。 云母制品特点理解是否清楚。 根据实际情况酌情打分	30分	
		常用导电材料认知	低阻导电材料及电阻材料结构特点表述是否清楚。 电热材料结构特点表述是否清楚。 室内绝缘导线结构特点表述是否清楚。 接触线结构特点理解是否清楚。 根据实际情况酌情打分	30分	
		常用安装材料认知	塑料材料结构特点表述是否清楚。 金属材料的结构特点表述是否正确、清楚。 根据实际情况酌情打分	20分	

续表

序号	评价项目	评价内容	评价标准	分值	得分
2	职业素养情况	资料搜集情况	资料搜集非常全面5分；资料搜集比较全面1~4分；资料搜集不全面酌情扣1~5分	5分	
		语言表达情况	表达非常准确5分；表达比较准确1~4分；表达不准确酌情扣1~5分	5分	
		工作态度情况	态度非常认真5分；态度较为认真2~4分；态度不认真、不积极酌情扣1~5分	5分	
		团队分工情况	分工非常合理5分；分工比较合理1~4分；分工不合理酌情扣1~5分	5分	

理论要点

一、常用绝缘材料认知

绝缘材料的主要作用是将带电体封闭起来或将带不同电位的导体隔开，保证电气线路电气设备正常工作，并防止发生人身触电事故等。各种设备和线路都包含导电部分和绝缘部分。良好的绝缘是保证设备和线路正常运行的必要条件，也是防止触电事故的重要措施。

电阻系数大于 $10^9\ \Omega\cdot cm$ 的材料在电工技术上可当作绝缘材料。

常用绝缘材料的性能指标如绝缘耐压强度、抗张强度、密度、膨胀系数、耐热等级等。常见绝缘材料的耐热等级如表3-5所示。

表3-5 常见绝缘材料的耐热等级

级别	绝缘材料	极限工作温度/℃
Y	木材、棉花、纸、纤维等天然纺织品，以醋酸纤维和聚酰胺为基础的纺织品，以及易于热分解和熔点较低的塑料	90
A	工作于矿物油中以及用油或油树脂复合胶浸过的Y级材料，漆包线、漆布、漆丝的绝缘及油性漆、沥青漆等	105
E	聚酯薄膜和A级材料复合、玻璃布、油性树脂漆、聚乙烯醇缩醛高强度漆包线、乙酸乙烯耐热漆包线	120

续表

级别	绝缘材料	极限工作温度/℃
B	聚酯薄膜、经合适树脂黏合式浸渍涂覆的云母、玻璃纤维、石棉等、聚酯漆、聚酯漆包线	130
F	以有机纤维材料补强和石带补强的云母片制品、玻璃丝和石棉、玻璃漆布,以玻璃丝布和石棉纤维为基础的层压制品,以无机材料作补强和石带补强的云母粉制品、化学热稳定性较好的聚酯和醇酸类材料、复合硅有机聚酯漆	155
H	无补强或以无机材料为补强的云母制品,加厚的 F 级材料、复合云母、有机硅云母制品、硅有机漆、硅有机橡胶聚酰亚胺复合玻璃布、复合薄膜、聚酰亚胺漆等	180
C	不采用任何有机黏合剂及浸渍剂的无机材料,如石英、石棉、云母、玻璃和电瓷材料等	180 以上

常用的绝缘材料有塑料、橡胶及橡皮、绝缘包扎带、电瓷、云母制品等。

二、常用导电材料认知

导电材料主要用来输送和传递电能,一般分为低阻导电材料和高阻导电材料两类。

常用的低阻导电材料有铜、铝、铁、钨、锡等。其中铜、铝、铁主要用于制作各种导线和母线;钨的熔点较高,主要用于制作灯丝;锡的熔点低,主要用于制作导线的接头焊料和熔断器熔丝。

常用的高阻导电材料有康铜、锰铜、镍铬和铁铬等,主要用作电阻器和热工仪表的电阻元件。

(一) 低阻导电材料

常见低阻导电材料的物理性能如表 3-6 所示。

表 3-6 常见低阻导电材料的物理性能

材料	20 ℃时的电阻率 /($\Omega \cdot mm^2 \cdot m^{-1}$)	密度 /($g \cdot cm^{-3}$)	抗拉强度 /MPa	抗化学腐蚀能力及其他
铜	0.017 2	8.9	3.5~4.5	表面易形成氧膜,抗腐蚀能力强
铝	0.028 2	2.7	1.5~1.8	抗一般化学侵蚀性能好,但是易受酸、碱、盐的腐蚀
钢	0.1	7.86	2.5~3.3	在空气中易生锈,镀锌后不易生锈

(二) 电阻材料

电阻材料是用于制造各种电阻元件的合金材料,又称为电阻合金。其基本特性是具有高的电阻率和很低的电阻温度系数。

常用的电阻合金有康铜丝、新康铜丝、锰铜丝和镍铬丝等。

康铜丝以铜为主要成分，具有较高的电阻系数和较低的电阻温度系数，一般用于制作分流、限流、调整等电阻器和变阻器。

新康铜丝以铜、锰、铝、铁为主要成分，不含镍，是一种新电阻材料，性能与康铜丝相似。

锰铜丝是以锰、铜为主要成分，且有电阻系数高、电阻温度系数低及电阻性能稳定等优点。通常用于制造精密仪器仪表的标准电阻、分流器及附加电阻等。

镍铬丝以镍、铬为主要成分，电阻系数较高，除可用作电阻材料外，还是主要的电热材料，一般用于电阻式加热仪器及电炉。

（三）电热材料

电热材料主要用于制造电热器具及电阻加热设备中的发热元件，作为电阻接入电路，将电能转换为热能。对电热材料的要求是电阻率高，电阻温度系数小，耐高温，在高温下抗氧化性好、便于加工成型等。常用电热材料主要有镍铬合金、铁铬铝合金及高熔点纯金属等。

（四）室内低压导线

室内供电是为各种电器提供电能的最基础的供电部分，因此室内供电的优劣直接影响日常用电质量及各种电器的性能，而室内用导线的好坏则直接影响室内供电，所以根据不同的需要选择不同的导线、电缆是电工首先要掌握的知识。在室内布线中，导线、电缆一律使用绝缘导线。

室内导线通常选用塑料绝缘硬线、塑料绝缘软线、橡胶绝缘导线三种。

1. 塑料绝缘硬线

常见塑料绝缘硬线的规格、性能及应用如表3-7所示。

表3-7 常见塑料绝缘硬线的规格、性能及应用

型号	名称	截面积/mm²	应用
BV	铜芯塑料绝缘导线	0.8~95	常用于明敷和暗敷导线，最低敷设温度不低于-15 ℃，固定敷设
BLV	铝芯塑料绝缘导线		
BVR	铜芯塑料绝缘导线	1~10	用于安装要求柔软的场合，最低敷设温度不低于-15 ℃
BVCV	铜芯塑料绝缘护套圆形导线	1~10	固定敷设于潮湿的室内和机械防护要求高的场合，可用于明敷和暗敷
BLVV	铝芯塑料绝缘护套圆形导线		
BV-105	铜芯耐热105 ℃塑料绝缘导线	0.8~95	固定敷设于高温环境的场所，可明敷和暗敷，最低敷设温度不低于-15 ℃

续表

型号	名称	截面积/mm²	应用
BVVB	铜芯塑料绝缘护套平行线	1~10	适用于照明线路敷设
BLVVB	铝芯塑料绝缘护套平行线		

塑料绝缘硬线的线芯较少,通常不超过 5 芯,在其规格型号标注中,首字母通常为"B"。

2. 塑料绝缘软线

塑料绝缘软线的型号多以字母"R"开头,通常线芯较多,导线本身较柔软,耐弯曲性较强,多作为电源软接线使用。

常见塑料绝缘软线的规格、性能及应用如表 3-8 所示。

表 3-8 常见塑料绝缘软线的规格、性能及应用

型号	名称	截面积/mm²	应用
RV	铜芯塑料绝缘软线	0.2~2.5	可供各种交流、直流移动电器、仪表等设备接线用,也可用于照明装置的连接,安装环境温度不低于 -15 ℃
RVB	铝芯塑料绝缘平行软线		
RVS	铜芯塑料绝缘绞形软线		
RV-105	铜芯耐热 105 ℃ 塑料绝缘软线		固定敷设于潮湿的室内和机械防护要求高的场合,可用于明敷和暗敷
RTV	铜芯塑料绝缘护套圆形软线		该导线用途与 RV 导线相同,还可以用于潮湿和机械防护要求较高,以及经常移动和弯曲的场合
RVVB	铜芯塑料绝缘护套平行软线		可供各种交流、直流移动电器、仪表等设备接线用,也可用于照明装置的连接,安装环境温度不低于 -15 ℃

塑料绝缘软线的机械强度不如硬线,但是同样截面积的软线载流量比塑料绝缘硬线(单芯)高。

3. 橡胶绝缘导线

橡胶绝缘导线主要是由天然丁苯橡胶绝缘层和导线线芯构成的。常见的电工用橡胶绝缘导线多为黑色、较粗(成品线径为 4.0~39 mm)的导线,常用于照明装置的固定敷设、移动电气设备的连接等。

常见橡胶绝缘导线的规格、性能及应用如表 3-9 所示。

表 3-9 常见橡胶绝缘导线的规格、性能及应用

型号	名称	截面积/mm²	应用
BX	铜芯橡胶绝缘导线	2.5~10	适用于交流、直流电气设备和照明装置的固定敷设
BLX	铝芯橡胶绝缘导线		
BXR	铜芯橡胶绝缘软导线		适用于室内安装及要求柔软的场合
BXF	铜芯氯丁橡胶导线		适用于交流电气设备及照明装置
BLXF	铝芯氯丁橡胶导线		
BXHE	铜芯橡胶绝缘护套导线		适用于敷设在较潮湿的场合，可用于明敷和暗敷
BLXHE	铝芯橡胶绝缘护套导线		

（五）接触线

接触线是轨道交通接触网中直接和受电弓滑板摩擦接触取流的部分，电力机车从接触线上取得电能。接触线的材质、工艺及性能对接触网起着重要作用，要求它具有较小的电阻率、较大的导电能力；要有良好的抗磨损性能，具有较长的使用寿命；要有高强度的机械性，具有较强的抗张能力。

接触线制成上部带沟槽的圆柱状，沟槽是为了便于安装接触线的线夹，同时又不影响受电弓取流。接触线底面与受电弓接触的部分呈圆弧状。

按照材质不同，接触线主要分为铜接触线、钢铝接触线和铜合金接触线（银铜合金、镁铜合金）。

1）铜接触线

我国电气化铁路建设初期，采用的是铜接触线。目前使用较多的型号为 CT-120、CT-110 和 CT-85 型。

以 CT-120 为例，CT 表示铜接触线；120 表示接触线的截面积（mm²）。

CT-120、CT-110 型主要用于站场正线和区间，CT-85 型主要用于站场侧线。其截面形状如图 3-72 所示。

纯铜接触线具有导电性能好和施工性能好的优点，但是存在抗拉力差、耐磨性能差和高温易软化的缺点，无法适应目前电气化铁路高速度、大载流量的要求。

2）钢铝接触线

为了降低材料成本，减少有色金属铜的使用量，20世纪70年代我国研制了以铝代铜的 GLCA100/215 和 GLCB80/170 型钢铝复合接触线，以及内包钢的 GLCN 型钢铝接触线。

其中，G 表示材质为钢；L 表示材质为铝；C 表示电车线；A、B 表示截面形状；100 表示相当于截面积为 100 mm² 铜接触线的导电能力；215、170 表示导体的几何截面积（mm²）。

GLCA100/215 和 GLCB80/170 型钢铝接触线是由导电性能较好的铝和机械强度较高的钢滚压冷轧而成，钢的部分用于保证应有的

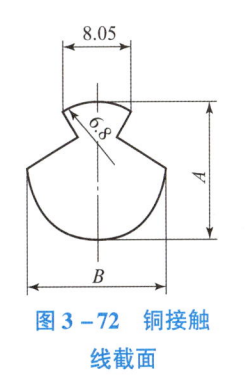

图 3-72 铜接触线截面

机械强度和耐磨性能，铝的部分用于导流。其截面形状如图 3-73 所示。

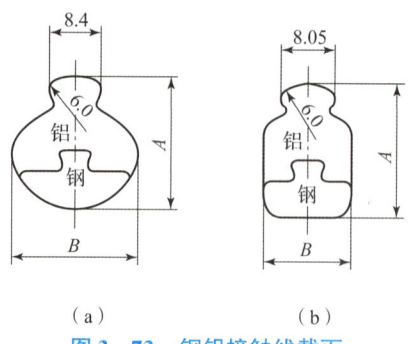

图 3-73 钢铝接触线截面

钢铝接触线具有很好的机械强度、不易断线、安全性较好，并具有材料价格便宜、来源广泛的优点。但其缺点是接触线的刚度和截面积较大，形成的硬弯和死弯不易取直，影响受流。此外，钢的部分耐腐蚀性能差，特别是在气候潮湿或酸雨地区，接触线与受电弓滑板接触的摩擦面易锈蚀，若有电弧烧伤，锈蚀速度将更快，严重影响接触线的使用寿命。为此，我国研制的内包钢 GLCN 型钢铝接触线较好地解决了表面锈蚀的问题。这种接触线将受张力的钢包在铝内，既保证接触线力学性能和耐磨性，又提高了防腐蚀性能。

随着社会的不断发展和进步，人们对轨道交通运输质量的要求越来越高，任何一次弓网事故都将中断列车运行，打乱正常的运输秩序，影响铁路的信誉。钢铝接触线安全可靠性较差，且其本身回收再利用价值较低的缺点越来越突出。目前已不推荐使用钢铝接触线。

3）铜合金接触线

随着轨道交通的发展与建设，近年来研制的银铜合金接触线（其截面如图 3-74 所示）、铜镁接触线、锡铜接触线和铬锆铜接触线都有较优秀的性能指标。与铜接触线相比，这些铜合金接触线具有抗拉强度高、耐高温性能好等特点，目前已成为我国轨道交通接触导线的主流产品。

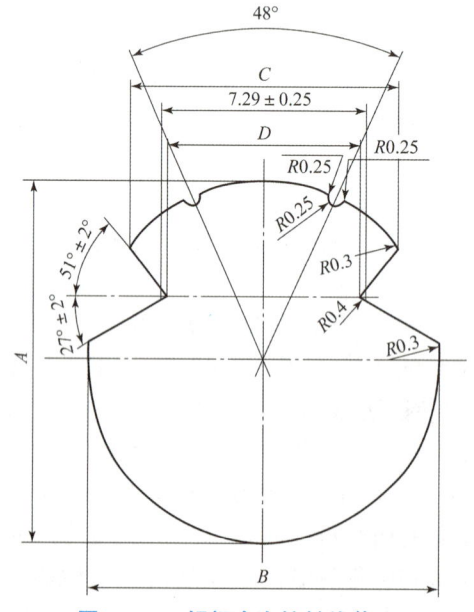

图 3-74 银铜合金接触线截面

三、常用安装材料认知

电工常用安装材料有木质材料、塑料材料和金属材料,由于木质材料紧缺和外观因素的影响,在很多场合被塑料材料取代。

(一)塑料材料

塑料材料具有质量轻、强度高、阻燃性、耐酸碱、抗腐蚀能力强的优点,并具有优异的电气绝缘性能,产品造型美观、色彩柔和,非常适合室内布线要求。

1. 塑料安装座

塑料安装座是用来代替木制的圆台或方木,用于安装灯座、插座、开关等电气装置。呈圆形的称为塑料圆台,呈方形的称为塑料方木,其外形如图3-75所示。

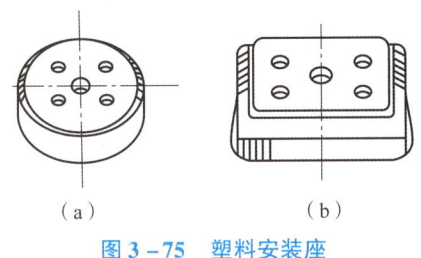

图 3-75 塑料安装座
(a) 圆台;(b) 方木

塑料安装座采用新型钙塑材料塑制,可以在上面钉钉子、切削、拧螺钉等,但塑料安装座不适宜用在高温及受强烈阳光照射的场合,否则容易老化、减少使用寿命。

2. 塑料线夹和线卡

塑料线夹和线卡的品种很多,适宜在室内一般场合用于小截面电线布线时应用。

1)塑料夹板

其用来固定 BV、BLV、BX、BLX 型塑料绝缘和橡皮绝缘电线,常用作室内明敷布线。塑料夹板分上下两片,呈长形,中间有穿螺钉的钉孔,下片有线槽,槽内有一条 0.5 mm 高的筋,电线嵌入后不易滑动。图 3-76 所示为单线、双线、三线塑料夹板的外形。塑料夹板适合 1.2~2.5 mm² 的电线布线,用 4 mm×25 mm 的螺钉固定。

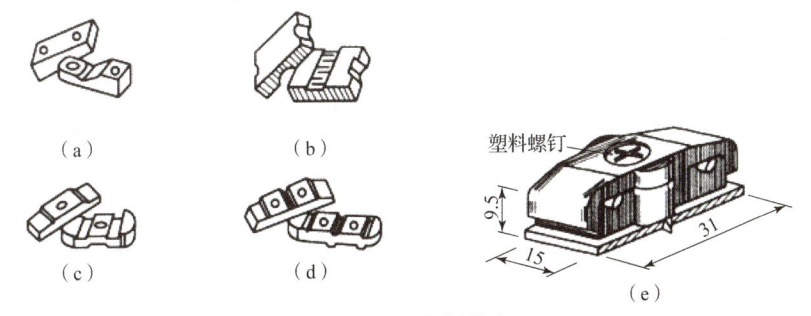

图 3-76 塑料线卡

2)塑料护套线夹

塑料护套线夹采用改性聚苯乙烯材料制成,主要用来固定 BLVV、BVCV 型护套线,适用于潮湿或有酸碱等腐蚀的场合。圆形塑料护套线夹如图 3-77 所示。

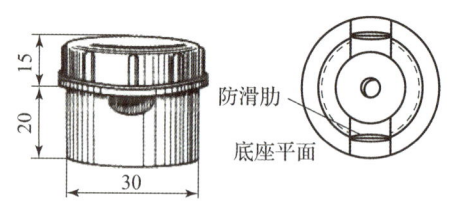

图 3-77 圆形塑料护套线夹

圆形护套线夹由上盖和底座两部分组成,通过螺纹组合在一起。使用时护套线嵌入底座后,将上盖旋上,就能将护套线牢固地固定在底座内,推入护套线夹,上下两部分通过两端卡口组合在一起。将护套线嵌入底座后,只需将上部卡子推入,电线就会被压紧,不会自行松脱。线夹底座可用黏结法固定在建筑物上,固定间距小于等于 200 mm。线夹两边敷线方向有准线标记,以保证布线挺直整齐。

3) 塑料钢钉线卡

塑料钢钉线卡由塑料卡和水泥钉组成,用于一般电线电缆、电子通信电线、室内外明敷布线。其有两种形式,如图 3-78 所示。

布线时,先用塑料卡卡住电线,再用锤子将水泥钉钉入建筑物。用塑料电线卡布线,所用电线的外径要与塑料卡线槽相适应,电线嵌入槽内不能太松也不能太紧。

3. 塑料电线管

电线管配线是电气线路的敷设方式之一,具有安全可靠、保护性能好、检修换线方便等优点。早期的电线管采用金属材料,随着电工材料的发展,工艺不断改进,管材也在变化和更新,出现以塑代钢的电线管,最早使用的是硬塑料电线管,之后推出加硬塑料电线管、波纹塑料电线管,性能有所改善。目前应用较多的有聚氯乙烯管、聚乙烯管、聚丙烯管等,其中聚氯乙烯管应用最为广泛。

1) 硬型聚氯乙烯管

这种电线管以聚氯乙烯树脂为主,加入各种添加剂制成,其特点是在常温下抗冲击性能好、耐酸、耐碱、耐油性能好,但易变形老化,机械强度不如钢管。硬型聚氯乙烯管适合在有酸碱腐蚀的场所作明线敷设和暗线敷设,作明线敷设时管壁厚度不能小于 2 mm,作暗线敷设时管壁厚度不能小于 3 mm。其外形如图 3-79 所示。

图 3-78 塑料钢钉线卡

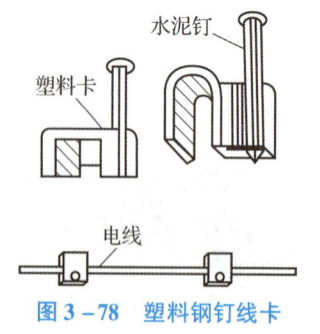

图 3-79 硬型聚氯乙烯管

2) 聚氯乙塑料波纹管

聚氯乙塑料波纹管又称 PVC 波纹管,简称塑料波纹管,是一次成型的柔性管材,具有质轻、价廉、韧性好、绝缘性能好、难燃、耐腐蚀、抗老化等优点。PVC 波纹管可以用作照明线路、动力线路明敷或暗敷布线。其外形如图 3-80 所示。

聚氯乙塑料波纹管规格按公称直径分为以下 8 种：10 mm、12 mm、15 mm、20 mm、25 mm、32 mm、40 mm、50 mm。

3）半硬型聚氯乙烯管

半硬型聚氯乙烯管又称塑料半硬管或半硬管，半硬管比硬型塑料管便于弯制，适用于暗敷布线，其价格比金属电线管低，目前民用建筑应用较多。其外形如图 3-81 所示。

图 3-80　聚氯乙塑料波纹管

图 3-81　半硬型聚氯乙烯管

可弯硬塑管的主要特点：

（1）防腐蚀、防虫害。有耐一般酸碱的性能，并不含增塑剂，因此无虫害。

（2）强度高、可弯性好。强度高、韧性好、老化慢，即使外力压扁到它的直径的一半，也不碎、不裂，所以可直接用于现浇混凝土工程，用手工弯曲，工作效率高。

（3）安全可靠。可弯硬塑管绝缘强度高、质量轻，具有自熄性能，同时传热性较差，可避免线路受高热影响、保护线路安全可靠。

除此之外，可弯硬塑管价格便宜、安装成本低，现在这种电线管广泛用于工业、民用建筑中明敷或暗敷布线。

4）可弯硬塑管

可弯硬塑管又称可挠硬塑管，采用增强性无增塑阻燃 PVC 材料制成，是一种新型电工安装材料。可弯硬塑管性能优良，具有防腐蚀、防虫害、强度高、可弯性好、安全可靠、价格便宜等特点，广泛用于工业、民用建筑中明敷或暗敷布线。其外形如图 3-82 所示。

（二）金属材料

金属材料是电工安装材料的重要部分，低压配电系统中常用的金属材料有金属软管、金属电线管、膨胀螺栓、金属型材等。

1. 金属软管

图 3-82　可弯硬塑管

金属软管是金属电线管的一种，常用的有镀锌软管和防湿金属软管。

1）镀锌金属软管

镀锌金属软管俗称蛇皮管，为方形互扣结构，用镀锌低碳钢带卷绕而成。蛇皮管能自由地弯曲成各种角度，在各个方向上均有同样的柔软性，并有较好的伸缩性，其外形如图 3-83 所示。它主要是在路径比较曲折的电气线路中作安全防护用，如用作大型机电设备电源引线的电线管。

2）防湿金属软管

这种金属软管外观上与镀锌金属软管相同，也为方形互扣结构。区别在于中间衬采用已经处理过的较细棉绳或棉线作封闭填料，用镀锌低碳钢带卷绕而成。棉绳应紧密嵌入管槽，在自然平直状态下不应露线，在整根软管中，棉绳不应断线。

3) 软管接头

如图 3-84 所示，软管接头又称蛇皮管接头，专供金属软管与电气设备的连接之用。软管接头用工程塑料聚酰胺（尼龙）塑制成，其一端与同规格的金属软管相配合，另一端为外螺纹，可与螺纹规格相同的电气设备、管路接头箱等连接。

图 3-83　镀锌金属软管

图 3-84　软管接头

2. 金属电线管

金属电线管按其壁厚分为厚壁钢管和薄壁钢管，简称厚管和薄管，是管道配线重要的安装材料，尽管塑料电线管具有许多优点，但仍有许多场合必须选用金属电线管，以保证电气线路的防护安全。

1) 厚壁钢管

如图 3-85 所示，厚壁钢管又称水煤气管、白铁管。在潮湿、易燃、易爆场所和直埋于地下的电线保护管必须选用厚壁钢管。厚壁钢管有镀锌管和黑色管之分，黑色管是没有经过镀锌处理的钢管。

2) 薄壁钢管

如图 3-86 所示，薄壁钢管又称电线管，适用于一般场合进行管道配线，也有镀锌管和黑色管之分。

图 3-85　厚壁钢管

图 3-86　薄壁钢管

3) 电线管配件

电线管配件是指管道配线所用的配件，主要有如下几种。

（1）鞍形管卡：采用 1.25 mm 厚的带钢冲制而成，其表面防锈层有镀锌和烤黑两种，用于固定金属电线管。其外形如图 3-87（a）所示。

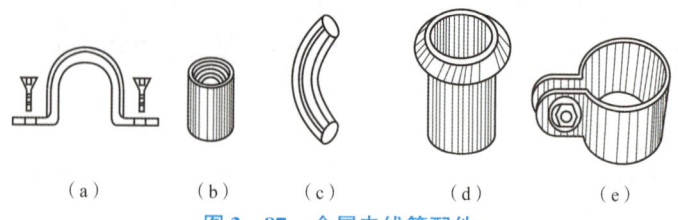

(a)　(b)　(c)　(d)　(e)

图 3-87　金属电线管配件

(a) 鞍形管卡；(b) 管箍；(c) 月弯管接头；(d) 电线管护圈；(e) 地气扎头

(2) 管箍：又称管接头，用带钢焊接而成。其表面平整，防锈层有镀锌和涂黑漆两种，用于连接两根公称口径相同的电线管。管箍分薄管和厚管两种，其外形如图 3-87（b）所示。

(3) 月弯管接头：又称弯头，用带钢焊接而成，防锈层有镀锌和涂黑漆两种，用于连接两根公称口径相同的管，使管路 90°转弯。其外形如图 3-87（c）所示。

(4) 电线管护圈：又称尼龙护圈，用聚酰胺（尼龙）或其他塑料塑制而成，安装于电线管口，使电线电缆不致被管口棱角割破绝缘层。护圈分薄管用护圈和厚管用护圈，其外形如图 3-87（d）所示。

(5) 地气扎头：又称地线接头、保护接地圈等，安装在金属电线管上，作为电线管保护接地的接线端子供连接地线，使整条管路的管壁与地妥善连接，以保证用电安全。它用钢板冲制而成，表面镀锌铜合金防锈，其内径比同规格电线管外径略小，安装在电线管上紧密不松动，保证接触良好。地气接头外形如图 3-87（e）所示。

3. 膨胀螺栓

在砖或混凝土结构上安装线路和电气装置，常用膨胀螺栓来固定，与预埋铁件施工方法相比，其优点是简单方便，省去了预埋件的工序。

钢制膨胀螺栓简称膨胀螺栓，由金属胀管、锥形螺栓、垫圈、弹簧垫、螺母等五部分组成，如图 3-88 所示。

将膨胀螺栓的锥形螺栓套入金属胀管、垫片、弹簧垫，拧上螺母；然后将它插入建筑物的安装孔内，旋紧螺母，螺栓将金属胀管撑开，对安装孔壁产生压力，螺母越旋越紧；最后将整个膨胀螺栓紧固在安装孔内。

常用的膨胀螺栓有 M6、M8、M10、M12、M16 等规格，安装前用冲击钻打螺栓安装孔，其孔深和直径应与膨胀螺栓的规格相匹配。常用膨胀螺栓钻孔规格如表 3-10 所示。

图 3-88 膨胀螺栓

表 3-10 常用膨胀螺栓钻孔规格

螺栓规格	M6	M8	M10	M12	M16
钻孔直径/mm	10.5	12.5	14.5	19	28
钻孔深度/mm	40	50	60	70	100

4. 金属型材

钢材具有品质均匀、抗拉、抗压、抗冲击等特点，且具有很好的可焊、可夹、可切割、可加工性，因此在电力内外线施工中得到了广泛应用。常用的钢铁型材有扁钢、角钢、工字钢、圆钢和槽钢。电气施工中常用钢铁型材的断面形状如图 3-89 所示。

1）扁钢

扁钢的断面呈矩形，有镀锌扁钢和普通扁钢之分。规格以厚度×宽度表示，如 25 mm × 4 mm 表示该扁钢宽为 25 mm、厚为 4 mm。扁钢常用来制作各种抱箍、撑铁、拉铁，配电设备的零配件、接地母线和接地引线等。

2）角钢

角钢也称角铁，其断面呈直角形，分为镀锌角钢和普通角钢。角钢是钢结构中最基本的钢材，可单独制作构件，亦可组合使用。角钢常用来制作输电塔构件、横担、撑铁、各种角

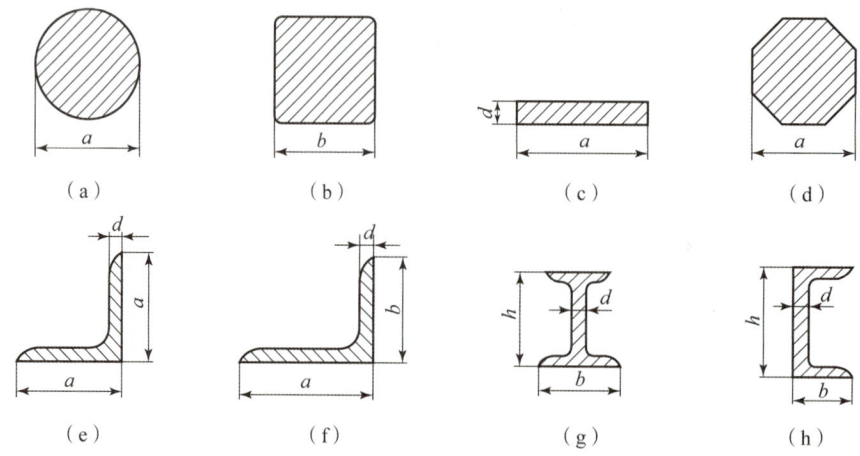

图 3-89　电气施工常用钢铁型材的断面形状

(a) 圆钢；(b) 方钢；(c) 扁钢；(d) 八角钢；(e) 等边角钢；
(f) 不等边角钢（a＞b）；(g) 工字钢；(h) 槽钢

钢支架、电气安装底座和接地体等。角钢按其边宽，分为等边角钢和不等边角钢。

3）工字钢

工字钢由两个翼缘和一个腹板构成，其规格是以腹板高度（h）×腹板厚度（d）表示，其型号是以腹高（cm）数表示。如 10 号工字钢，表示其腹高为 10 cm。工字钢常用于各种电气设备的固定底座、变压器台架等。

4）圆钢

圆钢的规格是以直径（mm）表示，如 $\phi 8$ 等。圆钢也有镀锌圆钢和普通圆钢之分，主要用来制作各种金具、螺栓、接地引线及钢索等。

5）槽钢

槽钢规格的表示方法与工字钢基本相同，如"槽钢 120×53×5"表示其腹板高度为 120 mm、翼宽为 53 mm、腹板厚为 5 mm。槽钢一般用来制作固定底座、支撑、导轨等。

拓展阅读

中国国产高等级绝缘新材料首次实现工业化示范应用

2021 年 10 月，中国石化所属燕山石化 110 kV 电缆绝缘料挂缆示范工程正式启动。这项工程首次应用自主研发生产的高等级电缆绝缘料。此举标志着中国国产高等级绝缘新材料首次实现工业化示范应用，将加速中国高等级电缆绝缘料国产化进程，改善长期依赖进口的局面。

电缆绝缘料被誉为国民经济神经和血脉——电线电缆的"保护膜"，是包裹在电线电缆外围的绝缘材料，主要包括橡胶、塑料等。常见的电缆绝缘料可用于电压等级为 35 kV 及以下的中低压电缆，而高等级电缆绝缘料可用于 110 kV 及以上的高压、超高压及特高压电缆，适用于深海、航空等领域。长期以来，中国高等级电缆绝缘料主要依赖进口。

自主研发生产的高等级电缆绝缘料性能优异、质量可靠。燕山石化自产高等级电缆绝缘料具有高标准的洁净度、均一度和稳定性，安全性能高，使用寿命长，能够完全满足电压等级为 110 kV 的高压电缆对绝缘材料的性能要求。

2016 年，燕山石化采用自主研发技术，建成国内首套连续法、全封闭、超洁净的高等级电缆绝缘料生产装置。2017 年、2020 年，产品通过中国权威检测机构试验，具备工业应用条件。燕山石化高等级电缆绝缘料年产能 2.5 万 t，已与 20 余家大中型电缆厂建立合作关系。

燕山石化将继续研发 220 kV、500 kV 等更高等级的电缆绝缘料，进一步推进中国高等级电缆绝缘料国产化进程。

项目小结

项目3 配电线路工具与材料认知
├── 工作任务1 配电线路常用工具认知
│   ├── 基本电工工具的使用
│   │   ├── 验电器
│   │   ├── 螺丝刀
│   │   ├── 工具钳
│   │   ├── 电工刀
│   │   ├── 活动扳手
│   │   ├── 钢锯
│   │   ├── 手锤
│   │   ├── 凿子
│   │   ├── 锉刀
│   │   └── 喷灯
│   ├── 常用电动工具的使用
│   │   ├── 冲击电钻
│   │   ├── 电锤
│   │   └── 手提式切割机
│   ├── 登高及安保工具的使用
│   │   ├── 电工梯子
│   │   ├── 脚扣
│   │   ├── 登高板
│   │   ├── 安全带
│   │   ├── 临时接地线
│   │   ├── 绝缘棒
│   │   ├── 绝缘手套
│   │   ├── 安全帽
│   │   ├── 绝缘靴（鞋）
│   │   └── 绝缘垫和绝缘台
│   ├── 常用测试仪器的使用
│   │   ├── 网线测试仪
│   │   ├── 插座测试仪
│   │   └── 蓄电池内阻测试仪
│   ├── 常用电工仪表的使用
│   │   ├── 万用表
│   │   ├── 钳形电流表
│   │   ├── 兆欧表
│   │   ├── 接地电阻测试仪
│   │   └── 电能表
│   └── 其他工具的使用
│   ├── 卷尺
│   ├── 水平尺
│   ├── 游标卡尺
│   ├── 千分尺
│   ├── 望远镜
│   ├── 红外测温仪
│   ├── 夜视仪
│   ├── 电烙铁
│   ├── 管子割刀
│   ├── 射钉枪
│   ├── 弹簧弯管器
│   ├── 穿线器
│   ├── 标示牌
│   └── 防护栏
├── 工作任务2 配电线路常用材料认知
│   ├── 常用绝缘材料认知
│   │   ├── 塑料
│   │   ├── 橡胶及橡皮
│   │   ├── 绝缘包扎带
│   │   ├── 电瓷
│   │   └── 云母制品
│   ├── 常用导电材料认知
│   │   ├── 低阻导电材料
│   │   ├── 电阻材料
│   │   ├── 电热材料
│   │   ├── 室内低压导线
│   │   └── 接触线
│   └── 常用安装材料认知
│   ├── 塑料材料
│   └── 金属材料
└── 拓展阅读 —— 中国国产高等绝缘新材料首次实现工业代示范应用

思考题

1. 简述数显验电笔使用注意事项。
2. 简述使用螺丝刀的安全注意事项。
3. 简述钢丝钳的正确握法。
4. 简述使用电工刀的注意事项。
5. 简述活动扳手的组成。
6. 简述锉刀的使用方法。
7. 简述燃油喷灯使用的注意事项。
8. 分析冲击钻出现"冲击力降低"问题的原因,并说明处理办法。
9. 分析电锤出现"电动机过热"问题的原因,并说明处理办法。
10. 简述脚扣登杆的方法。
11. 说明登高板登杆的注意事项。
12. 说明临时接地线的作用。
13. 说明使用绝缘手套的注意事项。
14. 说明蓄电池内阻测试仪使用方法。
15. 简述指针式万用表机械调零的方法。
16. 说明使用指针式万用表的注意事项。
17. 描述使用数字万用表的注意事项。
18. 说明弹簧弯管器弯管的方法。
19. 简述电工常用绝缘材料按其化学性质如何分类。
20. 说明电阻材料特点。
21. 简述塑料材料的分类。
22. 简述聚氯乙塑料波纹管的特点。
23. 简述膨胀螺栓的组成。
24. 简述在电力施工中,扁钢有哪些用途。

项目 4 室内配线施工

知识目标

1. 掌握室内配线的基本要求。
2. 熟悉室内配线方式的应用。
3. 熟悉施工的注意事项。
4. 掌握导线连接的基本要求。
5. 掌握线头绝缘层的剖削基本方法。
6. 掌握导线线头的连接与封装方法。
7. 掌握导线的绝缘恢复的基本方法。
8. 掌握线槽及绝缘子配线的基本方法。
9. 掌握线管配线的基本方法。
10. 掌握配电箱及低压配电柜的安装方法。

能力目标

1. 能够理解室内配线的基本工作流程。
2. 能够完成导线的连接与封端。
3. 能够正确完成室内基础配线。
4. 能够完成配电箱及低压配电柜的基础安装。

素养目标

1. 培养学生会分析、敢表达的学术自信。

2. 锻炼学生的表达沟通能力并培养学生的团队协作精神。
3. 培养学生吃苦耐劳、一丝不苟的工匠精神。
4. 树立学生执行工作程序、遵守工作规范的服从意识。

重点难点

1. 室内配线方式的应用。
2. 导线线头的连接。
3. 线管配线。
4. 配电箱的安装。

课程导入

室内配线是指室内接到用电器具的供电和控制线路，又称内线工程，是电力施工不可缺少的重要组成部分。

技能训练

工作任务1　室内配线的基础认知

实施工单

《室内配线的基础认知》实施工单

学习项目	室内配线施工	姓名		班级	
任务名称	室内配线的基础认知	学号		组别	
任务目标	1. 能够明确说明室内配线的基本要求。 2. 能够描述室内配线的工序。 3. 能够描述配线方式的选择原则。 4. 能够说明室内配线方式的应用。 5. 能够说明室内配线施工注意事项				
任务描述	学生以小组为单位，通过查阅相关资料及实地调研，完成下列任务： 1. 介绍室内配线的基本要求。 2. 描述室内配线的工序及配线方式的选择原则。 3. 描述室内配线方式的应用方式。 4. 说明室内配线施工中的注意事项				

续表

学习项目	室内配线施工	姓名		班级	
任务名称	室内配线的基础认知	学号		组别	
任务要求	1. 场地要求：供配电系统实训室。 2. 设备要求：无。 3. 工具要求：无				
课前任务	请根据教师提供的视频资源，探索室内配线的特点，并在课程平台讨论区进行讨论				
课中训练	1. 通过查阅相关资料，将室内配线的基础认知情况记录在下表。 **配电线路常用工具认知情况记录表** {table2} 2. 请学生分组调研所在城市室内配电的工作特点，并进行汇报展示				
任务总结	对项目完成情况进行归纳、总结、提升				
课后任务	思考城市轨道交通中室内配电的工作特点，并在课程平台讨论区进行讨论				

配电线路常用工具认知情况记录表

知识点		内容
室内配线的基本要求	室内配线的基本要求	
室内配线工序	室内配线工序	
配线方式的选择原则	配线方式的选择原则	
室内配线方式的应用	较小负荷的配线方式	
	较大负荷的配线方式	
	照明干线的配布方式	
	车间动力及其他回路的配线方式	
施工中注意事项	与主体工程和其他工程的配合	
	一般注意事项	

评价标准

采用学生自评（20%）、组内互评（20%）、组间互评（20%）、教师评价（40%）四种评价方式，评价内容及标准如下表所示。

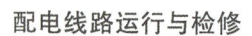

《室内配线的基础认知》任务评价内容及标准

序号	评价项目	评价内容	评价标准	分值	得分
1	任务完成情况	室内配线的基本要求	配线时要求导线的额定电压描述是否正确。 绝缘导线至地面的最小距离描述是否清楚。 明线敷设的距离要求描述是否明确。 根据实际情况酌情打分	20分	
		室内配线工序	室内配线工序描述是否明确。 根据实际情况酌情打分	15分	
		配线方式的选择原则	配线方式的选择原则描述是否明确 根据实际情况酌情打分	10分	
		室内配线方式的应用	较小负荷的配线方式描述是否正确。 较大负荷的配线方式描述是否正确。 车间动力及其他回路的配线方式描述是否明确。 根据实际情况酌情打分	20分	
		施工中注意事项	施工中与主体工程和其他工程的配合描述是否正确。 施工中一般注意事项描述是否明确。 根据实际情况酌情打分	15分	
2	职业素养情况	资料搜集情况	资料搜集非常全面5分；资料搜集比较全面1~4分；资料搜集不全面酌情扣1~5分	5分	
		语言表达情况	表达非常准确5分；表达比较准确1~4分；表达不准确酌情扣1~5分	5分	
		工作态度情况	态度非常认真5分；态度较为认真2~4分；态度不认真、不积极酌情扣1~5分	5分	
		团队分工情况	分工非常合理5分；分工比较合理1~4分；分工不合理酌情扣1~5分	5分	

> 理论要点

室内配线通常分为明配线和暗配线两种，导线沿墙壁、天花板、房梁以及柱子等明敷设的配线，称为明配线；导线穿入管中并埋设在墙壁内、地坪内或装设在顶棚里的配线，称为暗配线。按配线的敷设方式可分为瓷夹（或塑料夹）板配线、瓷瓶配线、PVC槽板配线、钢管（或塑料管）配线、铝片卡配线以及钢索配线等。

一、室内配线的基本要求

室内配线应使传递的电能安全可靠，而且应使线路布局合理、安装牢固、整齐美观。

二、室内配线工序

（1）熟悉设计施工图，做好预留、预埋工作（其主要内容有电源引入方式及位置，电源引入配电箱的路径，垂直引上、引下及水平穿越梁柱、墙等位置和预埋保护管）。

（2）确定灯具、插座、开关、配电箱及电气设备的准确位置，并沿建筑物确定导线敷设的路径。

（3）装设支持物、线夹线管及开关箱、盒等，并检查有无遗漏和错位。

（4）敷设导线。

（5）导线连接。

（6）将导线出线端与电气设备连接，进行封端。

（7）检查验收。

室内配线的基本要求

三、室内配线方式的选择原则

（1）在干燥无尘场所，可采用槽板、塑料护套线、瓷夹板、瓷瓶沿建筑物表面明敷设，也可采用钢管、塑料管明、暗敷设。

（2）潮湿多尘场所，宜采用瓷瓶、塑料护套线沿建筑物表面明敷设或用钢管、塑料管明、暗敷设。

（3）有腐蚀性气体的场所，应采用瓷瓶、塑料护套线明敷或用塑料管明、暗敷设。

（4）在易燃、易爆场所，要采用钢管明、暗敷设，且连接处应密封。

四、室内配线方式的应用

供给室内电灯和插座用电时，负荷全是与回路并列连接，负荷较小时，用一个回路就可以，负荷要增加时，保护设备也要随之增加，所以必须要做出许多分支回路，并必须在分支点装设分支开关和熔断器。经过分支开关后的回路，叫作分支回路。从电源（引入口）到分支开关的配线，叫作干线。根据各种负荷的不同，可以得到各种干线和分支回路的样式，负荷较小的配电方式和负荷较大的配电方式分别如图4-1和图4-2所示。

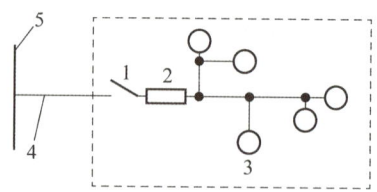

图 4-1 负荷较小的配线方式

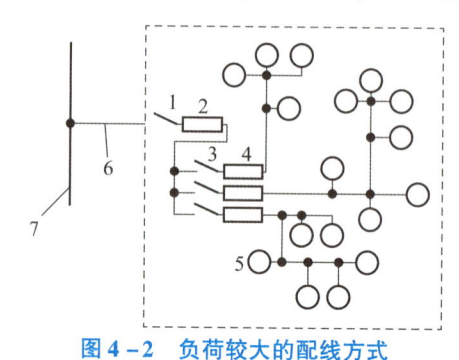

1—引入开关；2—熔断器；3—电灯；4—引入线；5—屋外低压配电线

图 4-2 负荷较大的配线方式

1—总开关；2—总熔断器；3—分支开关；4—分支熔断器；5—电灯；6—引入线；7—屋外低压配电缆

（一）较小负荷的配线方式

比较小的工作部门、办公室用很小的负荷时，可以直接从低压电源配线上分支，作低压引入，再经过配电板的开关、熔断器、配出回路，引到电灯和插销上，依次再分支展开。因为在电灯和插销的分支点口，没有设开关和熔断器的必要，所以不能分出干线和分支回路的区别，如有必要可以装设操作开关。

（二）较大负荷的配线方式

当电灯和插座等总数超过 20 个时，用一个回路来供电是不允许的，所以在屋内需设配电板或配电箱。引入线先进入配电板（箱）的总开关，再由总开关分出几个分支回路，每个分支回路需根据容量单设分支开关和分支熔断器。

（三）照明干线的配布方式

在高大的建筑物内，采用总配电盘和分支配到各层的分电盘，再由分电盘向各消耗电的处所分支，但是决定干线和分支线时，必须考虑到电压的损失和节约配线的经费。如决定采用配电盘时，必须考虑到耐火性和防湿性，装设的位置也必须考虑操作的便利性。如果建筑物特别高大时，只是用低压配电，电线太粗，所以不但要在地下室设置变压器，而且要在建筑物中设变压器。

（四）车间动力及其他回路的配线方式

在低压配电系统中，选择配电方式是一个重要的问题。配电方式的选择应考虑：用电设备的重要性，以及对供电可靠性的要求；要适应周围环境的特点，结构要求简单可靠，要便于进行维护；要考虑节约有色金属；降低造价，经济指标合理。

一般动力及其他回路的配线方式有以下几种。

1. 放射式配线

这种配线方式适合于配电盘在各个大容量的负荷中心地方,这样既保障了用电的可靠性,也节约了有色金属,如图 4-3 所示。

2. 由分电盘分支配线

这种配线方式适合于负荷集中的时候,在负荷附近设分电盘(箱),由这个分电盘(箱)再往各负荷去配线,如图 4-4 所示。

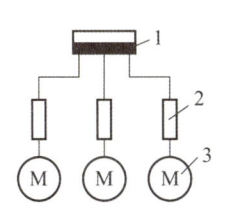

图 4-3　放射式配电
1—配电盘；2—操作开关；
3—电动机

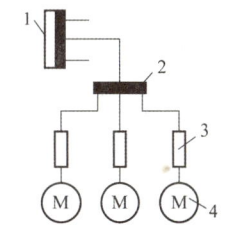

图 4-4　分电盘分支配线
1—配电盘；2—分电盘；
3—分支操作开关；4—电动机

3. 干线式配线

这种配线方式适合于负荷集中并且每个负荷点都在配电盘的同一侧,负荷点相互间的距离很小,同时负荷点的负荷值不适于采用放射式配线。负荷比较均匀分散时,对于容量比较大的机床又分散布置,可由干线直接分出支线供电,如图 4-5 所示。这种配线方式的优点：节省配电设备及缩短线路长度；有条件采用大容量、结构简单的线路；灵活性大,便于采用装配结构,安装迅速。

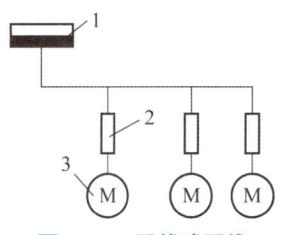

图 4-5　干线式配线
1—配电盘；2—分支操作开关；
3—电动机

4. 链式配线

当很小容量的设备彼此距离很近,但距离配电箱很远时,可采用链式配线,即一条配线去连接一个设备,再由这个设备配出电源到相邻设备供电,这样可节省分支导线。但连接的设备不要太多,一般有两三个设备即可。这种方式,由一个设备去连接另一个设备时,最好在设备旁设一空气开关(链式联络开关),以便检修某个设备时切断电源,既保证安全,又不影响前面设备继续运行。链式配线一般不推广采用,只有符合上述条件时才考虑采用。图 4-6 所示为不带联络开关的情况,图 4-7 所示为带联络开关的情况。

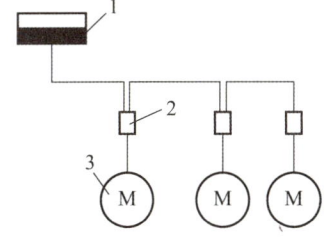

图 4-6　链式配线(不带联络开关)
1—配电盘；2—设备操作开关；3—电动机

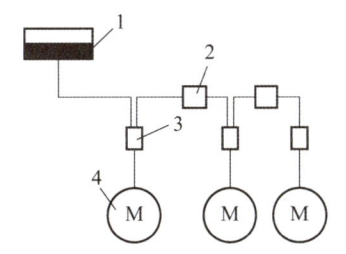

图 4-7　链式配线(带联络开关)
1—配电盘；2—联络开关；3—设备操作开关；4—电动机

5. 插接式母线配线方式

对于机床很多的车间，设备又均匀地沿线路分布时，采用插接式母线比用配电箱供电合理。这种配线方式由厂家成套生产，可向厂家订货购买。这种配线方式在新建大型车间较普遍采用。安装插接母线的注意事项如下。

（1）插接母线应敷设在最低的高度，但距地面不得低于 2.2 m。

（2）插接母线结构，应允许引出稠密的支线去接到用电设备，并且不能接触载流部分。

（3）在布置插接母线时，应尽可能靠近机床，如果有可能，把插接母线布置在两列机床之间，这样就能发挥更好的效果。

（4）在长度上应该最大限度地加以利用，因此应该考虑到母线在通道处可中断而且在机床少的地方也可中断利用。插接式母线的特点：能最大限度地减少配电支线的长度，节省有色金属；对于在工艺设备经常移动的机械车间，更适宜采用插接式母线。

五、施工中注意事项

与主体工程和其他工程的配合

在轨道交通建设中，主体工程是指工厂、机务段、车辆段等的厂房、发电所、变配电所土建工程以及办公楼、车站站房、宿舍楼等土建工程。电力工程的施工与主体建筑工程必然要发生很多联系，如明管、暗管工程、导线敷设、安装开关电器及配电箱（盘）等都要在土建施工过程中密切配合，不但加快施工进度，而且提高施工质量，保证施工安全和建筑物整齐美观。

对于钢筋混凝土建筑物的暗管工程，应当在浇灌混凝土前（预制板可在铺设后）将一切管路、接线盒和电机电器、配电箱（盘）的基础安装部分等全部配好。其他工程可以等混凝土干燥后再施工。明设工程，若厂房横担支架沿墙敷设时，也应配合土建施工时安装好，避免过多破坏建筑物。其他明设室内工程，可在抹完的细灰干燥后、刷浆前施工。

电力工程与其他工程必然发生联系。在厂房车间或其他建筑内的电力设备常与热力管道、给排水管道、风管道以及通信线路的布线等工程发生关系，在施工时必须与这些工程配合好，不要发生位置冲突，要满足距离要求，否则应采取其他隔离安全措施。

工作任务 2　导线的连接与封端

实施工单

电力工程施工中一般注意事项

《导线的连接与封端》实施工单

学习项目	室内配线施工	姓名		班级	
任务名称	导线的连接与封端	学号		组别	
任务目标	1. 能够说明导线连接的基本要求。 2. 能够描述线头绝缘层的剖削方法。 3. 能够描述导线线头的连接方法。 4. 能够描述导线的封端方法。 5. 能够说明导线的绝缘恢复方法				

续表

学习项目	室内配线施工	姓名		班级	
任务名称	导线的连接与封端	学号		组别	
任务描述	学生以小组为单位，通过查阅相关资料及实地调研，完成下列任务： 1. 介绍导线连接的基本要求。 2. 描述线头绝缘层的剖削方法。 3. 描述导线线头的连接及封端方法。 4. 说明导线的绝缘恢复方法				
任务要求	1. 场地要求：供配电系统实训室。 2. 设备要求：无。 3. 工具要求：无				
课前任务	请根据教师提供的视频资源，探索导线线头的连接方法，并在课程平台讨论区进行讨论				
课中训练	1. 通过查阅相关资料，将导线的连接与封端情况记录在下表。 导线的连接与封端过程记录表 {SUBTABLE} 2. 请学生分组调研所在城市室内导线线头的连接方法，并进行汇报展示				

知识点		内容
导线连接的基本要求	导线连接的基本要求	
线头绝缘层的剖削	塑料硬线及软线绝缘层的剖削	
	塑料护套线绝缘层的剖削	
	橡皮线绝缘层的剖削	
	花线绝缘层的剖削	
	橡套软线（橡套电缆）绝缘层的剖削	
	铅包线护套层和绝缘层的剖削	
	漆包线绝缘层的去除	
导线线头的连接	铜芯导线的连接	
	电磁线头的连接	
	铝导线线头的连接	
	线头与接线桩的连接	
导线的封端	铜导线的封端	
	铝导线的封端	
导线的绝缘恢复	导线的绝缘恢复	

续表

学习项目	室内配线施工	姓名		班级	
任务名称	导线的连接与封端	学号		组别	
任务总结	对项目完成情况进行归纳、总结、提升				
课后任务	思考导线的绝缘恢复方法,并在课程平台讨论区进行讨论				

评价标准

采用学生自评(20%)、组内互评(20%)、组间互评(20%)、教师评价(40%)四种评价方式,评价内容及标准如下表所示。

《导线的连接与封端》任务评价内容及标准

序号	评价项目	评价内容	评价标准	分值	得分
1	任务完成情况	导线连接的基本要求	导线连接基本要求的理解是否清楚。根据实际情况酌情打分	10 分	
		线头绝缘层的剖削	线头绝缘层剖削的理解是否清楚。根据实际情况酌情打分	20 分	
		导线线头的连接	铜芯导线的连接表述是否清楚。电磁线头的连接表述是否清楚。铝导线线头的连接表述是否清楚。线头与接线桩的连接表述是否正确、清楚。根据实际情况酌情打分	20 分	
		导线的封端	铜导线的封端表述是否清楚。铝导线的封端表述是否正确、清楚。根据实际情况酌情打分	20 分	
		导线的绝缘恢复	导线的绝缘恢复表述是否正确、清楚。根据实际情况酌情打分	10 分	
2	职业素养情况	资料搜集情况	资料搜集非常全面 5 分;资料搜集比较全面 1~4 分;资料搜集不全面酌情扣 1~5 分	5 分	
		语言表达情况	表达非常准确 5 分;表达比较准确 1~4 分;表达不准确酌情扣 1~5 分	5 分	

续表

序号	评价项目	评价内容	评价标准	分值	得分
2	职业素养情况	工作态度情况	态度非常认真5分；态度较为认真2~4分；态度不认真、不积极酌情扣1~5分	5分	
		团队分工情况	分工非常合理5分；分工比较合理1~4分；分工不合理酌情扣1~5分	5分	

理论要点

导线的连接与封端是内线工程中不可缺少的工序，连接与封端的技术好坏直接关系到线路及电气设备能否安全可靠运行。

一、导线连接的基本要求

（1）导线各种接头都要接触可靠、稳定，与同长度、同截面导线的电阻比应小于或等于1。

（2）接头应牢固，其机械强度不小于同截面导线的80%。

（3）接头应耐腐蚀，要防止铝线熔焊接头处焊粉和熔渣的化学腐蚀与铜铝接头的电化腐蚀。

（4）接头处包扎后的绝缘强度应不低于导线的绝缘强度。

二、线头绝缘层的剖削

1. 塑料硬线绝缘层的剖削

去除塑料硬线的绝缘层一般用剥线钳甚为方便，这里要求能用钢丝钳和电工刀剖削。

线芯截面在2.5 mm²及以下的塑料硬线，可用钢丝钳剖削：先在线头所需长度交界处，用钢丝钳口轻轻切破绝缘层表皮，然后左手拉紧导线，右手适当用力捏住钢丝钳头部，向外用力勒去绝缘层，如图4-8所示。去除绝缘层时，不允许在钳口处加剪切力，因为这样会伤及线芯，甚至将导线剪断。

对于规格大于4 mm²的塑料硬线的绝缘层，直接用钢丝钳剖削较为困难，可用电工刀剖削。先根据线头所需长度，用电工刀刀口对导线成45°切入塑料绝缘层，注意掌握刀口，削透绝缘层而不伤及线芯，如图4-9所示。然后调整刀口与导线之间的角度，以15°向前推进，将绝缘层削出一个缺口，再将未削去的绝缘层向后扳翻，用电工刀切齐。

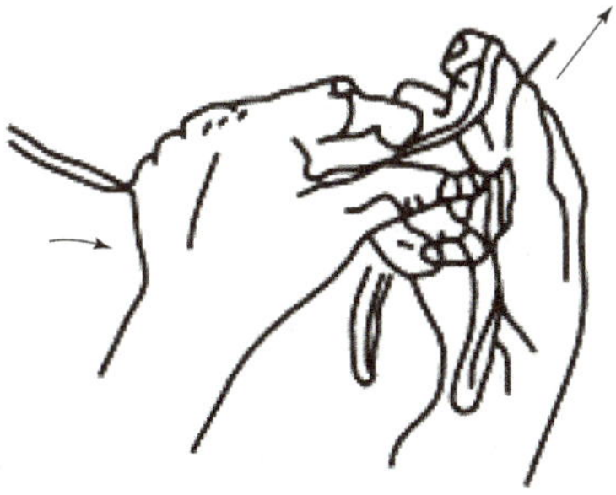

图4-8 用钢丝钳勒去导线绝缘层

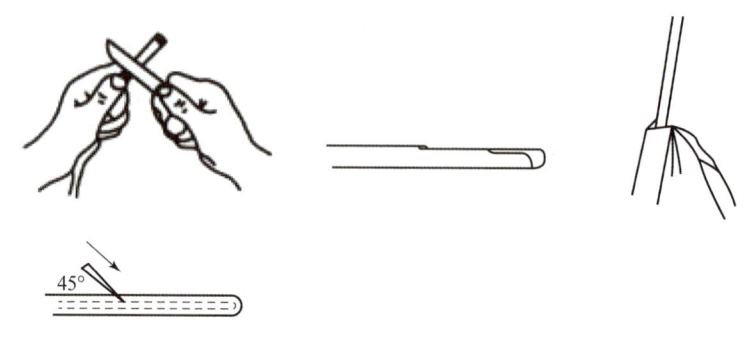

图 4-9　用电工刀剖削塑料硬线

2. 塑料软线绝缘层的剖削

塑料软线绝缘层的剖削除用剥线钳外，还可用钢丝钳按直接剖剥 2.5 mm^2 及以下的塑料硬线的方法进行，但不能用电工刀剖剥。因塑料线太软，线芯又由多股钢丝组成，用电工刀很容易伤及线芯。

3. 塑料护套线绝缘层的剖削

塑料护套线绝缘层分为外层的公共护套层和内部每根芯线的绝缘层。公共护套层一般用电工刀剖削，先按线头所需长度，将刀尖对准两股芯线的中缝划开护套层，并将护套层向后扳翻，再用电工刀齐根切去，如图 4-10 所示。

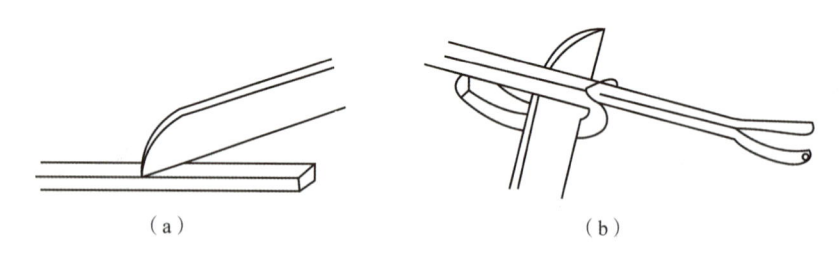

（a）　　　　　　　　（b）

图 4-10　塑料护套线的剖削
（a）划开护套层；（b）切去护套层

切去护套后，露出的每根芯线绝缘层可用钢丝钳或电工刀，按照剖削塑料硬线绝缘层的方法除去。用钢丝钳或电工刀时切口应离护套层 5~10 mm。

4. 橡皮线绝缘层的剖削

橡皮线绝缘层外面有一层柔韧的纤维编织保护层，先用剖削护套线护套层的办法，用电工刀尖划开纤维编织层，并将其扳翻后齐根切去，再用剖削塑料硬线绝缘层的方法，除去橡皮线绝缘层。如橡皮线绝缘层内的芯线包缠着棉纱，可将该棉纱层松开、齐根切去。

5. 花线绝缘层的剖削

花线绝缘层分外层和内层，外层是一层柔韧的棉纱编织层。剖削时用电工刀在线头所需长度处切割一圈拉去，再于距离棉纱编织层 10 mm 左右处，用钢丝钳按照剖削塑料软线的方法，将内层的橡皮绝缘层勒去。有的花线在紧贴线芯处还包缠棉纱层，勒去橡皮绝缘层后，再将棉纱层松开扳翻、齐根切去。花线绝缘层的剖削如图 4-11 所示。

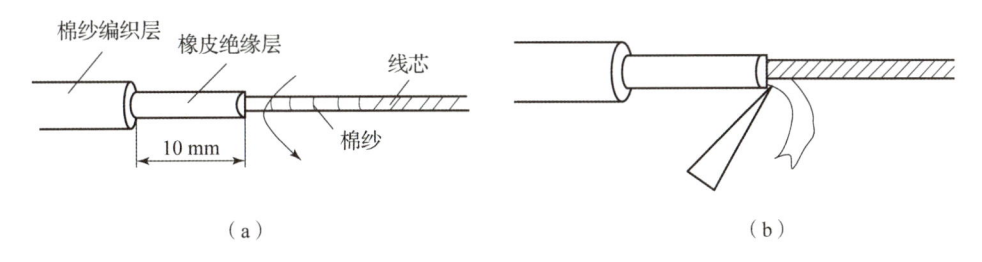

图 4-11 花线绝缘层的剖削

(a) 去除编织层和橡皮绝缘层；(b) 扳翻棉纱

6. 橡套软线（橡套电缆）绝缘层的剖削

橡套软线外包护套层，内部每根线芯上分别有橡皮绝缘层。外护套层较厚，按切除塑料护套层的方法，露出的多股芯线绝缘层可用钢丝钳勒去。

7. 铅包线护套层和绝缘层的剖削

铅包线绝缘层分为外部铅包层和内部芯线绝缘层，剖削时，选用电工刀在铅包层切下一个刀痕，再上下左右扳动折弯，使铅包层从切口处折断，并将其从线头上拉掉。内部芯线绝缘层的剖削方法与塑料硬线绝缘层的剖削方法相同。铅包线绝缘层的剖削如图 4-12 所示。

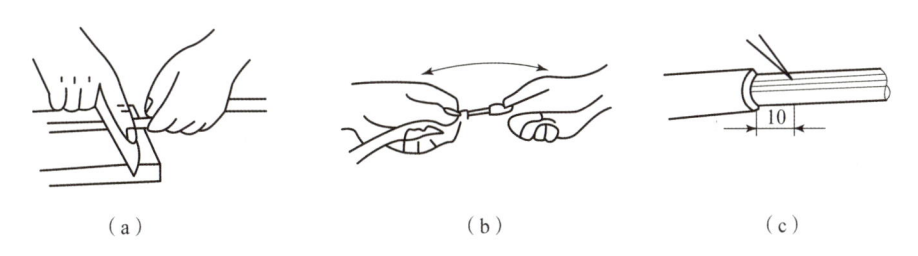

图 4-12 铅包线绝缘层的剖削

(a) 剖切铅包层；(b) 折扳和拉出铅包层；(c) 剖削芯线绝缘层

8. 漆包线绝缘层的去除

漆包线绝缘层是喷涂在芯线上的绝缘漆层。由于线径的不同，去除绝缘层的方法也不相同。直径在 1 mm 以上的，可用细砂纸或细纱布擦去；直径在 0.6 mm 以上的，可用薄刀片刮去；直径在 0.1 mm 及以下的，可用细砂纸或细纱布擦除，但易于折断，需要小心操作。为了保留漆包线的芯线直径准确，便于测量，也可用微火烤焦其线头绝缘层，再轻轻刮去。

三、导线线头的连接

常用的导线按芯线股数不同，有单股、七股和十九股等多种规格，其连接方法也不相同。

（一）铜芯导线的连接

1. 单股芯线

单股芯线有绞接和缠绕两种方法。

1）绞接法

绞接法用于截面较小的导线，缠绕法用于截面较大的导线。

绞接法是先将已剖除绝缘层并去掉氧化层的两根线头呈"×"形相交，如图4-13（a）所示，互相绞合2~3圈，如图4-13（b）所示，接着扳直两个线头的自由端，将每根线自由端在对边的线芯上紧密缠绕至线芯直径的6~8倍长，如图4-13（c）所示，将多余的线头剪去，修理好切口毛刺即可，如图4-13（d）所示。

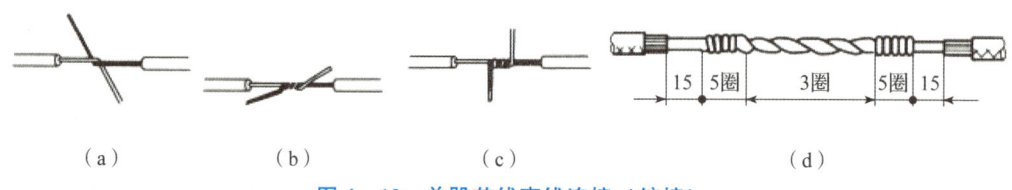

图4-13 单股芯线直线连接（绞接）

2）缠绕法

缠绕法是将已去除绝缘层和氧化层的线头相对交叠，再用直径为1.6 mm的裸铜线作缠绕线进行缠绕，如图4-14所示，其中线头直径在5 mm及以下的缠绕长度为60 mm，直径大于5 mm的，缠绕长度为90 mm。

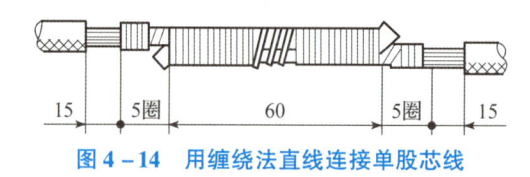

图4-14 用缠绕法直线连接单股芯线

2. 单股芯线的T形连接

单股芯线T形连接时，可用绞接法和缠绕法。

绞接法是将除去绝缘层和氧化层的线头与干线剖削处的芯线十字相交，要在支路芯线根部留出3~5 mm裸线，顺时针方向将支路芯线在干路芯线上紧密缠绕6~8圈，如图4-15所示。剪去多余线头，修整好毛刺。为保证接头部位有良好的电接触和足够的机械强度，应保证缠绕为芯线直径的8~10倍。

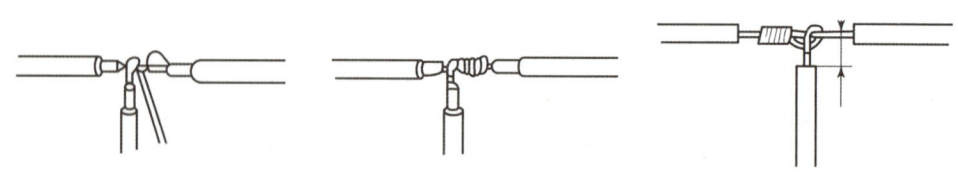

图4-15 单股芯线T形连接

对用绞接法连接较困难的截面较大的导线可用缠绕法，如图4-16所示。其具体方法与单股芯线直连的缠绕法相同。

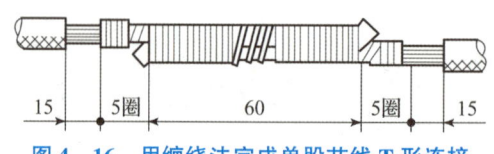

图4-16 用缠绕法完成单股芯线T形连接

3. 七股铜芯线的直接连接

把除去绝缘层和氧化层的芯线线头分成单股散开并拉直，在线头总长（离根部距离的）1/3 处，顺着原来的扭转方向绞紧，余下的 2/3 长度线头分散成伞形，如图 4-17（a）所示。将两股伞形线头相对，隔股交叉直至伞形根部相接，再捏平两边散开的线头，如图 4-17（b）所示。七股铜芯线按根数分成三组，先将第一组的两根线芯扳到垂直于线头的方向，如图 4-17（c）所示，按顺时针方向缠绕两圈，再弯下扳成直角，紧贴芯线，如图 4-17（d）所示。第二组、第三组线头与第一组的缠绕办法相同，如图 4-17（e）所示。为保证电接触良好，若铜线较粗较硬，可用钢丝钳将其绕紧。缠绕时要将后一组线头压在前一组线头已折成直角的根部。最后一组线头应在芯线上缠绕三圈，缠至第三圈时，将前两组多余的线端剪除，使该线头断面能被最后一组缠绕完成的线匝遮住，再绕到两圈半时，剪去多余部分，使其缠满三圈，如图 4-17（f）所示。要用钢丝钳压平线头，修理好毛刺，如图 4-17（g）所示。至此，完成一半的连接任务。后一半的缠绕方法与前一半相同。

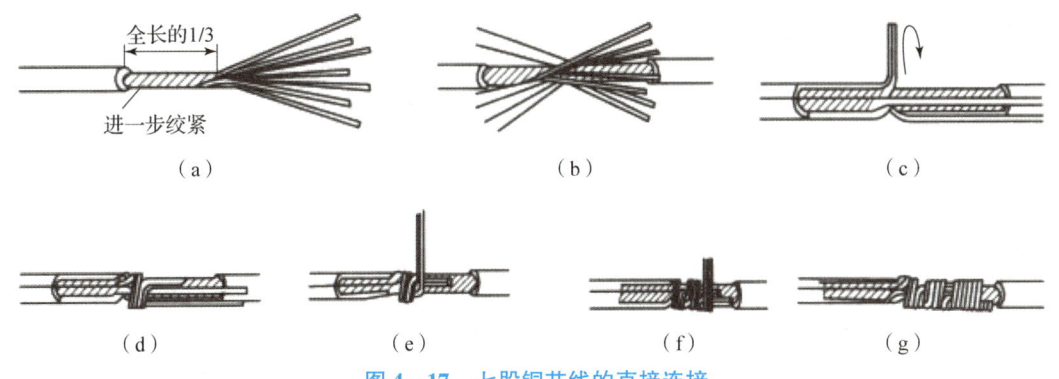

图 4-17 七股铜芯线的直接连接

4. 七股铜芯线的 T 形连接

把除去绝缘层和氧化层的支路线端分散拉直，在距根部 1/8 处绞紧，将支路线头按 3 和 4 的根数分成两组并整齐排列，再用一字螺丝刀把干线分成对等的两组，在分出的中缝处撬开一定距离，将支路芯线的一组穿过干线的中缝，另一组排于干路芯线的前面，如图 4-18（a）所示。先将前面一组在干线上，按顺时针方向缠绕 3~4 圈，剪除多余线头，修整好毛刺，如图 4-18（b）所示。接着将支路芯线穿越干线的一组，在干线上按逆时针方向缠绕 3~4 圈，剪去多余线头，钳平毛刺即可，如图 4-18（c）所示。

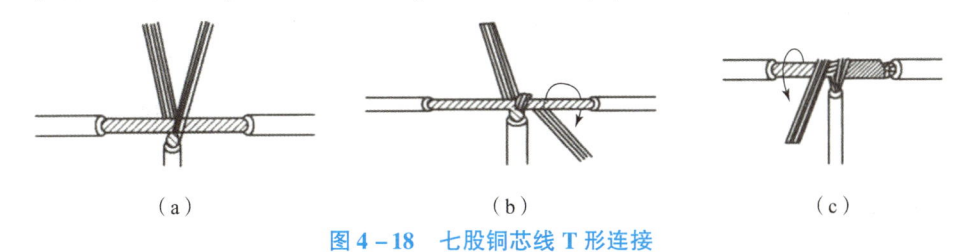

图 4-18 七股铜芯线 T 形连接

5. 单股铜芯线与多股铜芯线的分支连接

单股铜芯线与多股铜芯线的分支连接如图 4-19 所示。用一字螺丝刀把干线分成对等的两组，在分出的中缝处撬开一定距离，将支路单股芯线穿过干线的中缝，再把单股线缠绕在多股线上，缠绕方向与多股导线绞向一致。

图 4-19　单股铜芯线与多股铜芯线的分支连接

（二）电磁线头的连接

电机和变压器绕组用电磁线绕制、重绕或维修，都要进行导线的连接，这种连接可能在线圈内部进行，也可能在线圈外部进行。

1. 线圈内部的连接

对直径在 2 mm 以下的圆铜线，通常是先绞接后钎焊，绞接时要均匀，两根线头互绕不少于 10 圈，两端要封口，不能留下毛刺，截面较小的漆包线绞接如图 4-20（a）所示，截面较大的漆包线绞接如图 4-20（b）所示。直径大于 2 mm 的漆包圆铜线的连接，多使用套管套接后再钎锡的方法，套管用镀锡的薄铜片卷成，接缝处留有缝隙，注意套管内径与线头大小的配合，其长度为导线直径的 8 倍左右，如图 4-20（c）所示。连接时，将两根去除绝缘层的线端相对插入套管，使两线头端部对接在套管中间位置，再进行钎焊，使焊锡液从套管侧缝充分浸入内部，注满各处缝隙，将线头和导管铸成整体。

对截面积不超过 25 mm² 的矩形电磁线，亦用套管连接，工艺同上。

套管铜皮的厚度应选 0.6～0.8mm 为宜；套管的横截面以电磁线横截面的 1.2～1.5 倍为宜。

图 4-20　线圈内部端头连接方法

2. 线圈外部的连接

这类连接有两种情况，一种是线圈间的串、并联、Y、△连接等。对小截面导线，这类线头的连接仍采用先绞接后钎焊的办法；对截面较大的导线，可用乙炔气焊。另一种是制作线圈引出端头，用如图 4-21（a）、图 4-21（b）、图 4-21（c）所示的接线端子（接线耳）与线头之间用压接钳压接，如图 4-21（d）所示。若不用压接，也可直接钎焊。

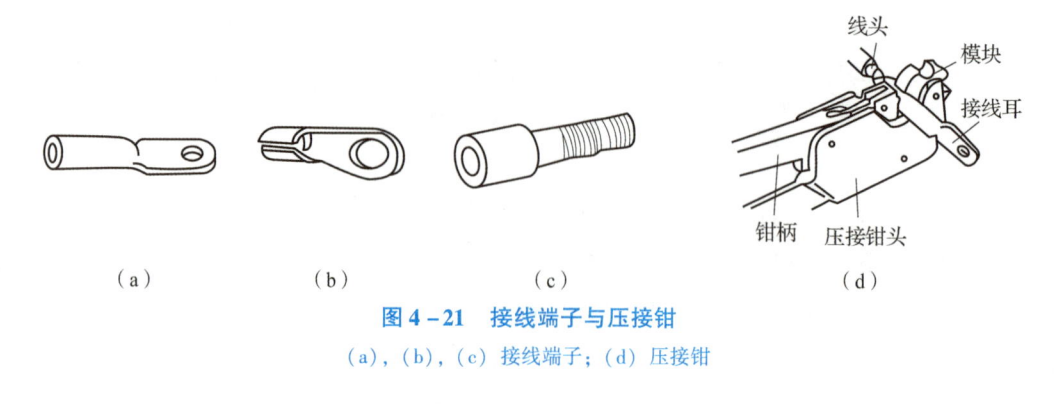

图 4-21　接线端子与压接钳
(a)、(b)、(c) 接线端子；(d) 压接钳

（三）铝导线线头的连接

铝的表面极易氧化，这类氧化铝膜电阻率又高，除小截面铝导线外，其余铝导线不采用铜芯线的连接方法。电气线路施工时，铝线线头的连接常用螺钉压接法、压接管压接法和沟线夹螺钉压接法三种。

1. 螺钉压接法

将剖除绝缘层的铝芯线头，用钢丝刷或电工刀去除氧化层，涂上中性凡士林，将线头伸入接头的线孔内，再旋转压线螺钉压接。线路上导线与开关、灯头、熔断器、仪表、瓷接头和端子板的连接多用螺钉压接，如图 4-22 所示，单股小截面铜导线在电器和端子板上的连接，可采用此法。

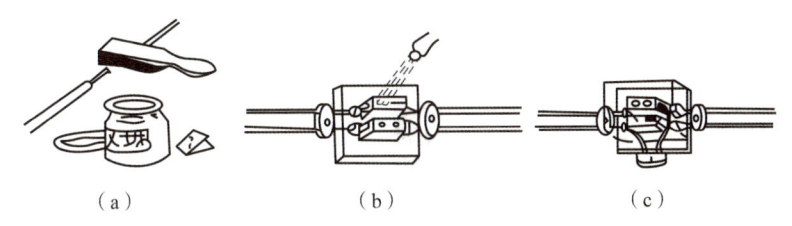

图 4-22 单股铝芯导线的螺钉压接法连接

如果有两个（或两个以上）线头要接在一个接线板上，应事先将这几根线头扭作一股，再进行压接，如果直接扭绞的强度不够，还可在扭绞的线头处用小股导线缠绕，再插入接线孔压接。

2. 压接管压接法

此方法又叫套管压接法，适用于室内外负荷较大的铝芯线头连接。接线前，选好合适的压接管，如图 4-23（b）所示，清除线头表面和压接管内壁上的氧化层及污物，将两根线头相对插入并穿出压接管，使两线端各自伸出压接管 25~30 mm，如图 4-23（c）所示，再用压接钳进行压接，如图 4-23（d）所示；压接完工的铝线接头如图 4-23（e）所示。若压接钢芯铝绞线，应在两根芯线之间垫上一层铝质垫片。压接钳在压接管上的压坑数目要视不同情况而定，室内线头通常为 4 个；对于室外铝绞线，截面积为 16~35 mm² 的压坑数为 6 个，截面积 50~70 mm² 的压坑数为 10 个；对于钢芯铝绞线，16 mm² 的压坑数为 12 个，25~35 mm² 的压坑数为 14 个，50~70 mm² 的压坑数为 16 个，95 mm² 的压坑数为 20 个，125~150 mm² 的压坑数为 24 个。

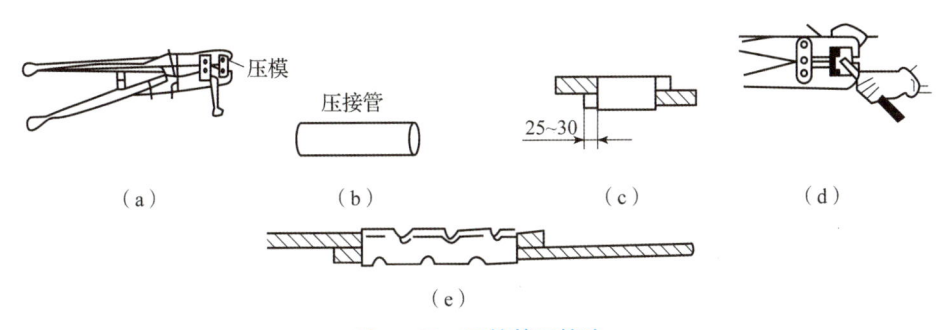

图 4-23 压接管压接法
(a) 压接钳；(b) 压接管；(c) 线头穿过的压接管；(d) 压接；(e) 完成的铝线接头

3. 沟线夹螺钉压接法

此法适用于室内外截面较大的架空线路的直线和分支连接。连接前，用钢丝刷除去导线线头和沟线夹线槽内壁的氧化层及污物，涂上中性凡士林，再将导线卡入线槽，旋紧螺钉，使沟线夹紧线头，完成连接，如图4-24所示。为预防螺钉松动，压接螺钉上必须套弹簧垫圈。

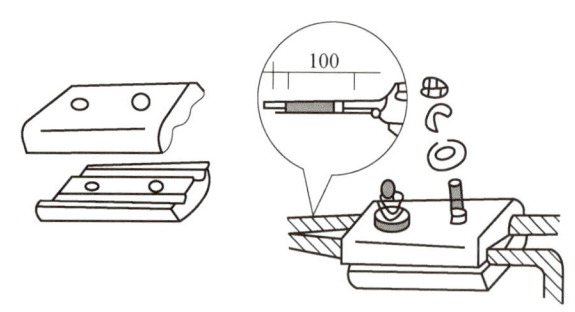

图4-24 沟线夹螺钉压接法

沟线夹的规格和使用数量与导线截面有关，通常导线截面在70 mm² 以下的，用一副小型沟线夹；截面在70 mm² 以上的，用两副较大的沟线夹，要求两副沟线夹之间相距300～400 mm。

（四）线头与接线桩的连接

1. 线头与针孔接线桩的连接

端子板、某些熔断器、电工仪表等接线部位，多利用针孔附有压接螺钉压住线头，完成连接。线路容量小，可用一只螺钉压接；若线路容量较大或接头要求较高时，应用两只螺钉压接。

单股芯线与接线桩连接，按要求的长度将线头折成双股并排插入针孔，使压接螺钉顶紧双股芯线的中间。如果线头较粗，双股插不进针孔，也可直接用单股，但芯线在插入针孔前，应稍微朝着针孔上方弯曲，以防压紧螺钉稍松时线头脱出，如图4-25所示。

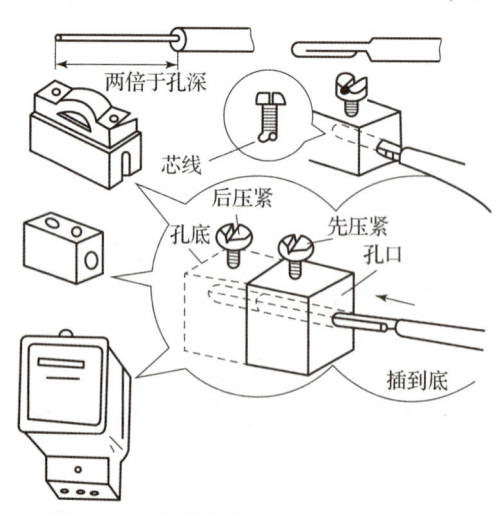

图4-25 单股芯线与针孔接线桩的连接

在针孔接线桩上连接多股芯线时，用钢丝钳将多股芯线绞紧，保证压接螺钉顶压时不松散。针孔和线头的大小应尽可能配合，如图 4-26（a）所示。若针孔过大，可选一根直径大小相宜的铝导线作绑扎线，在已绞紧的线头上紧密缠绕一层，使线头大小与针孔合适后，再进行压接，如图 4-26（b）所示。若线头过大、插不进针孔时，可将线头散开，适量减去中间几股，通常 7 股可剪去 1~2 股，19 股可剪去 1~7 股，再将线头绞紧、进行压接，如图 4-26（c）所示。

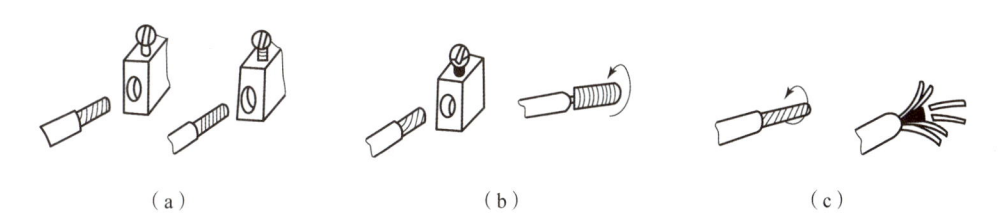

图 4-26 多股芯线与针孔接线桩连接
(a) 针孔合适的连接；(b) 针孔过大时线头的处理；(c) 针孔过小时线头的处理

无论是单股或多股芯线的线头，在插入针孔时，注意插到底，并禁止使绝缘层进入针孔，针孔外的裸线头长度不得超过 3 mm。

2. 线头与平压式接线桩的连接

平压式接线桩是利用半圆头、圆柱头或六角头螺钉加垫圈将线头压紧，完成电连接。对载流量小的单股芯线，将线头弯成接线圈，如图 4-27 所示，再用螺钉压接。横截面不超过 10 mm² 股数为 7 股及以下的多股芯线，应按图 4-28 所示的步骤制作压接圈。载流量较大，横截面积超过 10 mm²、股数多于 7 股的导线端头，应安装接线耳。

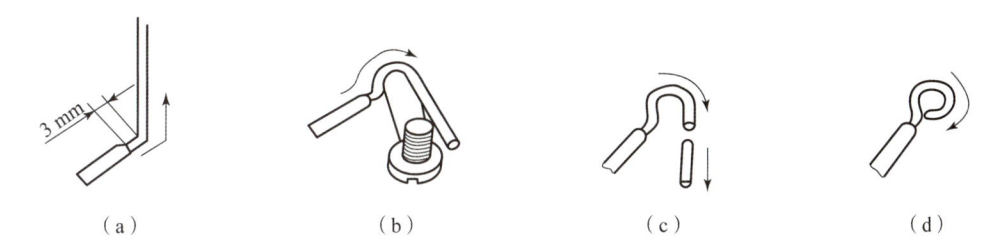

图 4-27 单股芯线压接圈的弯法
(a) 离绝缘层根部 3 mm 处向外侧折角；(b) 按略大于螺钉直径弯曲圆弧；
(c) 剪去芯线余端；(d) 修正圆圈

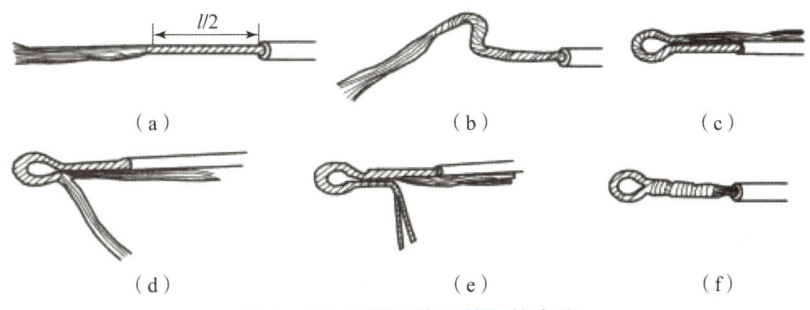

图 4-28 7 股导线压接圈的弯法

连接这类线头的工艺要求：压接圈和接线耳的弯曲方向应与螺钉拧紧方向一致，连接前要清除压接圈、接线耳和垫圈的氧化层及污物，压接圈或接线耳在垫圈下面，用适当的力矩将螺钉拧紧，以保证良好的电接触。压接时注意不得将导线绝缘层压入垫圈内。

软线线头的连接也可用平压式接线桩。软导线线头与压接螺钉之间的绕结方法如图4-29所示，要求与上述多芯线的压接相同。

3. 线头与瓦形接线桩的连接

瓦形接线桩的垫圈为瓦形，压接时为不使线头从瓦形接线桩内滑出，应先将去除氧化层和污物的线头弯曲成U形，如图4-30（a）所示，再卡入瓦形接线桩压接。若在接线桩上有两个线头连接，应将弯成U形的两个线头相重合，再卡入接线桩瓦形垫圈下方压紧，如图4-30（b）所示。

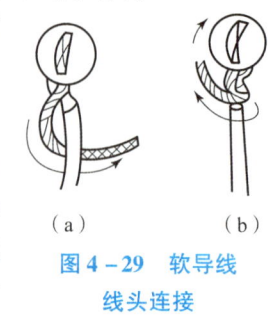

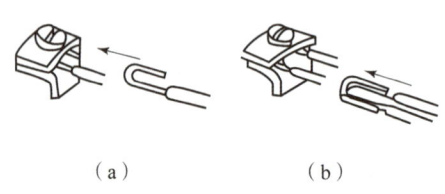

图4-29 软导线线头连接

（a）　　　（b）

图4-30 单股芯线与瓦形接线桩的连接
（a）一个线头的连接；（b）两个线头的连接

四、导线的封端

为保证导线线头与电气设备的电接触和其机械性能，除10 mm² 以下的单股铜芯线、2.5 mm² 及以下的多股铜芯线和单股铝芯线能直接与电气设备连接外，大于上述规格的多股或单股芯，通常都应在线头上焊接或压接接线端子，这种工艺过程叫作导线的封端。但在工艺上，铜导线和铝导线的封端是不完全相同的。

（一）铜导线的封端

铜导线封端常用方法有锡焊法和压接法。

1. 锡焊法

除去线头表面和接线端子孔内表面的氧化层和污物，分别在焊接面上涂上无酸焊锡膏，线头上先搪一层锡，将适量焊锡放入接线端子的线孔内，用喷灯对接线端子加热，待焊锡熔化时，趁热将搪锡线头插入端子孔内，继续加热直到焊锡完全渗透到芯线缝中，灌满线头与接线端子孔内壁之间的间隙，方可停止加热。

2. 压接法

将表面清洁且已加工好的线头，直接插入内表面已清洁的接线端子线孔，再按前面所介绍的压接管压接法工艺要求，用压接钳对线头和接线端子进行压接。

（二）铝导线的封端

由于铝导线表面极易氧化，用锡焊法比较困难，通常都用压接法封端。压接前除清除线头表面及接线端子线孔内表面的氧化层及污物外，还应分别在两者接触面上涂中性凡士林，再将线头插入线孔，用压接钳压接，已压接完工的铝导线端子如图4-31所示。

五、线头绝缘层的恢复

在线头连接完工后，导线连接前所破坏的绝缘层必须恢复，且恢复后的绝缘强度一般不应低于剖削前的绝缘强度，方能保证用电安全。

电力线上恢复线头绝缘层，常用黄蜡带、涤纶薄膜带和黑胶带（黑胶布）三种材料。绝缘带宽度选20 mm比较适宜。

包缠方法：将黄蜡带从线头的一边在完整绝缘层上离切口40 mm处开始包缠，使黄蜡带与导线保持55°的倾斜角，后一圈压叠在前一圈1/2的宽度上，常称为半叠包，如图4-32（a）、图4-32（b）所示。黄蜡带包缠完，将黑胶带接在黄蜡带尾端，朝相反方向斜叠包缠，仍倾斜55°，后一圈仍压叠前一圈1/2，如图4-32（c）、图4-32（d）所示。

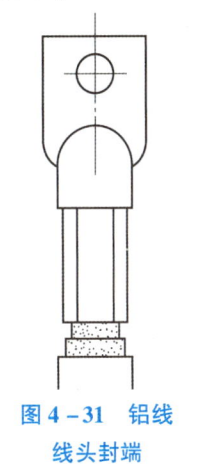

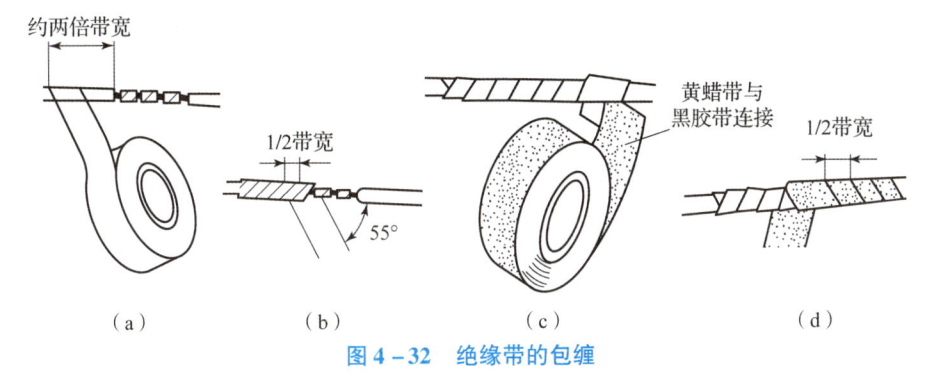

图4-31 铝线线头封端

图4-32 绝缘带的包缠

操作注意事项：

（1）在380 V线路上恢复导线绝缘时，必须包扎1~2层黄蜡带，再包1层黑胶布。

（2）在220 V线路上恢复导线绝缘时，先包扎1~2层黄蜡带，再包1层黑胶布或者只包2层黑胶布。

（3）绝缘带包扎时，各包层之间应紧密相接，不能稀疏，更不能露出芯线。

（4）绝缘带不可放在温度很高的地方，也不可被油类浸染。

工作任务3 室内基础配线

实施工单

《室内基础配线》实施工单

学习项目	室内配线施工	姓名		班级	
任务名称	室内基础配线	学号		组别	
任务目标	1. 能够说明线槽配线的方法。 2. 能够描述绝缘子配线的方法。 3. 能够描述塑料护套线配线的方法。 4. 能够描述线管配线的方法				

续表

学习项目	室内配线施工	姓名		班级	
任务名称	室内基础配线	学号		组别	
任务描述	学生以小组为单位，通过查阅相关资料及实地调研，完成下列任务： 1. 介绍线槽配线的方法。 2. 描述绝缘子配线的方法。 3. 描述塑料护套线配线的方法。 4. 说明线管配线的方法。				
任务要求	1. 场地要求：供配电系统实训室。 2. 设备要求：无。 3. 工具要求：无。				
课前任务	请根据教师提供的视频资源，探索室内基础配线的形式，并在课程平台讨论区进行讨论				
课中训练	1. 通过查阅相关资料，将室内基础配线认知情况记录在下表。 **室内基础配线认知情况记录表** {TABLE2} 2. 请学生分组调研所在城市室内基础配线的特点，并进行汇报展示				
任务总结	对项目完成情况进行归纳、总结、提升				
课后任务	思考线管配线中还有哪些注意事项，并在课程平台讨论区进行讨论				

室内基础配线认知情况记录表：

知识点		内容
线槽配线	塑料线槽	
	金属线槽的敷设	
绝缘子配线	绝缘子配线	
	敷设导线及导线的绑扎	
塑料护套线配线	操作工艺	
	塑料护套线配线的注意事项	
线管配线	工具器材	
	操作工艺	
	线管配线的注意事项	
	普利卡金属套管	

评价标准

采用学生自评（20%）、组内互评（20%）、组间互评（20%）、教师评价（40%）四种评价方式，评价内容及标准如下表所示。

《室内基础配线》任务评价内容及标准

序号	评价项目	评价内容	评价标准	分值	得分
1	任务完成情况	线槽配线	塑料线槽敷设的表述是否清楚。 金属线槽敷设的表述是否清楚。 线槽配线要求的理解是否清楚。 根据实际情况酌情打分	20 分	
		绝缘子配线	绝缘子的配线方法表述是否清楚。 敷设导线及导线绑扎方法的理解是否清楚。 根据实际情况酌情打分	20 分	
		塑料护套线配线	塑料护套线配线操作工艺表述是否清楚。 塑料护套线配线时的注意事项理解是否正确、清楚。 根据实际情况酌情打分	20 分	
		线管配线	线管配线操作工艺表述是否清楚。 线管配线时的注意事项表述是否清楚。 普利卡金属套管配线方法描述是否正确、清楚。 根据实际情况酌情打分	20 分	
2	职业素养情况	资料搜集情况	资料搜集非常全面 5 分；资料搜集比较全面 1~4 分；资料搜集不全面酌情扣 1~5 分	5 分	
		语言表达情况	表达非常准确 5 分；表达比较准确 1~4 分；表达不准确酌情扣 1~5 分	5 分	
		工作态度情况	态度非常认真 5 分；态度较为认真 2~4 分；态度不认真、不积极酌情扣 1~5 分	5 分	
		团队分工情况	分工非常合理 5 分；分工比较合理 1~4 分；分工不合理酌情扣 1~5 分	5 分	

理论要点

室内供电的质量不仅取决于电工本身的技术水平,还取决于是否按照正确的标准施工,以及运用正确的施工工艺。本任务将介绍电工室内配线安装的基本知识。

室内配线施工的流程如表4-1所示。

表4-1 室内配线施工的流程

顺序	工作内容
1	定位:按施工要求,在建筑物上确定照明灯具、插座、配电装置、启动、控制设备等的实际位置,并注明记号
2	画线:在导线沿建筑物敷设的路径画出线路走向色线,并确定绝缘支持件固定点、穿墙孔、穿楼板孔位置,并注明记号
3	凿孔与预埋——按上述标注位置,凿孔并预埋紧固件
4	安装绝缘支持件、线夹或线管
5	敷设导线
6	完成导线间连接、分支和封端,处理线头绝缘
7	检查线路安装质量:检查线路外观质量、直流电阻和绝缘电阻是否符合要求;有无断路、短路
8	完成线端与设备的连接
9	通电试验,全面验收

室内配线的方式基本分为四种:线槽配线、绝缘子或瓷夹配线(很少使用)、塑料护套线配线及线管配线。其中绝缘子或瓷夹配线主要用于户外或简易工棚、房屋及工厂车间内配线。线槽配线、线管配线及塑料护套线配线主要用于室内配线。

一、线槽配线

线槽配线是将绝缘导线敷设在槽板内,上面用盖板把导线盖住。线槽配线一般适用于导线根数较多或导线截面较大且正常环境的室内场所敷设。线槽按材质分为塑料线槽和金属线槽;按敷设方法分为明敷和暗敷;按槽数分为单槽和双槽。

(一)塑料线槽

塑料线槽由槽底、槽盖及附件组成,采用难燃型硬聚氯乙烯工程塑料挤压成型,严禁使用非难燃型材料加工。选用塑料线槽,应根据设计要求选择型号、规格相应的定型产品。敷设场所的环境温度不得低于-15℃,氧指数不应低于27%。线槽内外应光滑无棱刺,不应有扭曲、翘边等变形现象。要有产品合格证。

操作工艺流程:弹线定位→线槽固定→线槽连接→槽内放线→导线连接→线路检查。

1. 弹线定位

按设计图确定进户线、盒、箱等电气器具固定点的位置,从始端至终端(先干线后支线)找好水平线或垂直线,用粉线袋在线路中心弹线,分均挡,用笔画出加挡位置,再细查木砖是否齐全,位置是否正确,否则,应及时补齐。在固定点位置进行钻孔,埋入塑料胀管或伞形螺栓。弹线时,不应弄脏建筑物表面。

弹线定位应符合以下规定:

(1)线槽配线在穿过楼板或墙壁时,应用保护管,而且穿楼板处必须用钢管保护,其保护高度距地面不应低于 1.8 m。装设开关的地方可引至开关的位置。

(2)过变形缝时应作补偿处理。

2. 线槽固定

1)木砖固定线槽

配合土建结构施工时预埋木砖,加气砖墙或砖墙剔洞后再埋木砖,梯形木砖较大的一面应朝洞里,外表面与建筑物的表面平齐,用水泥砂浆抹平,待凝固后,再把线槽底板用木螺钉固定在木砖上,如图 4-33 所示。

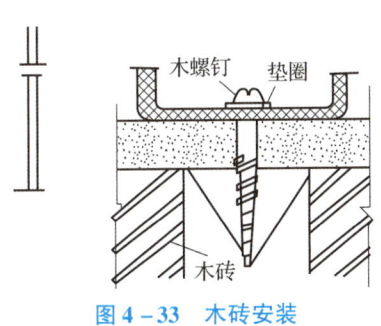

图 4-33 木砖安装

2)塑料胀管固定线槽

混凝土墙、砖墙可采用塑料胀管固定塑料线槽,根据胀管直径和长度选择钻头,在标出的固定点位置上钻孔,不应歪斜、豁口,应垂直钻好孔,并将孔内残存的杂物清净,用木槌把塑料胀管垂直敲入孔中,与建筑物表面平齐为准,再用石膏将缝隙填实抹平。用半圆头木螺钉加垫圈,将线槽底板固定在塑料胀管上,要紧贴建筑物表面。先固定两端,再固定中间,同时找正线槽底板,要横平竖直,沿建筑物形状表面进行敷设。木螺钉规格尺寸如表 4-2 所示,线槽安装用塑料胀管固定,如图 4-34 所示。

表 4-2 木螺钉规格尺寸 单位:mm

标号	公称直径 d	螺杆直径 d	螺杆长度 l
7	4	3.81	12~70
8	4	4.7	12~70
9	4.5	4.52	16~85
10	5	4.88	18~100
12	5	5.59	18~100

续表

标号	公称直径 d	螺杆直径 d	螺杆长度 l
14	6	6.30	25~100
16	6	7.01	25~100
18	8	7.72	40~100
20	8	8.43	40~100
24	10	9.86	70~120

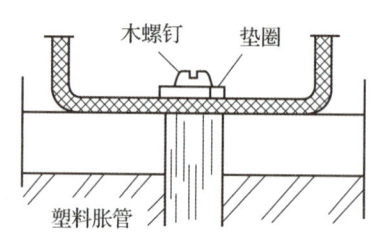

图 4-34 线槽安装用塑料胀管固定

3）伞形螺栓固定线槽

在石膏板墙或其他护板墙上，可用伞形螺栓固定塑料线槽，根据弹线定位的标记，找出固定点位置，把线槽的底板横平竖直地紧贴建筑物的表面，钻好孔，将伞形螺栓的两伞叶掐紧合拢插入孔中，待合拢伞叶自行张开后，再用螺母紧固即可。露出线槽内的部分应加套塑料管。固定线槽时，应先固定两端再固定中间。伞形螺栓安装方法如图 4-35 所示，伞形螺栓的构造如图 4-36 所示。

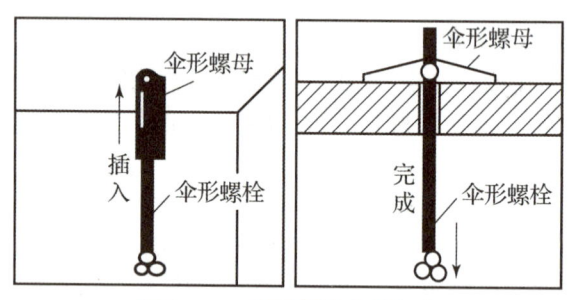

图 4-35 伞形螺栓安装方法

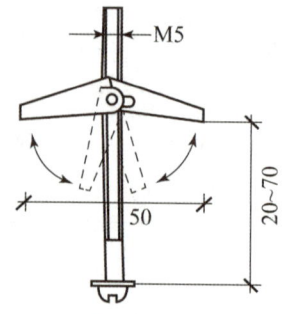

图 4-36 伞形螺栓的构造（mm）

3. 线槽连接

(1) 线槽及附件连接处应严密平整、无孔无缝隙,紧贴建筑物固定点最大间距如表 4-3 所示。

表 4-3　槽体固定点最大间距尺寸　　　　　　　　　　　　　单位:mm

固定点形式	槽板宽度		
	20~40	60	80~120
	固定点最大间距		
中心单列	80	—	—
双列	—	1 000	—
双列	—	—	800

(2) 线槽分支接头,线槽附件如直通、三通转角、接头、插口、盒、箱应采用相同材质的定型产品。槽底、槽盖与各种附件相对接时,接缝处应严实平整、固定牢固,如图 4-37 所示。

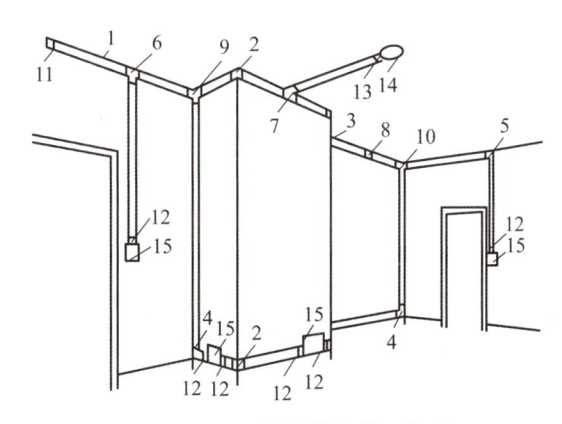

图 4-37　塑料线槽安装示意图
1—塑料线槽;2—阳角;3—阴角;4—直转角;5—平转角;6—平三通;7—顶三通;8—连接头;9—右三通;
10—左三通;11—终端头;12—接线盒插口;13—灯头盒插口;14—灯头盒;15—接线盒

(3) 线槽各种附件安装要求:
①盒子均应两点固定,各种附件角、转角、三通等固定点不应少于两点(卡装式除外)。
②接线盒、灯头盒应采用相应插口连接。
③线槽的终端应采用终端头封堵。
④在线路分支接头处应采用相应接线箱。
⑤安装铝合金装饰板时,应牢固、平整、严实。

4. 槽内放线

1) 清扫线槽

放线时,用布清除槽内的污物,保证线槽内外清洁。

2）放线

将导线放开抻直,捋顺后盘成大圈,置于放线架上,从始端到终端(先干线后支线)边放边整理,导线应顺直,不得有挤压、背扣、扭线和受损等现象。绑扎导线时,应采用尼龙绑扎带,不允许用金属丝进行绑扎。接线盒处的导线预留长度不应超过 150 mm。线槽内不允许出现接头,导线接头应放在接线盒内。从室外引进室内的导线进入墙内一段,要用橡胶绝缘导线。穿墙保护管的外侧应有防水措施。

3）盖板

盒盖、槽盖应全部盖严实平整,不允许有导线外露现象。

5. 导线连接

导线连接应使连接处的接触电阻值最小,机械强度不降低,并恢复其原有的绝缘强度。连接时,应正确区分相线、中性线、保护地线。可采用绝缘导线的颜色区分,或使用仪表测试对号,检查正确方可连接。

6. 线路检查

线路检查绝缘摇测。

按相关标准,安装塑料线槽配线时,应注意保持墙面整洁。

(二) 金属线槽的敷设

地面内安装金属线槽,将其暗敷于现浇混凝土地面、楼板或楼板垫层内,在施工时应根据不同的结构形式和建筑布局,合理确定线槽走向。图 4-38 所示为地面内暗装金属线槽组装示意图。

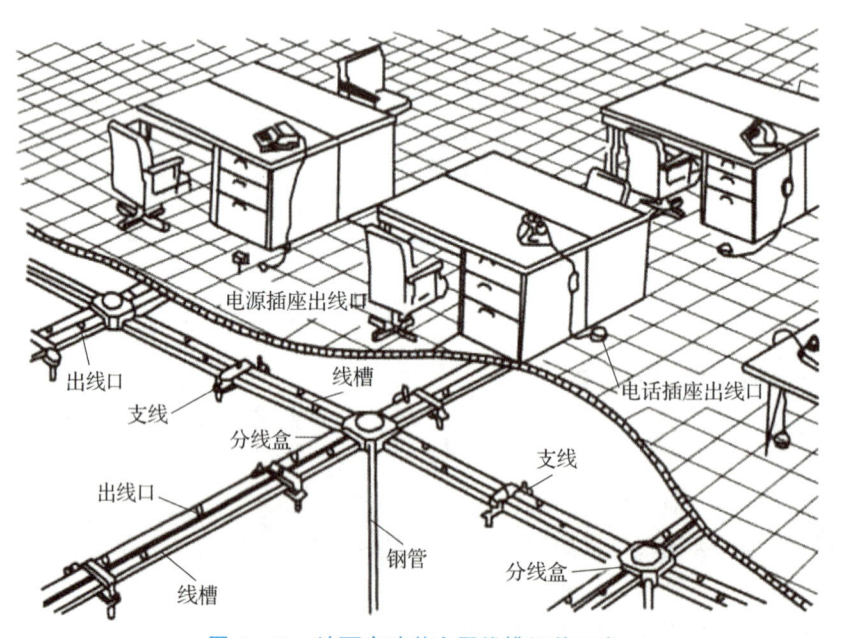

图 4-38 地面内暗装金属线槽组装示意

(1) 当暗装线槽敷设在现浇混凝土楼板内,楼板厚度不应小于 200 mm;当敷设在楼板垫层内时,垫层的厚度不应小于 70 mm,并避免与其他管路相互交叉。

(2) 地面内暗配金属线槽,应根据单线槽或双线槽结构形式不同,选择单压板或双压板与线槽组装并配装卧脚螺栓,如图 4-39 所示。地面内线槽的支架安装距离,一般情况下应设置于直线段不大于 3 m 或在线槽接头处、线槽进入分线盒 200 mm 处。线槽出线口和分线盒不得突出地面,且应做好防水密封处理。

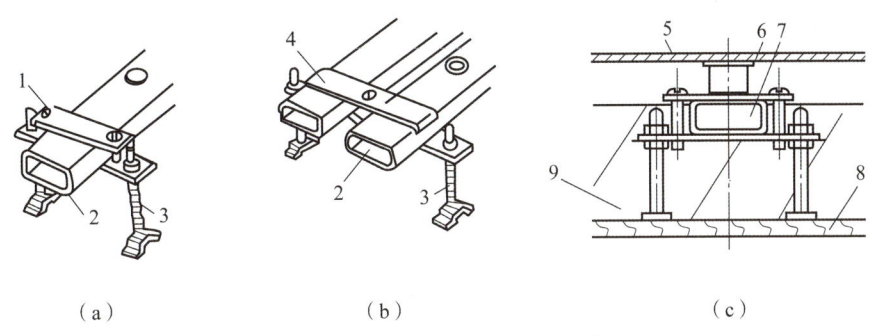

图 4-39 地面内线槽支架安装示意图
(a) 单线槽;(b) 双线槽;(c) 单线槽地面混凝土内安装剖面
1—单压板;2,7—线槽;3—卧脚螺栓;4—双压板;5—地面;6—出线口;8—模板;9—钢筋混凝土

(3) 地面内线槽端部与配管连接时,应使用管过渡接头,如图 4-40 (a) 所示。线槽间连接时,应采用线槽连接头进行连接,如图 4-40 (b) 所示。线槽的对口处应在线槽连接头中间位置,当金属线槽的末端无连接时,就用封端堵头堵严,如图 4-40 (c) 所示。

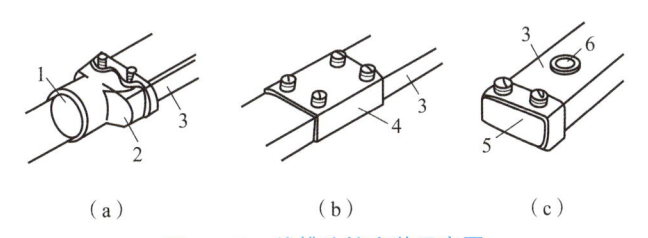

图 4-40 线槽连接安装示意图
(a) 线槽与管过渡接头安装;(b) 线槽连接头安装;(c) 封端堵头安装
1—钢管;2—管过渡接头;3—线槽;4—连接头;5—封端堵头;6—出线孔

(4) 分线盒与线槽、管连接。

①地面内暗装金属线槽不能进行弯曲加工,当遇有线路交叉、分支或弯曲转向时,应安装分线盒。图 4-41 所示为分线盒与单线槽连接。当线槽的直线长度超过 6 m 时,为方便施工穿线与维护,宜加装分线盒。双线槽分线盒安装时,应在盒内安装便于分开的交叉隔板。

②由配电箱、电话分线箱及接线端子箱等设备引至线槽的线路,宜采用金属管暗敷设方式引入分线管。图 4-41 中钢管从分线盒的窄面引出,或以终端连接器直接引入线槽。

(5) 暗装金属线槽应做好可靠的保护接地或保护接零措施。

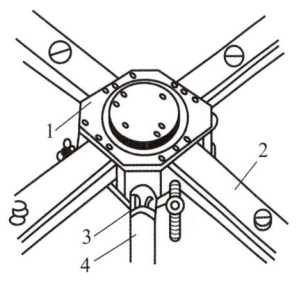

图 4-41 分线盒与线槽、管连接示意图
1—分线盒;2—线槽;3—引出管接头;4—钢管

二、绝缘子配线

在室内布线中,如果线路载流量大,对机械强度要求较高、环境又比较潮湿的场合,可用绝缘子或瓷夹配线。这种配线方式不仅适用于室内,也适用于室外。

线槽配线的要求

1. 绝缘子的配线

操作工艺:

绝缘子配线方法的基本步骤与线槽配线相同。

常用绝缘子有鼓形绝缘子、蝶形绝缘子、针式绝缘子、悬式绝缘子等,如图4-42所示。

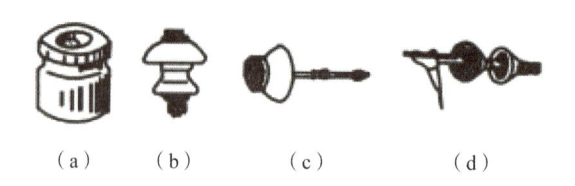

图4-42　绝缘子的外形
(a) 鼓形;(b) 蝶形;(c) 针式;(d) 悬式

利用木结构、预埋木榫或尼龙塞、预埋支架、膨胀螺栓等固定鼓形绝缘子,如图4-43所示。

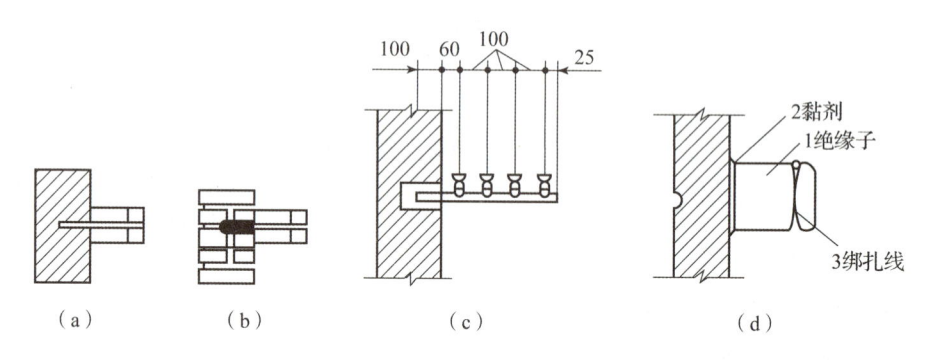

图4-43　绝缘子的固定
(a) 木结构上;(b) 砖墙上;(c) 支架上;(d) 环氧树脂粘贴固定

2. 敷设导线及导线的绑扎

在绝缘子上敷设导线,应从一端开始,先将一端的导线绑扎在绝缘子的颈部,若导线弯曲,应先校直,再将导线的另一端收紧绑扎固定,最后把中间导线也绑扎固定。

导线在绝缘子上绑扎固定的方法:

1) 终端导线的绑扎

导线的终端可用回头线绑扎,如图4-44所示。绑扎线宜用绝缘线,绑扎线的线径和绑扎匝数如表4-4所示。

图4-44　终端导线的绑扎
1—公匝数;2—单匝数

表 4–4 绑扎线的线径和绑扎匝数

导线截面/mm²	绑线直径/mm			绑线匝数	
	纱包铁芯线	铜芯线	铝芯线	公匝数	单匝数
1.5~10	0.8	1.0	2.0	10	5
10~35	0.89	1.4	2.0	12	5
50~70	1.2	2.0	2.6	16	5
95~120	1.24	2.6	3.0	20	5

2）直线段导线的绑扎

鼓形和蝶形绝缘子直线段的导线一般采用单绑法或双绑法。截面积在 6 mm² 及以下的导线可采用单绑法，其步骤如图 4–45（a）所示。截面积为 10 mm² 及以上的导线可采用双绑法，其步骤如图 4–45（b）所示。

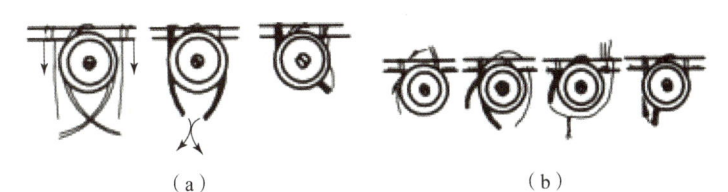

图 4–45 直线段导线的绑扎
(a) 单绑法；(b) 双绑法

3）绝缘子配线的注意事项

（1）在建筑物的侧面或斜面配线时，必须将导线绑扎在绝缘子的上方，如图 4–46 所示。

（2）导线在同一平面内，如有曲折时，绝缘子必须装设在导线角的内侧，如图 4–47 所示。

图 4–46 绝缘子在侧面或斜面导线绑扎
1—瓷瓶；2—电线

图 4–47 绝缘子在同一平面的转弯做法

（3）导线在不同的平面上曲折时，凸角的两面上应装设两个绝缘子，如图 4–48 所示。

（4）导线分支时，必须在分支点处设置绝缘子，用以支持导线，导线互相交叉时，应在距建筑物近的导线上套瓷管保护，如图 4–49 所示。

（5）平行的两根导线，应在两绝缘子的同一侧，如图 4–50 所示。

图 4–48 绝缘子在平面的转弯做法
1—绝缘子；2—导线；3—建筑物

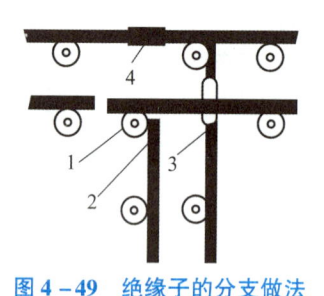

图 4-49 绝缘子的分支做法
1—绝缘子；2—导线；3—瓷管；4—接头包胶布

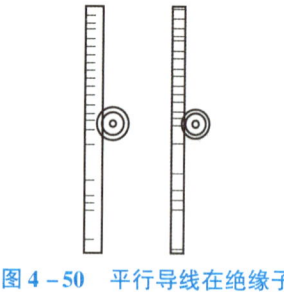

图 4-50 平行导线在绝缘子上的绑扎

（6）绝缘子沿墙壁垂直排列敷设时，导线弛度不得大于 5 mm；沿屋架或水平支架敷设时，导线弛度不得大于 10 mm。

三、塑料护套线配线

1. 操作工艺

护套线配线方法的基本步骤类似于线槽配线，另需说明：

（1）木结构上直接用铁钉固定铝片线卡，在抹灰浆的墙上，每隔 4~5 个钢筋扎头固定处或进入木台和转角处用小铁钉将铝片线卡固定在木棒上，余处可将线卡直接钉在灰墙上。

（2）铝片的夹持。护套线置于铝片的钉孔处，按图 4-51 所示顺序扎紧。

图 4-51 铝片卡线夹住护套线操作

2. 塑料护套线配线的注意事项

（1）室内使用塑料护套配线时，其截面规定铜芯不得小于 0.5 mm^2，铝芯不得小于 1.5 mm^2；室外使用塑料护套配线时，其截面规定铜芯不得小于 1.0 mm^2，铝芯不得小于 2.5 mm^2。

（2）护套线不可在线路上直接连接，可通过瓷接头、接线盒或借用其他电器的接线柱连接线头。

（3）护套线转弯时，转弯弧度要大，以免损伤导线，转弯前后应各用一个铝片线卡夹住，如图 4-52（a）所示。

（4）护套线进入木台前应安装一个铝片线卡，如图 4-52（b）所示。

（5）两根护套线相互交叉时，交叉处要用 4 个铝片线卡夹住，护套线应尽量避免交叉，如图 4-52（c）所示。

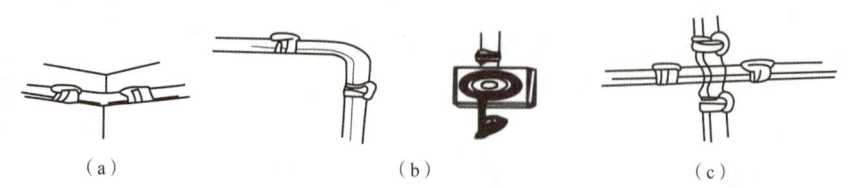

图 4-52 铝片线卡的安装
（a）转角部分；（b）进入木台；（c）十字交叉

（6）护套线路的离地最小距离不得小于 0.15 m，在穿越楼板及离地低于 0.15 m 的一段护套线，应加电线管保护。

工作任务 4　配电箱及低压配电柜的安装

线管配线

实施工单

《配电箱及低压配电柜的安装》实施工单

学习项目	室内配线施工		姓名		班级	
任务名称	配电箱及低压配电柜的安装		学号		组别	
任务目标	1. 能够说明配电箱的基本安装要求。 2. 能够描述配电箱的制作及有关规定。 3. 能够描述配电箱的配线及安装要求。 4. 能够描述低压配电柜的结构及布置。 5. 能够说明低压配电柜的安装要求					
任务描述	学生以小组为单位，通过查阅相关资料及实地调研，完成下列任务： 1. 介绍配电箱的基本安装要求。 2. 描述配电箱的制作及有关规定。 3. 描述配电箱的配线及安装要求。 4. 描述低压配电柜的结构及布置。 5. 说明低压配电柜的安装要求					
任务要求	1. 场地要求：供配电系统实训室。 2. 设备要求：无。 3. 工具要求：无					
课前任务	请根据教师下发视频资源，探索配电箱的安装方法，并在课程平台讨论区中讨论					
课中训练	1. 通过查阅相关资料，将配电箱及低压配电柜安装认知情况记录在下表。 配电箱及低压配电柜的安装认知情况记录表<table><tr><th colspan="2">知识点</th><th>内容</th></tr><tr><td rowspan="3">配电箱的安装</td><td>配电箱的基本安装要求</td><td></td></tr><tr><td>配电箱的制作及有关规定</td><td></td></tr><tr><td>配电箱的配线及安装要求</td><td></td></tr><tr><td rowspan="2">低压配电柜的安装</td><td>低压配电柜的结构及布置</td><td></td></tr><tr><td>低压配电柜的安装要求</td><td></td></tr></table>2. 请学生分组调研所在城市配电箱安装的特点，并进行汇报展示					

续表

学习项目	室内配线施工	姓名		班级	
任务名称	配电箱及低压配电柜的安装	学号		组别	
任务总结	对项目完成情况进行归纳、总结、提升				
课后任务	思考低压配电柜安装时的注意事项，并在课程平台讨论区进行讨论				

评价标准

采用学生自评（20%）、组内互评（20%）、组间互评（20%）、教师评价（40%）四种评价方式，评价内容及标准如下表所示。

《配电箱及低压配电柜的安装》任务评价内容及标准

序号	评价项目	评价内容	评价标准	分值	得分
1	任务完成情况	配电箱的安装	配电箱的基本安装要求表述是否清楚。配电箱的制作及有关规定表述是否清楚。配电箱的配线及安装要求理解是否清楚。根据实际情况酌情打分	40分	
		低压配电柜的安装	低压配电柜的结构及布置特点表述是否清楚。低压配电柜的安装要求理解是否清楚。根据实际情况酌情打分	40分	
2	职业素养情况	资料搜集情况	资料搜集非常全面5分；资料搜集比较全面1~4分；资料搜集不全面酌情扣1~5分	5分	
		语言表达情况	表达非常准确5分；表达比较准确1~4分；表达不准确酌情扣1~5分	5分	
		工作态度情况	态度非常认真5分；态度较为认真2~4分；态度不认真、不积极酌情扣1~5分	5分	
		团队分工情况	分工非常合理5分；分工比较合理1~4分；分工不合理酌情扣1~5分	5分	

> 理论要点

一、配电箱的安装

配电箱是连接电源与用电设备的中间装置，除分配电能外，还具有对用电设备进行控制、测量、指示及保护等功能。配电箱里安装的器件，主要有电能表、断路器（空气开关）等，如图4-53所示。

图4-53 配电箱

配电箱可分为室内和室外两种。室内配电箱适用于办公及生产场所；室外配电箱适用于变压器台、灯塔、灯桥等处所。配电箱主要有悬挂式、嵌墙式和落地式三种。

（一）配电箱的基本安装要求

（1）室内配电箱和室外配电箱均应采用铁制配电箱，铁制配电箱应采用2 mm厚的铁板制成，配电箱的长度在600 mm及以上，应采用双开门。室内配电箱的安装方式有暗式和明式（老式房屋）两种。

（2）铁制配电箱的箱体安装前应作防腐处理，先涂一道底漆，后涂两道灰色油漆。

（3）铁制配电箱内应有接地端子，配电箱门应向外开，箱门应加锁，室外配电箱应封闭良好，并有防尘、防雨措施。

（二）配电箱的制作及有关规定

（1）室内、室外配电箱均应在电度表前装设总断路器，表后配出一般不超过四个回路，每个回路应装设分开关，仅有一个回路时，表后可不设开关。

（2）选配总断路器时，一定要选择带有漏电保护功能的双进双出断路器，且总断路器的额定电流应稍大于用户总电流。

（3）负荷电流超过15 A，一般应装设电流互感器，电流互感器的准确等级为0.5级以上，电流互感器应安装在配电板的后面。

（4）电流互感器、总开关、电度表、各回路的分开关可装设在一个配电箱内，不同电价的负荷应单独装设电度表。

（5）配电板上的断路器、电度表、熔断器等设备应垂直安装，上端接电源，下端接负荷，且相序应一致，从左至右分别为 A、B、C 或 AN、BN、CN，各回路应标明回路名称、一次系统图及包检者姓名。

（6）变压器台下的配电箱应制成两侧开门（所有配电箱的门均应向外开），为了便于检修，配电箱应安装在托架上，配电箱底面距地面的高度不应小于 1.2 m，配电箱的引入、引出线（最好采用电缆）应穿管，保护管应排列整齐，涂黑油，并标明电缆走向。

（7）配电箱内配电板上的各种电器均应布置整齐，各元件间的最小净距离不应小于表 4-5 中的规定。

表 4-5　配电板上各元件间的距离

电器名称		距离/mm	电器名称	距离/mm
电流互感器与电能表间		60	开关 400 A 以上	140
并列开关或熔断器间		30	电表配线瓷管头至电表下沿	60
开关引出线瓷管头至开关上下沿间距离	10~15 A	30	上下排列电器瓷管头间	25
	20~30 A	50	管头至盘边	40
	60 A 以上	80	开关至盘边	40
	100 A 以上	100	电表至盘边（至箱顶）	60
	200 A 以上	120	—	—
	300 A 以上	130	—	—

（8）总配电箱制作加工（两分路）：总配电箱设置总隔离开关（含总熔断器）A、分路隔离开关 A1、总电能表、分路漏电断路器 D、工作零线端子排 N、保护零线端子排 PE 和三相四线接线端子 T。总配电箱接线原理如图 4-54 所示。

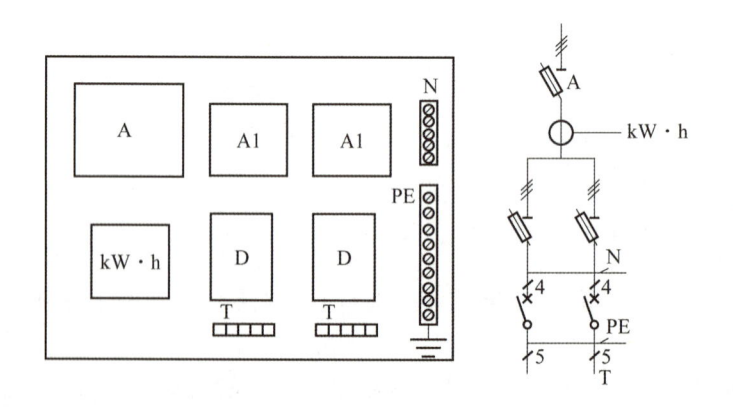

图 4-54　总配电箱（两分路）接线原理

A，A1—隔离开关；D—分路漏电断路器；kW·h—电能表；N—工作零线端子排；

PE—保护零线端子排；T—三相四线接线端子

(9) 分配电箱制作加工（多分路）：分配电箱设置总隔离开关（含总熔断器）A、分路漏电断路器 D、设置工作零线端子排 N、保护零线端子排 PE 和三相四线接线端子 T。分配电箱接线原理如图 4-55 所示。

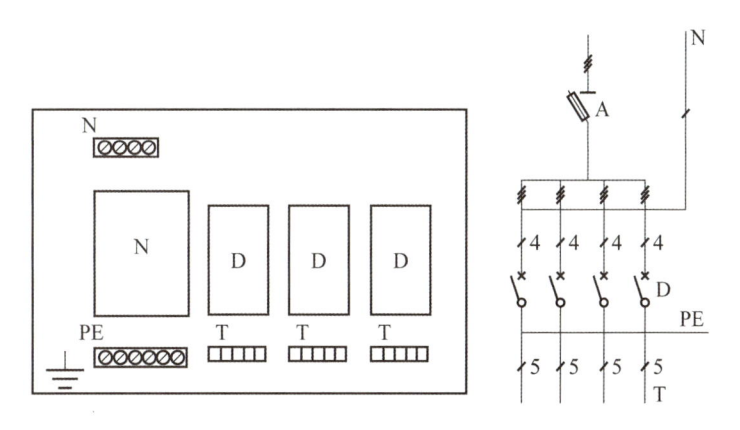

图 4-55 分配电箱接线原理

(10) 开关箱制作加工（380/220 V）。开关箱设置总熔断器 FU，总隔离开关 A，分路熔断器 FU1，FU2；分路断路器 D1，D2；三相四线插座 S1 和单相三线插座 S2；设置工作零线端子排 N 和保护零线端子排 PE。开关箱（380/220 V）接线原理如图 4-56 所示。

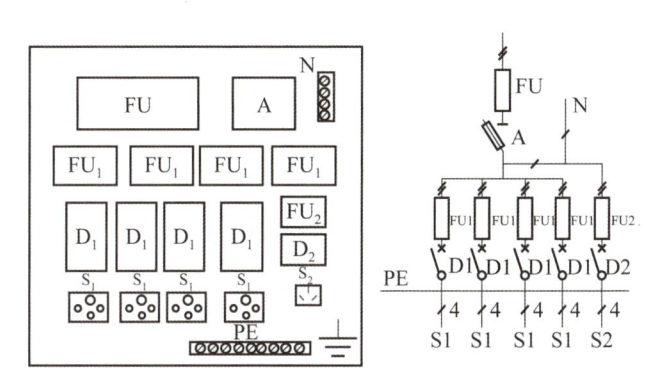

图 4-56 开关箱（380/220 V）接线原理

（三）常用配电箱的安装

配电箱是电力用户用于控制各个支路的配电设备，可将室内的用电分配成不同的去路，主要目的是便于用电管理、便于日常使用和电力维护等。安装配电箱时，应先确定安装位置，再根据安装标准，将配电箱安装在指定的位置上，如图 4-57 所示。

配电箱的配线及安装要求

1. 确定配电箱的安装方式

确定好配电箱的安装高度后，需要进一步确定安装方式。根据预留位置及敷设导线的不同，配电箱主要有两种安装方式，即明装和暗装，如图 4-58 所示。

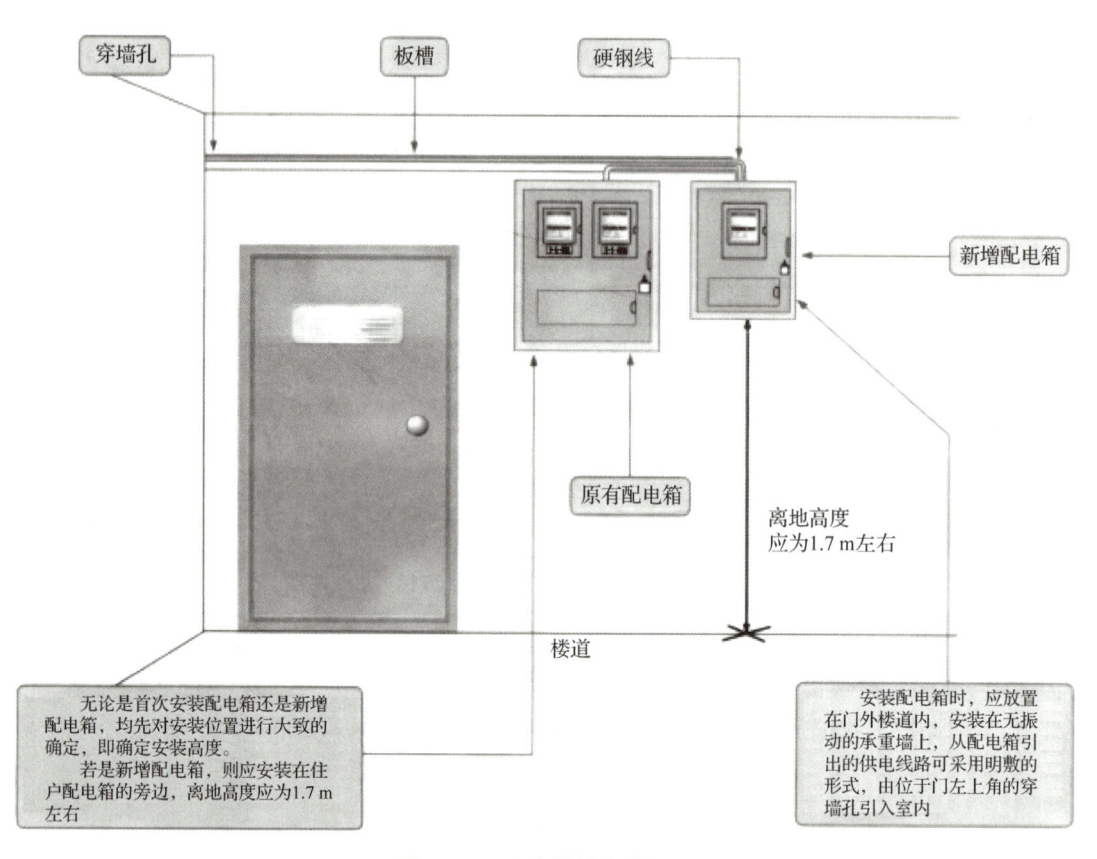

图 4-57　配电箱的安装标准

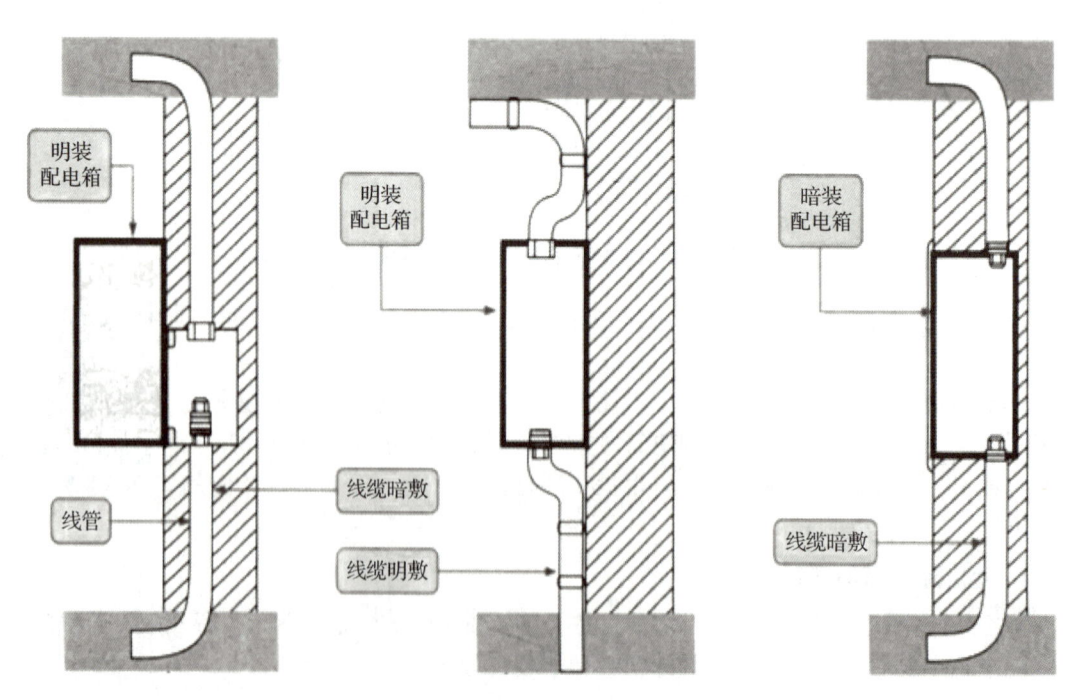

图 4-58　配电箱的安装方式

明装是指将配电箱直接安装在墙面上,这种安装方式可用于导线暗敷或明敷的环境。

暗装是指将配电箱安装在预留好的孔洞中,镶嵌在墙面里面,这种安装方式较为美观、节省空间,但安装步骤较复杂,大多用于导线暗敷的环境。

2. 配电箱体的安装

规划好配电箱的安装位置和安装方式后,下面以明装的方式,对典型的配电箱进行安装,学习配电箱的具体安装方法。

(1) 若是新增配电箱,则应先将临近配电箱的外壳取下,方便对新增配电箱进行安装及导线的连接。

(2) 在安装配电箱的位置上,使用电钻钻四个安装孔。安装孔的位置应与配电箱的固定孔对应;将需要安装的配电箱放在规划好的位置上,并使用固定螺钉将配电箱固定在墙面上,固定时可对角进行安装固定。

(3) 安装完固定螺钉后,需要进一步确认配电箱箱体的安装是否规整、牢固。

3. 配电箱内电能表的安装操作

接下来进行配电箱内部电能表的安装,如图4-59所示。

图 4-59　电能表的安装

(1) 使用固定螺钉将绝缘木板固定在配电箱内。

(2) 将电能表安装固定在绝缘木板上。电能表应垂直安装,不能倾斜,电能表的允许偏差倾斜角度不得超过2°,若倾斜角度超过5°,则会造成10%的误差。

4. 配电箱内总断路器的安装

电能表安装固定完成后,接下来就需要对总断路器进行安装了,安装时,先将总断路器固定到配电箱的安装轨上,然后进行线路的连接,如图4-60所示。

5. 配电箱内各器件之间导线的连接

将配电箱内各器件安装完成后,需要对交流220 V输入线及输出线进行连接操作,如图4-61所示。

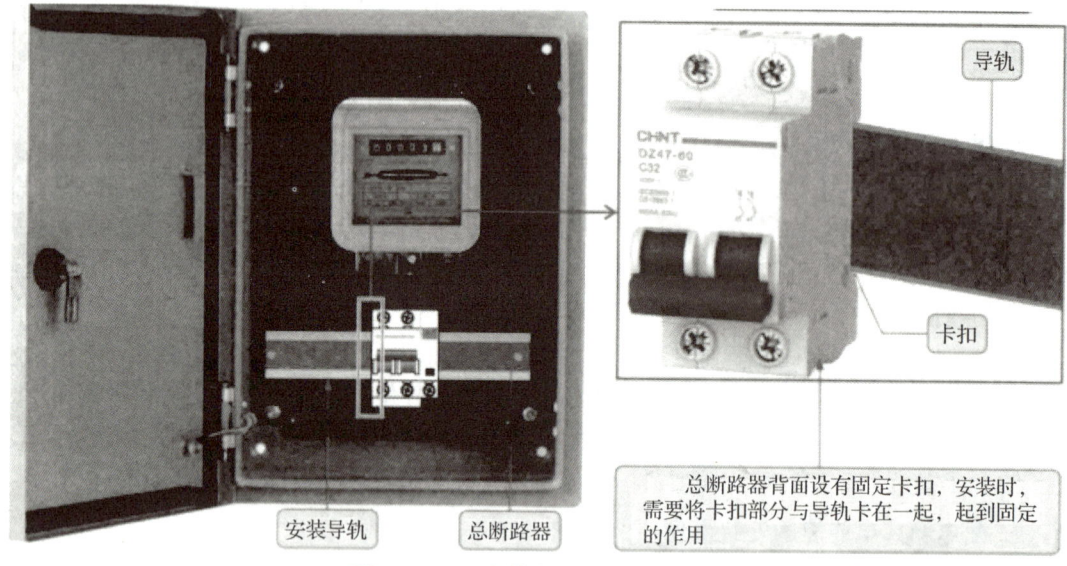

图 4-60 配电箱内总断路器的安装

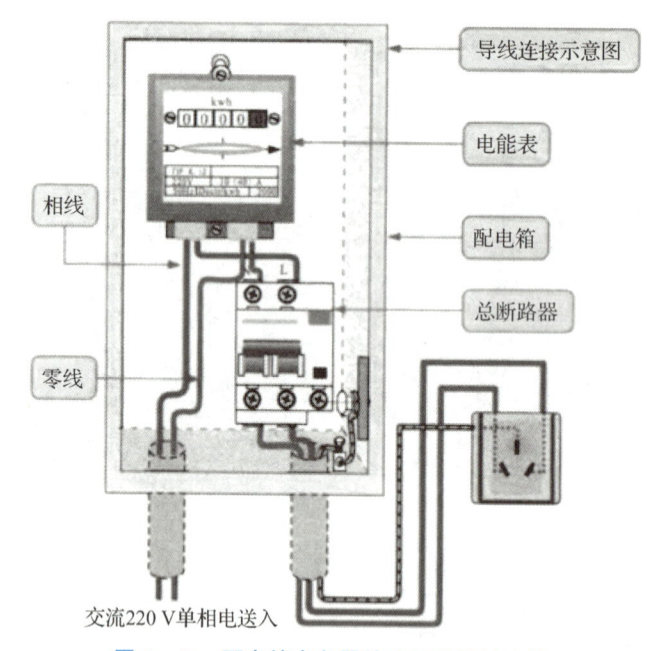

图 4-61 配电箱内各器件之间导线的连接

（1）将外部供电送来单相交流电的相线接入电能表的相线输入端 1（L），零线接入零线输入端 3（N），然后由电能表的相线输出端 2（L）和零线输出端 4（N）引出相线和零线，与总断路器连接。

（2）将电能表输出端的相线和零线分别插入总断路器的输入接线端上，使用螺钉旋具拧紧总断路器上的固定螺钉，固定导线。

（3）按照总断路器上的提示，将与配电盘接线端连接的相线连接在总断路器的相线输出接线端，零线连接在零线输出接线端，并拧紧总断路器上的固定螺钉。

（4）连接后，导线从配电箱的上端穿线孔穿出，完成配电箱内各部件的连接，导线连接完成后，检查各连接端是否牢固，若正常，接下来则对导线进行固定。

6. 配电箱的测试

配电箱安装完成后，在使用前要对配电箱进行测试，如图4-62所示。若配电箱不符合使用要求（即出现故障），则需重新安装配电箱。

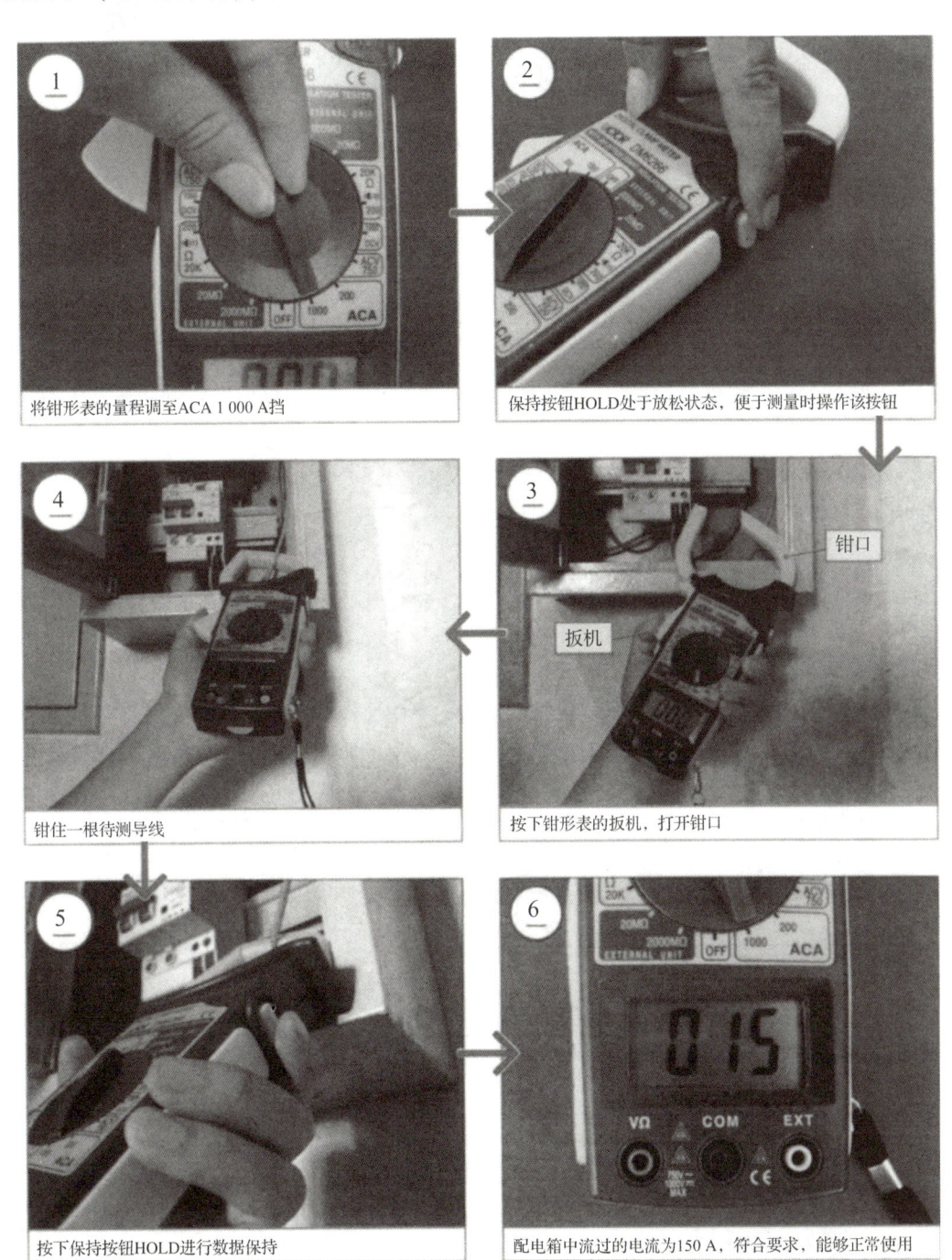

① 将钳形表的量程调至ACA 1 000 A挡	② 保持按钮HOLD处于放松状态，便于测量时操作该按钮
④ 钳住一根待测导线	③ 按下钳形表的扳机，打开钳口
⑤ 按下保持按钮HOLD进行数据保持	⑥ 配电箱中流过的电流为150 A，符合要求，能够正常使用

图4-62 配电箱的测试方法

(四) 配电盘的安装

配电箱将单相交流电引入住户以后,需要经过配电盘的分配使室内用电量更加合理,后期维护更加方便,用户使用更加安全。

配电盘里安装的器件主要为断路器(空气开关),如图4-63所示。

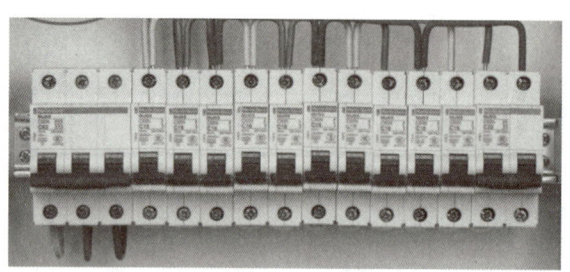

图4-63 典型配电盘的实物

1. 配电盘的选配

对配电盘的选配也就是对配电盘和内部断路器的选配,需根据配电盘的绝缘能力及断路器的主要参数来进行。

(1) 配电盘内的断路器最好选择带有漏电保护器的双进双出空气开关作为断路器,照明支路和空调支路选择单进单出的断路器即可。

(2) 室内供电中设计几个支路,配电盘上就应有几个控制支路的断路器。

(3) 支路断路器的额定电流应选择大于该支路中所有可能会同时使用的室内电器的总电流值。

2. 配电盘的安装

在动手安装配电盘之前,首先要根据配电盘的施工方案,了解配电盘的安装位置和线路走向。图4-64所示为配电盘的施工方案。

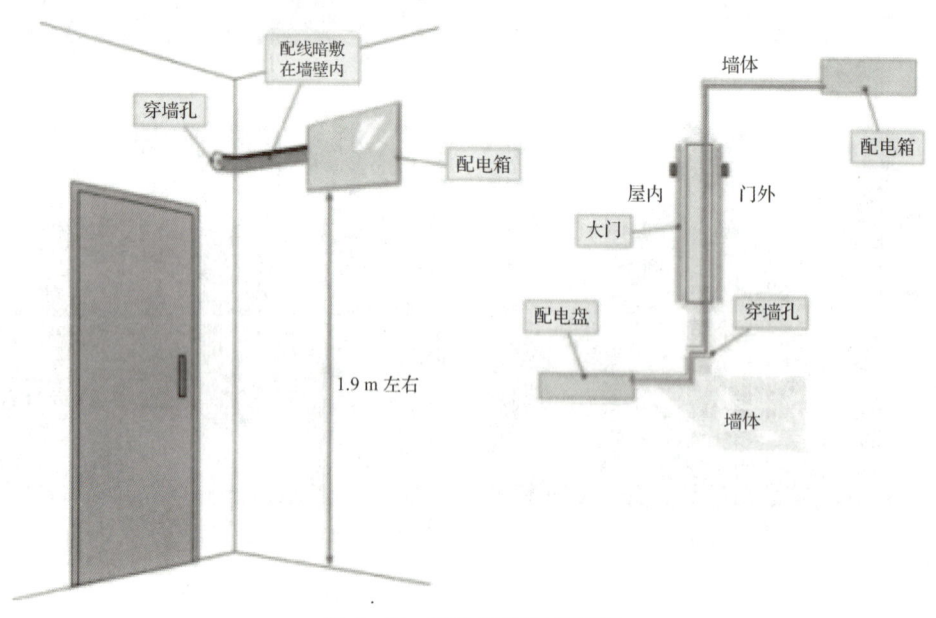

图4-64 配电盘的施工方案

1）配电盘外壳的安装方法

将室外线缆送到室内配电盘处,再将配电盘外壳放置到预先设计好的安装槽中,如图4-65所示。

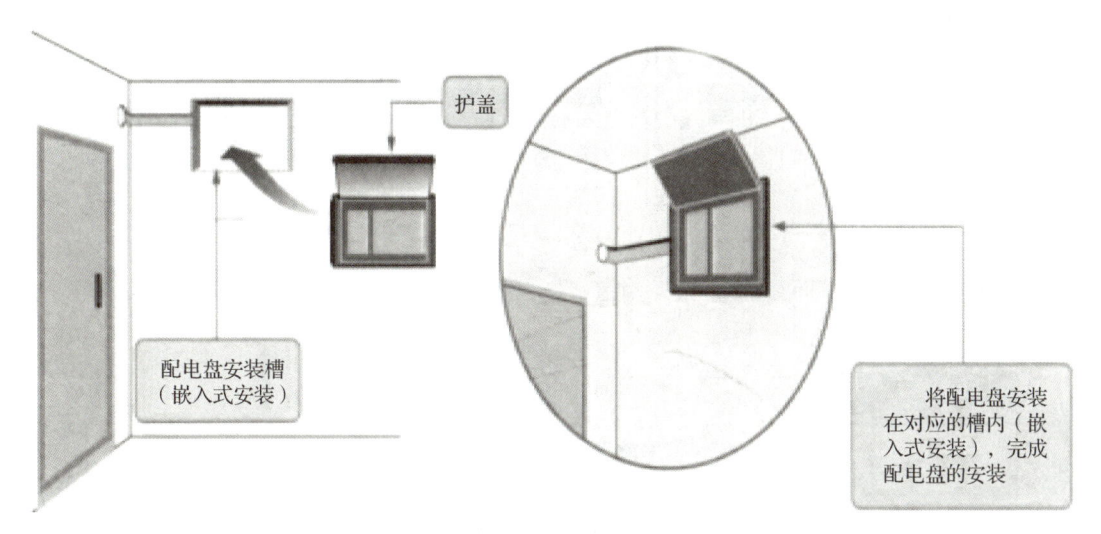

图 4-65 配电盘外壳的安装方法

2）配电盘内输入引线的连接方法

将配电盘安装在相应的位置后,需要对输入引线进行连接,首先与配电盘内总断路器的输入端连接,如图4-66所示。

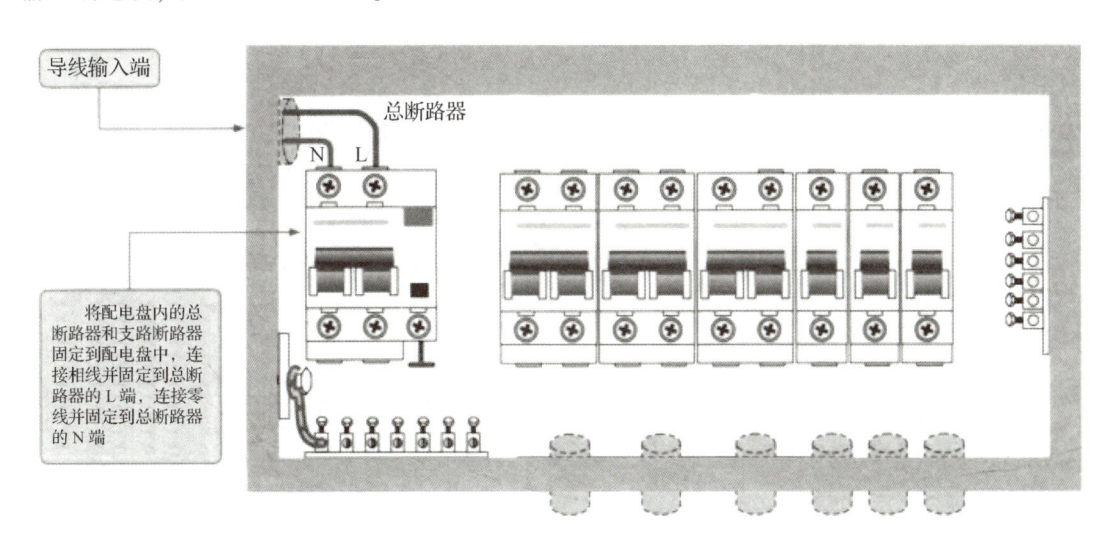

图 4-66 配电盘内输入引线的连接操作

3）配电盘内支路断路器输入引线的连接

接下来将总断路器输出的引线与各支路输入端引线连接,如图4-67所示。

4）配电盘内支路断路器输出引线的连接

最后将各支路的输出引线进行连接,并把地线一并放入扩管中,完成入户配电盘的安装,如图4-68所示。

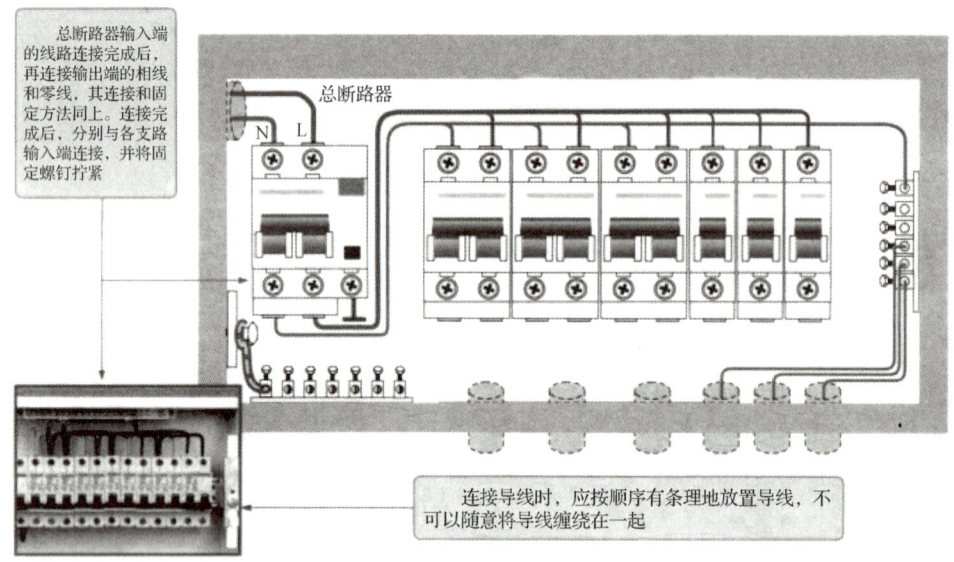

图 4-67 配电盘内支路断路器输入引线的连接

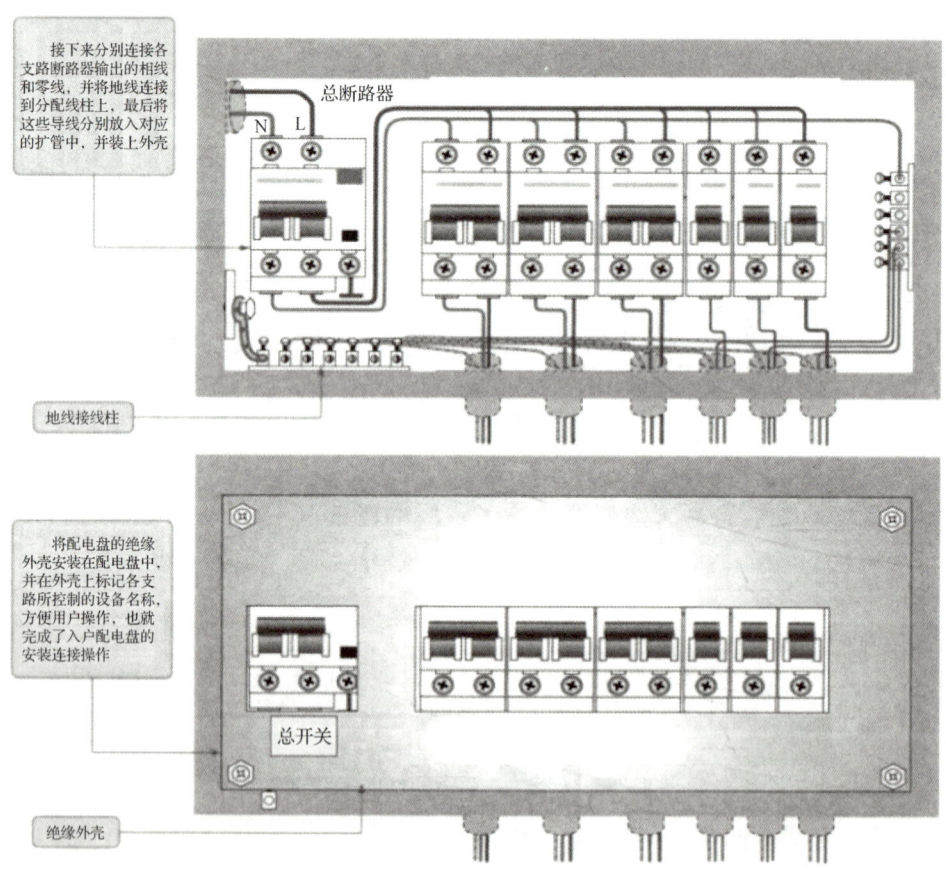

图 4-68 配电盘内支路断路器输出引线的连接

3. 配电盘的测试

配电盘安装完成后，使用前要对配电盘进行测试，如图 4-69 所示。若配电盘不符合使用要求（即出现故障），则需重新安装配电盘。

图 4-69　配电盘的测试方法

二、低压配电柜的安装

低压配电柜属于成套的电气产品，将各种单个电气元件根据设计要求集装在金属的柜型箱体，在交流额定电压 1 000 V 以下的配电系统中，用于动力、照明和配电的电能转换及控制。配电柜具有整齐美观、操作和检修简便及安全可靠等优点。

常见低压配电柜的结构如图 4-70 所示。

低压配电柜应安装在专用的配电室内。一般的配电柜正面为操作面，背面为维修面，安装时应留出前后两个通道，正面为操作通道，背面为维修通道。配电柜的安装形式分单列布置和双列布置两种，如图 4-71 所示。

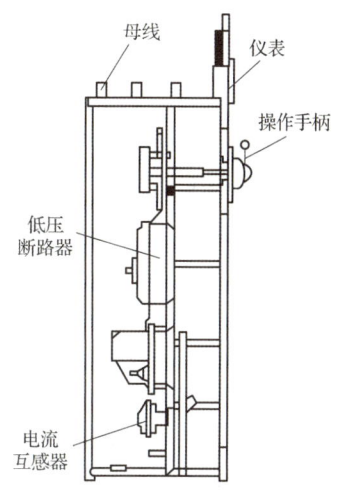

图 4-70　常见低压配电柜的结构

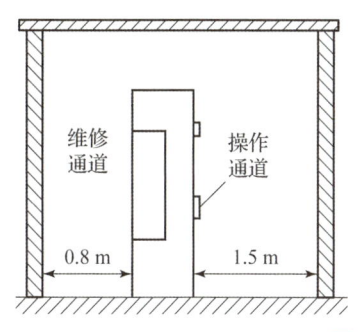

图 4-71　低压配电柜布置形式

拓展阅读

低压配电柜的安装要求

与"时代"同行的电工

他衣着普通、朴实厚道，但有一股东北人永不服输的犟劲；他靠自学，修完高等院校电气专业的全部课程；他曾经一年有 300 天时间，在祖国各地安装施工，所有施工现场总能看

到他加班加点埋头苦干的身影；他先后参与百余台重大机械装备的安装调试，解决诸多棘手的技术难题；他禁得住国外的高薪诱惑，将知识、技能无私奉献给自己的祖国。他就是大连重工·起重集团有限公司机电安装工程公司副总经理王亮。

小时候，他对电气知识有浓厚的兴趣，立志将来学电气专业，做一名电气工程师。1988年高考，因几分之差落榜。"没考上大学，并不等于学不到大学里的知识，靠自学也要修完高等院校有关专业的全部课程；将来即使成不了电气工程师，也要成为一名有出息的电工。"就这样，他选择一所职高，读书时比其他人都要勤奋，每天花费大量时间自学电气专业知识。"冬天，在采暖条件差的驻地工棚里裹着被子读书；夏天，在江南水乡驻地，为躲避蚊虫的叮咬，钻进蚊帐里读书。"王亮在采访时说。

经过不懈努力，1990年，从职高毕业的王亮成为大连重工·起重集团有限公司机电安装工程公司的一员，成就了他的"电工梦"。一年约有300天时间在祖国各地安装施工，他仍挤出时间坚持学习。王亮曾说，建立在知识经济基础之上的现代企业，需要的工人既要有专业技术知识又要掌握高新技术技能，要成为这种既能动脑又能动手的复合型技能人才，必须多学习、多实践、多钻研。这样，才能适应飞速发展的时代要求。

经过多年的实践和积累，王亮的技术水平不断提高，赢得领导、工友及用户的厚爱。1998年，他被评为企业电气工程师，2001年晋升为高级技师。

王亮所在的企业主要为冶金、港口、能源、矿山、工程、交通、航空航天、造船等国民经济基础领域提供重大成套技术装备、高新技术产品。"我所安装调试的重型设备，具有非常高的投资效益，所以用户给我们的设计、制造和安装调试周期都很短。为了适应市场、满足用户的需求，安装队伍常年加班加点突击生产，没有八小时工作制，没有节假日，连春节都要在安装现场。"他想到设备的安装调试抢时间、保周期仅靠拼体力、拼设备不行，要有创新的方法。他冥思苦想设计出一套散料装卸机械、港口装卸机械、焦炉机械和连铸设备电控系统安装调试的软件，使非常复杂、技术含量较高的安装调试变得相对简单、易于操作。王亮认为，持续的创新来源于市场的压力，由不自觉变为自觉。"作为一名现代技术工人，不仅要继承老一辈产业工人身上兢兢业业、吃苦耐劳的'老黄牛'精神，更要有勇于创想、敢于创造的创新精神。"

他曾参与很多中外合作的生产项目，2000年有外国公司给王亮发来年薪20万元、首签4年合同的入职邀请函，但他深切感受到，能有今天的成就，是党和国家、企业培养的结果，当国家、企业急需人才之际，必须将所学知识和技能奉献出来。"现阶段，我们的物质待遇可能不如发达国家的员工，但只要踏踏实实去做，我们的待遇迟早会好起来。我立志做一颗高强度的螺栓，牢牢地坚守在工作岗位上。"这是他的誓言。

2012年王亮被大连重工·起重集团有限公司聘任为机电安装工程公司副总经理，但他始终不忘自己曾经是一名普通的电工。他坚持一直带徒弟，并着手编制相关的检修手册，将电气、机械、液压等工作经验总结记录下来，作为培训教材。目前，王亮已经培养多名"技术+管理"的复合型人才，他们奋战在多个工程一线岗位，有效支撑公司的创新和发展。

何为工匠精神？"工匠精神就是自强不息的创造精神和奉献精神，三百六十行，这种精神都必不可少。如果自己是一支蜡烛，就让这支蜡烛为企业的发展充分燃烧，为实现自我价值毫无保留地释放自身的能量。"这是王亮的解读。

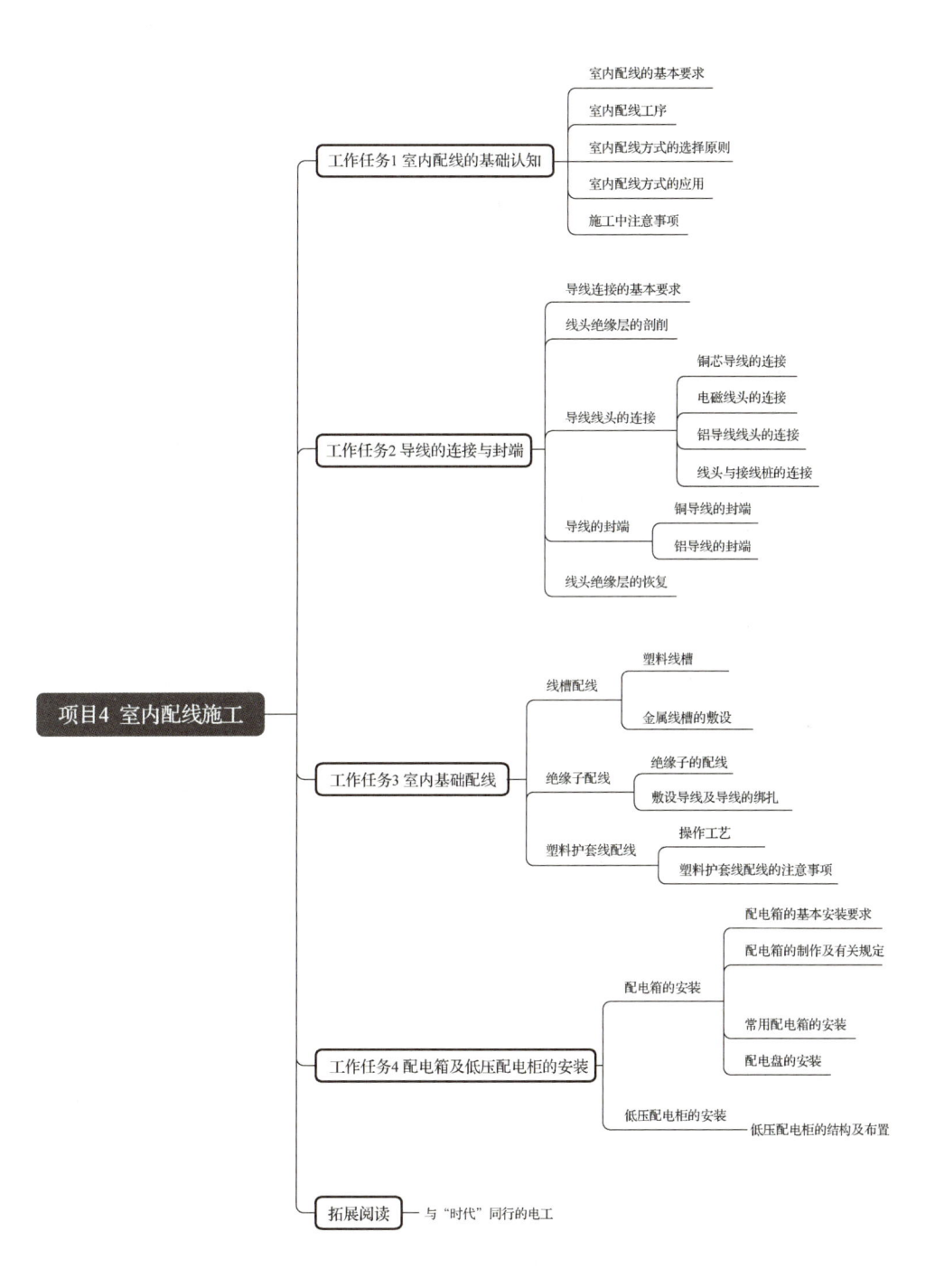

项目小结

项目4 室内配线施工
- 工作任务1 室内配线的基础认知
  - 室内配线的基本要求
  - 室内配线工序
  - 室内配线方式的选择原则
  - 室内配线方式的应用
  - 施工中注意事项
- 工作任务2 导线的连接与封端
  - 导线连接的基本要求
  - 线头绝缘层的剖削
  - 导线线头的连接
    - 铜芯导线的连接
    - 电磁线头的连接
    - 铝导线线头的连接
    - 线头与接线桩的连接
  - 导线的封端
    - 铜导线的封端
    - 铝导线的封端
  - 线头绝缘层的恢复
- 工作任务3 室内基础配线
  - 线槽配线
    - 塑料线槽
    - 金属线槽的敷设
  - 绝缘子配线
    - 绝缘子的配线
    - 敷设导线及导线的绑扎
  - 塑料护套线配线
    - 操作工艺
    - 塑料护套线配线的注意事项
- 工作任务4 配电箱及低压配电柜的安装
  - 配电箱的安装
    - 配电箱的基本安装要求
    - 配电箱的制作及有关规定
    - 常用配电箱的安装
    - 配电盘的安装
  - 低压配电柜的安装
    - 低压配电柜的结构及布置
- 拓展阅读 与"时代"同行的电工

思考题

1. 简述室内配线的基本要求。
2. 简述室内配线工序。
3. 简述配线方式的选择原则。
4. 简述室内较小负荷配线方式的特点。
5. 简述一般动力及其他回路配线方式的分类。
6. 简述导线连接的基本要求。
7. 说明塑料硬线绝缘层的剖削过程。
8. 说明花线绝缘层的剖削过程。
9. 说明单股芯线绞接的方法。
10. 简述单股铜芯线的 T 形连接过程。
11. 说明压接管压接法的操作过程。
12. 说明线头与针孔接线桩的连接过程。
13. 说明铜导线封端锡焊法的过程。
14. 说明线头绝缘层的恢复包缠方法。
15. 简述塑料线槽操作工艺流程。
16. 说明塑料线槽各种附件安装要求。
17. 描述塑料线槽槽内放线的流程。
18. 说明塑料护套线配线的注意事项。
19. 简述线管选择方法。
20. 说明线管配线的注意事项。
21. 简述配电箱的基本安装要求。
22. 简述落地式配电箱的安装步骤。
23. 简述低压配电柜的安装要求。

项目 5

城市轨道交通低压配电系统运行与维护

知识目标

1. 掌握车站低压设备的主要功能。
2. 熟悉车站低压配电系统动力负荷配电方式。
3. 熟悉开关柜主接线与运行方式。
4. 掌握开关柜类型特点。
5. 掌握环控电控柜主要参数。
6. 掌握环控电控柜框架结构。
7. 掌握环控电控柜内低压配电主要部件。
8. 掌握 EPS 设备的作用。
9. 掌握 EPS 设备的组成。
10. 掌握 EPS 设备的运行模式。

能力目标

1. 能够理解车站低压配电设备的功能及结构特点。
2. 能够完成简单开关柜主接线配置。
3. 能够识别环控电控柜内低压配电主要部件。
4. 能够完成应急电源（EPS）设备的基础安装。

素养目标

1. 培养学生会分析、敢表达的学术自信。
2. 锻炼学生的沟通表达能力并培养学生的团队协作精神。
3. 培养学生吃苦耐劳、一丝不苟的工匠精神。
4. 树立学生执行工作程序、遵守工作规范的服从意识。

重点难点

1. 车站低压配电系统动力负荷配电方式。
2. 开关柜主接线与运行方式。
3. 环控电控柜内低压配电主要部件。
4. EPS 设备运行模式。

课程导入

低压配电系统在城市轨道交通中占有举足轻重的地位，它的可靠性、安全性决定通信、信号、屏蔽门、综合监控、自动售检票、电扶梯、火灾报警以及消防等系统的运行质量。尤其在非正常工作状态下，是地铁正常运营不可缺少的重要保障。

技能训练

工作任务 1　车站低压配电设备认知

实施工单

《车站低压配电设备认知》实施工单

学习项目	城市轨道交通低压配电系统运行与维护		姓名		班级	
任务名称	车站低压配电设备认知		学号		组别	
任务目标	1. 能够明确说明车站主要低压设备特点。 2. 能够描述车站低压配电系统配电方式。 3. 能够说明车站低压配电系统的控制方式					
任务描述	学生以小组为单位，通过查阅相关资料及实地调研，完成下列任务： 1. 介绍车站主要低压设备特点。 2. 描述车站低压配电系统配电方式。 3. 描述车站低压配电系统配电负荷等级。 4. 以小组为单位，查找资料，说明车站低压配电系统的控制方式					

续表

学习项目	城市轨道交通低压配电系统运行与维护		姓名		班级	
任务名称	车站低压配电设备认知		学号		组别	
任务要求	1. 场地要求：供配电系统实训室。 2. 设备要求：无。 3. 工具要求：无。					
课前任务	请根据教师提供的视频资源，探索车站主要低压设备特点，并在课程平台讨论区进行讨论					
课中训练	1. 通过查阅相关资料，将车站低压配电设备认知情况记录在下表。 **车站低压配电设备认知情况记录表**<table><tr><th colspan="2">知识点</th><th>内容</th></tr><tr><td rowspan="6">主要低压设备</td><td>0.4 kV 开关柜及环控电控柜</td><td></td></tr><tr><td>通风空调设备就地控制箱及雨水泵控制箱</td><td></td></tr><tr><td>废水泵、污水泵、消防泵控制箱</td><td></td></tr><tr><td>应急电源设备</td><td></td></tr><tr><td>电源配电箱、双电源切换箱</td><td></td></tr><tr><td>区间维修电源箱</td><td></td></tr><tr><td rowspan="5">车站低压配电系统动力负荷配电方式</td><td>电压等级</td><td></td></tr><tr><td>负荷分类</td><td></td></tr><tr><td>配电方式</td><td></td></tr><tr><td>车站低压配电系统的控制方式</td><td></td></tr><tr><td>保护方式</td><td></td></tr></table>2. 请学生分组调研所在城市轨道交通车站低压配电系统动力负荷配电方式，并进行汇报展示					
任务总结	对项目完成情况进行归纳、总结、提升					
课后任务	思考城市轨道交通车站低压配电系统动力负荷配电方式的特点，并在课程平台讨论区进行讨论					

评价标准

采用学生自评（20%）、组内互评（20%）、组间互评（20%）、教师评价（40%）四种评价方式，评价内容及标准如下表所示。

《车站低压配电设备认知》任务评价内容及标准

序号	评价项目	评价内容	评价标准	分值	得分
1	任务完成情况	主要低压设备	0.4 kV 开关柜及环控电控柜结构特点描述是否正确。 通风空调设备就地控制箱及雨水泵控制箱结构特点描述是否清楚。 废水泵、污水泵、消防泵控制箱结构特点描述是否清楚。 应急电源设备、电源配电箱、双电源切换箱结构特点描述是否清楚。 区间维修电源箱结构特点描述否明确。 根据实际情况酌情打分	40 分	
		车站低压配电系统动力负荷配电方式	车站低压配电系统电压等级描述是否正确。 车站低压配电系统负荷分类描述是否正确。 车站低压配电系统配电方式描述是否正确。 车站低压配电系统的控制方式描述是否明确。 根据实际情况酌情打分	40 分	
2	职业素养情况	资料搜集情况	资料搜集非常全面 5 分；资料搜集比较全面 1~4 分；资料搜集不全面酌情扣 1~5 分	5 分	
		语言表达情况	表达非常准确 5 分；表达比较准确 1~4 分；表达不准确酌情扣 1~5 分	5 分	
		工作态度情况	态度非常认真 5 分；态度较为认真 2~4 分；态度不认真、不积极酌情扣 1~5 分	5 分	
		团队分工情况	分工非常合理 5 分；分工比较合理 1~4 分；分工不合理酌情扣 1~5 分	5 分	

理论要点

一、主要低压设备

1. 0.4 kV 开关柜

如图 5-1 所示，0.4 kV 开关柜是由一个或多个低压开关和与之相关的控制、测量、信号、保护、调节等设备，用结构部件完整组装为一体的组合型低压开关柜。0.4 kV 开关柜设置于车站、段场或控制中心（OCC）变电所内，用于车站低压用电的分配和计量。

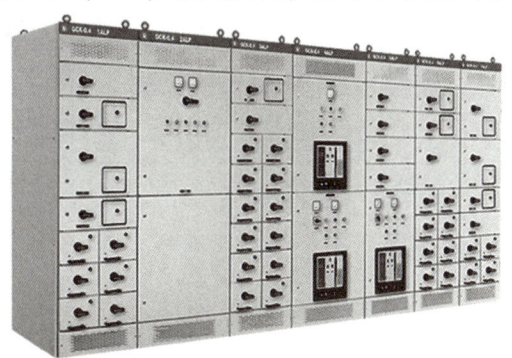

图 5-1　0.4 kV 开关柜

2. 环控电控柜

环控电控柜安装于环控电控室，为通风空调设备如隧道风机、排热风机、组合式空调机组、送风机、排风机、排烟风机、电动风阀等设备提供电源，实现设备的远距离操作及智能控制，如图 5-2~图 5-4 所示。

图 5-2　环控柜总图　　图 5-3　环控柜风机抽屉柜

3. 通风空调设备就地控制箱

通风空调设备就地控制箱安装于设备房各通风空调设备附近，用于各通风空调设备维修调试时的就地控制操作，如图 5-5 所示。

4. 雨水泵控制箱

安装于地下隧道入口、风亭处，用于地下隧道入口、风亭处雨水泵的控制，如图 5-6 所示。

5. 废水泵、污水泵、消防泵控制箱

废水泵、污水泵、消防泵控制箱安装于废水泵、污水泵、消防泵用电设备附近，用于废水泵、污水泵、消防泵运行控制。

图 5-4　环控柜风阀抽屉柜

图 5-5　通风空调设备就地控制箱

图 5-6　雨水泵控制箱

6. 防火阀电源配电箱

防火阀（DC 24 V）电源配电箱安装于车站防火阀相对集中处附近，将 AC 220 V 整流为 DC 24 V 电源，提供给防火阀关闭电磁阀动作所需电源。

7. 自动扶梯应急停机按钮

自动扶梯应急停机按钮安装于车站站控室内，用于在发生紧急状况（如火灾）时自动扶梯应急停机控制。

8. 应急电源设备

在车站两端各设置一套应急电源设备，为车站提供应急照明。从变电所两段低压母线各引一路电源至应急照明电源室，并在末端切换。正常情况下，由变电所提供的交流 220/380 V 电源承担应急照明用电，蓄电池处于浮充状态，在两路电源均失去的情况下，蓄电池组投入工作，通过逆变器承担应急照明用电。

9. 电源配电箱、双电源切换箱

电源配电箱、双电源切换箱安装于车站各动力用电设备（如自动扶梯、水泵、信号设备、通信设备、自动售检票设备）附近，提供设备所需电源。

10. 区间维修电源箱

区间维修电源箱安装于正线区间隧道内，80~100 m 设 1 台，提供隧道内设备维修作业时所需的电源，如图 5-7 所示。

二、车站低压配电系统动力负荷配电方式

（一）电压等级

室内配电用的电压：
(1) 照明用 110 V 和 220 V 直流电压。
(2) 直流电动机用 110 V、220 V 和 440 V 直流电压。
(3) 380/220 V 三相四线制交流电压，380 V 用于

图 5-7　区间维修电源箱

动力设备（如电动机等），220 V 用于照明或电气设备等。

（4）36 V、24 V 交流电压用于移动式局部照明，12 V 用于危险场所的手提灯。

（5）大容量的高压电动机采用 3 kV 或 6 kV 交流电压。

（6）室内高压变电所电压为 6 kV 或 10 kV，室内变电站电压最高为 35 kV。

（二）负荷分类

地铁车站用电负荷根据用电设备的不同用途和重要性分为三级。

1. 一级负荷

通信、信号、火灾自动报警系统（FAS）、环境与设备监控系统（BAS）、自动售检票系统（AFC）、屏蔽门、自动扶梯（火灾时仍需运行的）、气体灭火、废水泵、雨水泵、应急照明电源装置、隧道风机、排热风机、排烟风机、消防水管路中的电动蝶阀等为一级负荷。

一级负荷需要双电源供电，地铁车站一级负荷由变电所 0.4 kV 开关柜两段独立母线分别馈出一路电源，在末端配电箱设置自动切换功能，为设备提供电源。

2. 二级负荷

出入口扶梯、站内直梯、卷帘门、维修插座箱、污水泵、出入口潜污泵，除一级负荷外的风机、风阀等为二级负荷。

二级负荷供电有多种选择的方案，有条件时采用双电源供电，按一级负荷的供电方案进行双电源供电；也由变电所 0.4 kV 开关柜馈出单回路供电电源至末端配电箱或设备；或由 0.4 kV 开关柜，其中一段母线馈出一路电源至设备附近的电源配电箱，再馈出给设备，该段母线失压后，母线分段断路器（母联断路器、连接两段母线）自动合闸，由另一段母线继续供电。

3. 三级负荷

冷水机组、冷冻泵、冷却泵、冷却塔风机、三级小动力（含电开水器、清洁插座、设备房插座等）等为三级负荷。

三级负荷单电源供电即可。由变电所 0.4 kV 开关柜，馈出单回路供电电源至末端配电箱或设备。供电系统为非正常运行方式时，切除三级负荷。

（三）配电方式

地铁车站动力系统采用 380 V 三相四线制、220 V 单相两线制方式供电，主要为车站、车辆段、控制中心、停车场等场所的环控、给排水、电扶梯、屏蔽门、消防、自动售检票及通信、信号等系统设备提供动力电源。

配电原则

1. 220 V 单相交流制

一般小容量的室内用电可用 220 V 单相交流制，如图 5-8 所示，这是由外线路上一根相线和一根中性线组成，也由单相 220 V 降压变压器供给。目前，小容量的单相变压器不再制造。

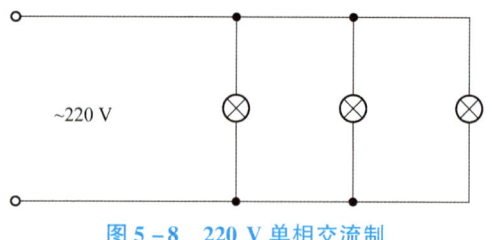

图 5 – 8 220 V 单相交流制

2. 380/220 V 三相四线制

大容量的电灯用电如机关办公室、学校、宿舍等，采用 380/220 V 三相四线制，将各组电灯平均地接在每一根相线和中性线之间，如图 5 – 9 所示。三相负载不平衡时，中性线中有电流流过，应合理分配各相负荷，使中性线电流不得超过低压线圈额定电流的 25%。

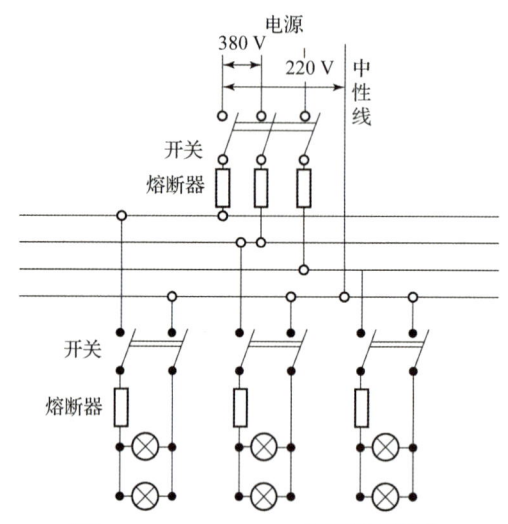

图 5 – 9 380/220 V 三相四线制接线

3. 三相五线制

在三相四线制供电系统中，把零线的两个作用分开，即一根线作工作零线（N），另一根线专作保护零线（PE），这样的供电接线方式称为三相五线制供电方式。三相五线制包括三根相线、一根工作零线、一根保护零线。三相五线制接线如图 5 – 10 所示。

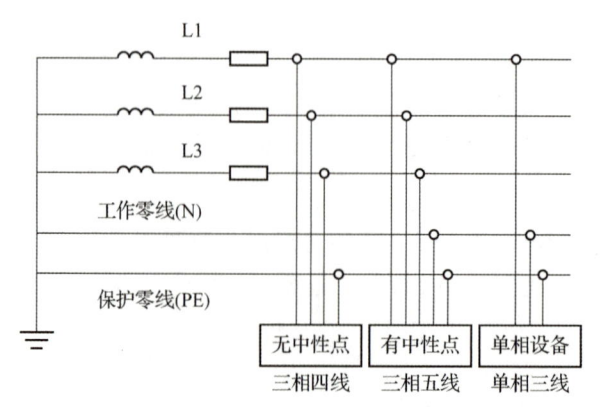

图 5 – 10 三相五线制接线

在三相四线制供电中，当三相负载不平衡时和低压电网的零线过长且阻抗过大时，零线将有零序电流通过。过长的低压电网，由于环境恶化、导线老化、受潮等因素，导线的漏电电流通过零线形成闭合回路，致使零线也带一定的电位，这对安全运行十分不利。在零线断线的特殊情况下，禁止断线以后的单向设备和所有保护接零的设备产生危险电压。如采用三相五线制供电方式，用电设备上所连接的工作零线 N 和保护零线 PE 分别敷设，工作零线上的电位不能传递到用电设备外壳，这样能有效隔离三相四线制供电方式所造成的危险电压，使用电设备外壳电位始终处在"地"电位，消除设备产生危险电压的隐患。

凡是采用保护接零的低压供电系统，均是三相五线制供电的应用范围。国家有关部门规定：凡是新建、扩建、企事业、商业、居民住宅、智能建筑、基建施工现场及临时线路，一律实行三相五线制供电方式，做到保护零线和工作零线单独敷设，对现有企业应逐步将三相四线制改为三相五线制供电，具体办法应按三相五线制敷设要求的规定实施。

建筑电气设计中采用"单相三线制"和"三相五线制"配电，在过去"单相二线制"和"三相四线制"配电基础上，再增加一根专用保护线直接与接地网连接。

（四）车站低压配电系统的控制方式

1. 0.4 kV 开关柜配电控制方式

0.4 kV 开关柜配电控制方式是指对于通信、信号、废水泵、屏蔽门、自动售检票机等由 0.4 kV 直接供配电的各系统设备，系统提供电源至各设备附近的双电源切换箱或配电箱，操作人员可在 0.4 kV 或设备附近的双电源切换箱或配电箱，对各设备做电源通断或切换操作控制。

2. 环控电控柜配电控制方式

环控电控柜配电控制方式是指对于环控电控室直接控制的设备（如空调机组、风机、风阀）等采用三级控制方式，即就地控制（设备附近）、环控控制（环控电控室）、BAS 控制（车站控制室或控制中心）。

1）就地控制

各设备附近都设有就地控制箱，通过操作就地控制箱可控制相应设备。

2）环控控制

环控电控室设有环控电控柜，通过抽屉式组件上的开关和按钮远程控制相应设备的启动或停止。

3）BAS 控制

在 BAS 系统上可监控车站、控制中心等动力设备的工作状态，可以远程控制设备的启、停。正常情况下，环控电控柜所有开关应全部合上，转换开关应在 BAS 位上，以便通过 BAS 集中控制相应设备及工作模式。

（五）保护方式

低压进线和母联开关设失压、过负荷接地及短路保护，配电线路设过负荷、短路保护。对于可能造成人身间接电击、电气火灾、线路损坏等事故的线路加设接地保护。设备保护开关一般采用低压断路器和热继电器，设过负荷、短路接地和缺相保护。动力插座、插座箱和移动式用电设备设漏电保护开关。

工作任务 2　开关柜设备认知及控制

实施工单

《开关柜设备认知及控制》实施工单

学习项目	城市轨道交通低压配电系统运行与维护		姓名		班级	
任务名称	开关柜设备认知及控制		学号		组别	
任务目标	1. 能够说明开关柜主接线与运行方式。 2. 能够描述开关柜类型特点					
任务描述	学生以小组为单位，通过查阅相关资料及实地调研，完成下列任务： 1. 介绍开关柜主接线与运行方式。 2. 描述开关柜运行方式。 3. 说明开关柜类型特点					
任务要求	1. 场地要求：供配电系统实训室。 2. 设备要求：无。 3. 工具要求：无					
课前任务	请根据教师提供的视频资源，探索开关柜主接线与运行方式，并在课程平台讨论区进行讨论					
课中训练	1. 通过查阅相关资料，将开关柜设备认知及控制情况记录在下表。 开关柜设备认知及控制情况记录表 	知识点		内容
---	---	---
开关柜主接线与运行方式	主接线形式	
	开关柜主接线运行方式	
开关柜类型	各开关柜用途	
	开关柜一般要求	| 2. 请学生分组调研所在城市轨道交通开关柜类型，并进行汇报展示					
任务总结	对项目完成情况进行归纳、总结、提升					
课后任务	思考所在城市轨道交通开关柜还有哪些其他要求，并在课程平台讨论区进行讨论					

评价标准

采用学生自评（20%）、组内互评（20%）、组间互评（20%）、教师评价（40%）四种评价方式，评价内容及标准如下表所示。

《开关柜设备认知及控制》任务评价内容及标准

序号	评价项目	评价内容	评价标准	分值	得分
1	任务完成情况	开关柜主接线与运行方式	开关柜主接线表述是否清楚。开关柜运行方式表述理解是否清楚。根据实际情况酌情打分	40分	
		开关柜类型	开关柜用途表述是否清楚。开关柜一般要求表述理解是否清楚。根据实际情况酌情打分	40分	
2	职业素养情况	资料搜集情况	资料搜集非常全面5分；资料搜集比较全面1~4分；资料搜集不全面酌情扣1~5分	5分	
		语言表达情况	表达非常准确5分；表达比较准确1~4分；表达不准确酌情扣1~5分	5分	
		工作态度情况	态度非常认真5分；态度较为认真2~4分；态度不认真、不积极酌情扣1~5分	5分	
		团队分工情况	分工非常合理5分；分工比较合理1~4分；分工不合理酌情扣1~5分	5分	

理论要点

地铁车站开关柜一般位于车站降压变电所低压室内。车站变电所 AC 35 kV 或 10 kV 的电压经过降压变压器降为 AC 400 V，通过开关柜各开关给车站、车厂、控制中心的一、二、三类负荷进行供电。开关柜主要由进线开关柜、母联开关柜、馈线柜、有源滤波柜和两段母线等设备组成。某地铁站 0.4 kV 开关柜外形如图 5-11 所示。

图 5-11 某地铁车站 0.4 kV 开关柜

一、开关柜主接线与运行方式

1. 主接线形式

开关柜直接面向车站、区间的低压用户,从用电设备负荷分类来讲,一、二级负荷占绝大多数,对低压电源的可靠性要求高。主变电所、中压网络等输变电环节采取一系列措施,提高供电系统的可靠性。开关柜采用单母分段主接线形式,设母联开关(母线分段开关),如图 5-12 所示。

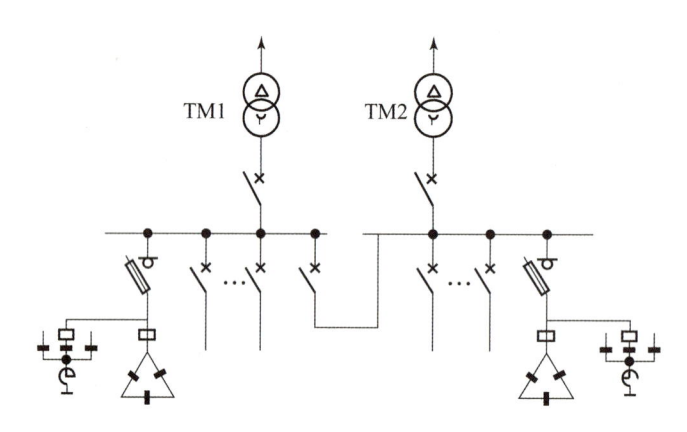

图 5-12　0.4 kV 系统主接线示意图

两段低压母线上的负荷应尽量均衡分配,与配电变压器安装容量相匹配。

2. 运行方式

正常运行时,两个独立的低压进线电源同时供电,两端母线分列运行。一个低压进线电源失电时,进线开关与母线分段开关可采用"自投自复、自投手复、手投手复"等运行方式。

1) 自投自复

当一个低压进线电源失压跳闸时,母联开关自动投入,另一个低压进线电源向两段母线供电。该低压进线电源恢复供电,母联开关自动分闸,该低压进线开关自动合闸,恢复正常运行方式。该方式属于常用的一种运行方式。

2) 自投手复

当一个低压进线电源失压跳闸时,母联开关自动投入,另一个低压进线电源向两段母线供电。该低压进线电源来电,母联开关手动分闸,该低压进线开关手动合闸,恢复正常运行方式。

3) 手投手复

当一个低压进线电源失压跳闸时,母联开关手动投入,另一个低压进线电源向两段母线供电。该低压进线电源来电,母联开关手动分闸,该低压进线开关手动合闸,恢复正常运行方式。

二、开关柜类型

变电所开关设备的典型布局:2 台进线开关柜,1~6 台三级负荷开关柜,1~3 台母联开关柜，若干台馈线抽屉开关柜。

1. 各开关柜用途

（1）进线开关柜：进线端为两个车站降压变压器二次绕组出线端，为两段 0.4 kV 母线提供两路电源。

（2）三级负荷开关柜：为车站三级负荷提供电源。

（3）母联开关柜：对于车站二级负荷，当一路电源进线失电时，母联开关合闸，由另一路担负本段负荷用电电源。

（4）有源滤波柜：将电路中的谐波与基波分离，通过内部电路生成与电网谐波电流幅值相等、极性相反的补偿电流注入电网，对谐波电流进行补偿或抵消，消除电网中谐波的影响。

2. 开关柜一般要求

开关柜内部组件：交流框架式主断路器、塑壳式馈线断路器、主母排、软母排、控制保护元器件、馈出电缆等。

工作任务 3　环控电控柜设备认知及控制

实施工单

开关柜一般要求

《环控电控柜设备认知及控制》实施工单

学习项目	城市轨道交通低压配电系统运行与维护	姓名		班级	
任务名称	环控电控柜设备认知及控制	学号		组别	
任务目标	1. 能够说明环控电控柜主要参数。 2. 能够描述环控电控柜框架结构。 3. 能够描述环控电控柜内低压配电主要部件。 4. 能够描述电源切换箱、配电箱结构特点。 5. 能够描述废水、雨水泵结构特点				
任务描述	学生以小组为单位，通过查阅相关资料及实地调研，完成下列任务： 1. 介绍环控电控柜框架结构。 2. 描述环控电控柜内低压配电主要部件。 3. 描述电源切换箱、配电箱结构特点。 4. 说明废水、雨水泵结构特点				
任务要求	1. 场地要求：供配电系统实训室。 2. 设备要求：无。 3. 工具要求：无				

续表

学习项目	城市轨道交通低压配电系统运行与维护	姓名		班级	
任务名称	环控电控柜设备认知及控制	学号		组别	
课前任务	请根据教师提供的视频资源，探索环控电控柜框架结构的特点，并在课程平台讨论区进行讨论					
课堂训练	1. 通过查阅相关资料，将环控电控柜设备认知及控制情况记录在下表。 **环控电控柜设备认知及控制情况记录表** 	知识点		内容
---	---	---
环控电控柜主要参数	环控电控柜主要参数	
环控电控柜框架结构	环控电控柜框架结构	
环控电控柜内低压配电主要部件	抽屉式组件、智能化断路器、电源自动转换装置	
	接触器及中间继电器、电机保护器、软启动器	
	变频器、风阀	
	UPS 设备、PLC 设备	
电源切换箱、配电箱	电源切换箱、配电箱	
废水、雨水泵	废水、雨水泵	| 2. 请学生分组调研所在城市轨道交通环控电控柜内低压配电主要部件的特点，并进行汇报展示					
任务总结	对项目完成情况进行归纳、总结、提升					
课后任务	思考所在城市轨道交通环控电控柜内低压配电的主要设备特点，并在课程平台讨论区进行讨论					

评价标准

采用学生自评（20%）、组内互评（20%）、组间互评（20%）、教师评价（40%）四种评价方式，评价内容及标准如下表所示。

《环控电控柜设备认知及控制》任务评价内容及标准

序号	评价项目	评价内容	评价标准	分值	得分
1	任务完成情况	环控电控柜主要参数	环控电控柜主要参数的表述是否清楚。根据实际情况酌情打分	10 分	
		环控电控柜框架结构	环控电控柜框架结构理解是否清楚。根据实际情况酌情打分	10 分	
		环控电控柜内低压配电主要部件	抽屉式组件、智能化断路器、电源自动转换装置表述是否清楚。接触器及中间继电器、电机保护器、软启动器表述是否清楚。变频器、风阀表述是否清楚。UPS 设备、PLC 设备理解是否正确、清楚。根据实际情况酌情打分	40 分	
		电源切换箱、配电箱	电源切换箱、配电箱描述是否正确、清楚。根据实际情况酌情打分	10 分	
		废水、雨水泵	废水、雨水泵描述是否正确、清楚。根据实际情况酌情打分	10 分	
2	职业素养情况	资料搜集情况	资料搜集非常全面 5 分；资料搜集比较全面 1~4 分；资料搜集不全面酌情扣 1~5 分	5 分	
		语言表达情况	表达非常准确 5 分；表达比较准确 1~4 分；表达不准确酌情扣 1~5 分	5 分	
		工作态度情况	态度非常认真 5 分；态度较为认真 2~4 分；态度不认真、不积极酌情扣 1~5 分	5 分	
		团队分工情况	分工非常合理 5 分；分工比较合理 1~4 分；分工不合理酌情扣 1~5 分	5 分	

> 理论要点

地下车站一般在站厅层两端各设置一座环控电控室，如图 5-13 所示，电控室内设环控电控柜，作为接收和分配 0.4 kV 系统的电能，负责通风空调设备，如空调机组的送风机、排风机、电动风阀、制冷机组、冷冻/冷却水泵、冷却塔等空调设备的集中供电和智能控制。

图 5-13 环控电控室

环控电控柜根据功能分为进线柜、馈线柜、软启动柜、变频柜，其功能及核心组成如表 5-1 所示。

表 5-1 各环控电控柜的功能及核心组成

名称	主要功能	核心组成
进线柜	主要用于电控柜控制设备的供电	双电源自动转换装置
馈线柜	主要用于其他风机、风阀的配电及控制	可编程控制器（以下简称PLC）、马达保护器
软启柜	主要用于隧道风机的配电及控制	软启动器
变频柜	主要用于轨道排风机、组合式空调机、回排风兼排烟风机的配电及控制	变频器

环控电控柜按结构分为抽插分隔固定柜和抽屉柜。抽插分隔固定柜内的主要组件，包括断路器、接触器、电流互感器、智能元件（智能电力测控仪表等）、数字监控仪表、智能接口模块、不间断电源、按钮/信号灯、电力测控仪表等。抽屉柜内的组件包括断路器、快速熔断器、电流互感器、软启动器、接触器、显示仪表、智能元件。智能元件主要包括电机保护控制模块、小型 PLC 或智能 I/O、现场总线、网关等。

环控电控柜结构紧凑、安全可靠，完全的标准化和模数化的模块构成，检测与维护轻松方便。各种模块可灵活组合，满足各种不同的要求。

一、环控电控柜主要参数

环控柜成套装置为框架结构柜体，柜体采用冷轧钢板，厚度 2 mm，外表表面防护采用环氧树脂粉末高温聚合、涂层均匀、附着力强、耐磨性好。其基本技术参数如表 5-2 所示，主要电气参数如表 5-3 所示。

表 5-2 环控电控柜基本技术参数

序号	项目	内容
1	污染等级	3
2	额定冲击耐受电压	≥8 kV
3	电气间隙	≥10 mm
4	爬电距离	≥12 mm
5	隔离距离	应符合《低压空气式隔离器断路器、隔离断路器及熔断器组合电源》(JB 4012—1985)的有关要求，同时考虑到制造公差和由于磨损而造成的尺寸变化
6	耐压水平	2.5 kV、50 Hz、1 min

表 5-3 环控电控柜主要电气参数

序号	项目	内容
1	额定电压	0.4 kV
2	额定绝缘电压	690 V
3	水平母线最大工作电流	5 000 A
4	垂直母线最大工作电流	1 500 A
5	水平母线额定短时耐受电流（1 s）	100 kA
6	水平母线额定峰值耐受电流	220 kA
7	垂直母线额定短时耐受电流（1 s）	50 kA
8	垂直母线短时峰值电流	105 kA
9	辅助回路的额定电压	AC 220 V 或 DC 24 V

二、环控电控柜框架结构

环控柜为柜式结构，常见的外形参考尺寸为宽：400 mm、600 mm、800 mm、1 000 mm；深：1 000 mm；高：2 200 mm。柜架结构由骨架和外壳组成。

1. 骨架

骨架是环控柜的承重部分，是由钢板型材相互连接而成，环控电控柜的骨架结构尺寸精确而稳固。它有两种结构形式，即螺钉连接式和焊接式，如图 5-14 所示。

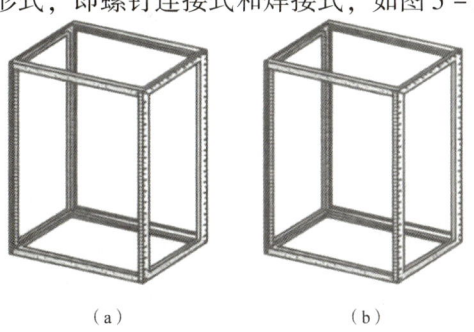

（a） （b）

图 5-14 环控电控柜骨架连接结构示意图
(a) 焊接结构；(b) 螺钉连接结构

(1) 型材布满间距为 25 mm 的模数孔，满足扩展的需要。
(2) 旋柄弹簧锁能可靠地防止因疏忽或其他原因而使门意外弹开。
(3) 顶板装有释压装置。

2. 外壳

环控柜的外壳由顶板、底板、后板、侧板、柜门、隔板等组成。

1）顶板

顶板是从上方用螺钉固定在骨架上的，不用拆卸顶板可起吊开关柜。

2）底板

为了将低压环控柜从下部进行封闭，可用螺钉在骨架上固定多块钢板，底板上可以打孔，便于穿引电缆。如果有较高防护等级要求，现场将底板开孔后，可用市售的密封填料堵塞。

3）后板与侧板

低压环控柜的后板和侧板由不倒角的钢板制成，并用螺钉平整地连接在支撑结构上。

4）柜门

根据需要环控电控柜正面使用一扇或多扇门进行封闭，所有门可选择左开式或右开式，门需弯边 25 mm。弹簧门锁可完全防止因疏忽或其他原因而使门意外弹开，同时在产生故障电弧时，可实现压力平衡。门的开启角度：在单柜安装时约为 180°，在成排安装时为 140°。

5）隔板

根据环控柜内部分隔形式的不同，对于成排安装的低压环控柜，柜间的隔离采用隔板形式。隔板安装在骨架的左外侧。

低压环控柜框架结构如图 5-15 所示。

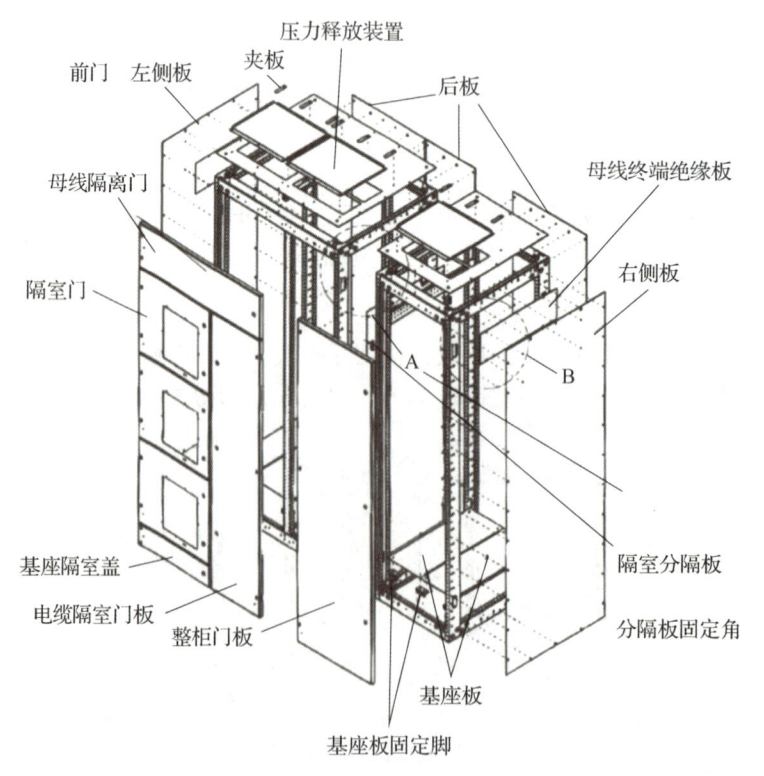

图 5-15 低压环控柜架结构

三、环控电控柜内低压配电主要部件

(一) 抽屉式组件

环控电控柜柜体可安装不同尺寸规格的抽屉式组件,以及风机、风阀等环控设备的相关控制线路。低压环控抽屉式馈电柜如图 5-16 所示。

抽出式组件由组件本身和组件安装小室两部分组成,动力单元和控制单元的组件为抽出式安装,标准规格为 8E/4、8E/2、4E、8E、12E、16E、20E、24E。4 个 8E/4 或 2 个 8E/2 组件,可水平安装在 600 mm 宽的装置小室内,组件高度为 8E (200 mm)。4E、8E、12E、16E、20E、24E 的单个组件需要 600 mm 宽的装置小室,组件的高度是组件规格所标注的尺寸。抽出式组件做抽出操作时,开关柜的主电源不必切断。相邻组件不断电的情况下操作组件插入/抽出不会发生触电危险。

图 5-16 低压环控抽屉式馈电柜

8E/4、8E/2 装置小室包括底板、导轨、前挡和插头转接组件。动力和控制回路与配电母线、组件与电缆小室之间的电气连接由插头转接件来完成。进、出线电缆的连接侧位于抽出式插头组件内,并有抗故障电弧保护功能,如图 5-17 所示。

图 5-17 环控电控柜抽出式组件

环控电控柜的抽屉功能单元通常有五个位置:工作位置、分闸位置、试验位置、抽出位置、隔离位置。主开关的操作由安装在仪表板上的手柄完成,该手柄具有电气及机械联锁功能,电气联锁采用带一个常开一个常闭触点的微动开关完成。向里按动操作手柄后,能从 O 位置转向 I 位置。常见的开关手柄位置说明如表 5-4 所示。

表 5-4 常见的开关手柄位置说明

图例	位置说明	功能说明
I	工作位置	主开关合闸,控制回路接通,组件锁定
O	分闸位置	主开关断开,控制回路接通,组件锁定
↑	试验位置	主开关分闸,控制回路接通,组件锁定

续表

图例	位置说明	功能说明
↕	抽出位置	主回路和控制回路均断开
⋀	隔离位置	抽出 30 mm 距离，主回路及控制回路均断开，完成隔离

装有电动机和馈电回路的抽出式开关柜，在保证安全和灵活的前提下，通过抽出式设计，可实现方便快速地更换和调整，在操作期间，对每一模块进行增补、更换或对隔室进行转换。

（二）智能化断路器

随着电气设备的智能化发展，对低压断路器的性能有更高的要求，新型智能化的断路器成为发展趋势。传统断路器的保护功能利用了热效应或电磁效应原理，通过机械结构动作实现。智能化的断路器采用以微处理器或单片机为核心的智能控制器（智能脱扣器），不仅具有普通断路器的各种保护功能，还具有实时显示电路中各种电气参数（如电流、电压、功率因数等），对电路进行在线监测、试验、自诊断和通信等功能；能对各种保护功能的动作参数进行显示、设定和修改。将电路动作时的故障参数存储在非易失存储器中以便查询。智能化断路器的原理框图如图 5-18 所示。

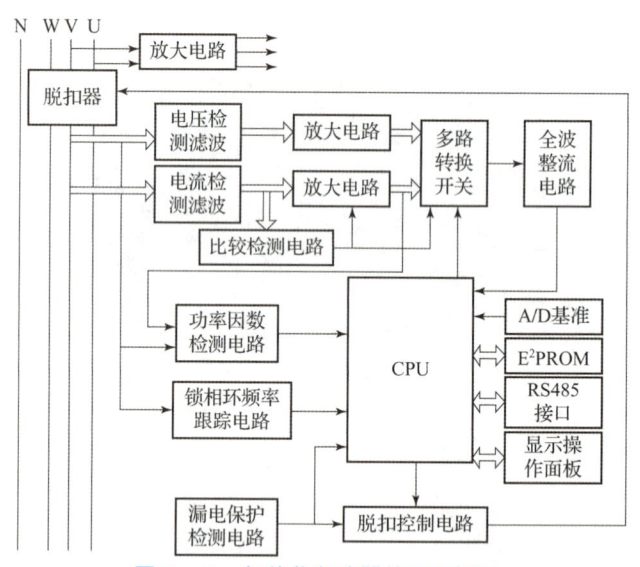

图 5-18 智能化断路器的原理框图

目前，国内生产的智能化断路器有框架式和塑料外壳式两种。框架式断路器主要用于智能化自动配电系统的主断路器。塑料外壳式断路器主要用于配电网络分配电能，作为线路及配电设备的控制和保护，也可用作三相笼型异步电动机的控制。

1. 框架式断路器

框架式断路器是能接通、承载以及分断正常电路条件下的电流，能在规定的非正常电路条件下接通、承载一定时间和分断电流的一种机械开关电器。低压交流框架式断路器主要用于主进线、馈出回路等电流大于 400 A 的回路。

框架式断路器控制单元不需要辅助电源，其功能是调整长延时保护、调整短延时保护、调整瞬时脱扣及零序保护。在短延时保护和接地保护时应具有区域选择性闭锁功能，具有额定电流值插件和合闸就绪按钮，还应具有电流测量、故障显示和自检功能。

常用低压交流框架式断路器如图5-19所示。

图5-19 常用低压交流框架式断路器

2. 塑料外壳式低压断路器

塑料外壳式低压断路器又称装置式自动开关，其所有机构及导电部分都装在塑料壳内，仅在塑壳正面中央有外露的操作手柄供手动操作用，其保护多为非选择型。该类断路器应用于低压分支电路中。

塑料外壳式断路器的类型繁多。国产的典型型号有DZ20型，其内部结构如图5-20所示。

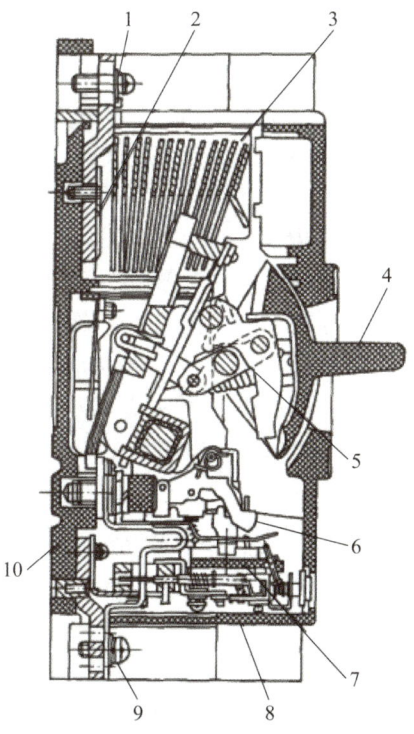

图5-20 DZ20型塑料外壳式低压断路器
1—引入线接线端；2—主触头；3—灭弧室；4—操作手柄；5—跳钩；6—锁扣；7—过电流脱扣器；
8—塑料壳盖；9—引出线接线端；10—塑料底座

DZ20型塑料外壳式断路器属我国生产的第二代产品，目前的应用较为广泛。它具有较高的分断能力，外壳的机械强度和电气绝缘性能也较好，而且所带的脱扣器、操动机构等附件较多。

其操作手柄有三个位置，如图5-21所示，在壳面中央有分合位置指示。

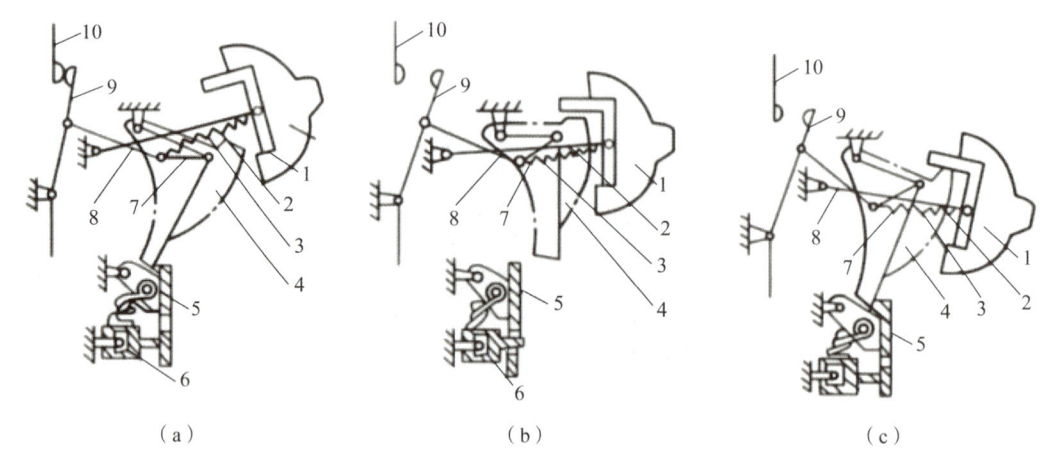

图5-21 低压断路器操作手柄位置示意图
1—操作手柄；2—操作杆；3—弹簧；4—跳钩；5—锁扣；6—索引杆；
7—上连杆；8—下连杆；9—动触头；10—静触头

（1）合闸位置如图5-21（a）所示，手柄扳向上方，跳钩被锁扣扣住，断路器处于合闸状态。

（2）自由脱扣位置如图5-21（b）所示，手柄位于中间位置，该位置是当断路器因故障自动跳闸，跳钩被锁扣脱扣时，主触头断开的位置。

（3）分闸和再扣位置如图5-21（c）所示，手柄扳向下方，这时，主触头依然断开，但跳钩被锁扣扣住，为下次合闸做好准备。断路器自动跳闸后，必须把手柄扳到此位置，才能将断路器重新进行合闸，否则是合不上的。不仅塑料外壳式低压断路器的手柄操作如此，框架式断路器同样如此。

塑料外壳式断路器主要用于额定电流小于400 A的固定（抽插分隔）柜及抽屉柜的馈出回路电源开关，实现过载、短路、漏电保护。塑料外壳式断路器应符合的主要技术要求：满足系统电压、电流、频率以及分断能力的性能要求；断路器应为模块化结构设计、安装方便，并在不拆卸塑料外壳式断路器外壳的情况下，加装各种附件（如分励脱扣器、辅助触头、报警触头），无须改变断路器结构和低压开关柜结构，同时面板、附件应为标准化设计；塑料外壳式断路器应为抗湿热型产品；塑料外壳式断路器具备长延时保护，过载、短路、漏电瞬时脱扣等保护功能。

常用的低压交流塑料外壳式断路器如图5-22所示。

（三）电源自动转换装置

电源自动转换装置（ATSE）由两个或几个转换开关电器以及其他必需的联锁、控制设备组成，用于监视电源，并在特定条件下，将负载设备从一个电源自动转换到另一个电源的电气设备。

图5-22 低压交流塑料外壳式断路器

根据 ICE 60947.6.1：2021《低压开关设备和控制设备—第 6-1 部分：多功能设备-转换开关设备》国际标准规定，自动转换装置可分为 PC 级或 CB 级两个级别。按照转换控制电器的不同分为电磁继电器和数字控制器。

PC 级是指能够接通、承载不用于分断短路电流的自动转换装置。CB 级是指采用断路器并配备过电流脱扣器的自动转换装置，它的主触头能够接通并用于分断短路电流。只有转换开关电器采用断路器，能在短路情况下分断短路电流才称为 CB 级自动转换装置；其余不采用断路器，不能分断短路电流的称为 PC 级自动转换装置。

电源自动转换装置由开关电器本体和转换控制器组成。CB 级自动转换装置由两台或以上断路器和机械联锁机构组成，具有过载、短路保护功能，其体积较大，切换时间一般为 1.5 s 以上。PC 级自动转换装置为一体式结构（二进一出），体积小，转换速度较快，一般为 0.2~1.3 s。

1. 双电源自动转换开关

在地铁车站，双电源自动转换开关作为电源引入开关，使地铁车站变电所 0.4 kV 开关柜或低压配电室引出的两段电源，实现自动切换功能，提供给要求双电源供电的一级负荷用电设备，如通信设备、自动售检票系统、电梯、电扶梯、自动灭火系统等。

双电源自动转换开关应具备可靠的机械、电气双重联锁机构，具备三个可靠的工作位置，且"常、备用电源双分"位置可实现可靠的、机械的保持，确保人员及设备的安全。

双电源自动转换开关应具备自动、手动两种操作方式和自投自复、自投不自复两种功能，还具有互为备用的功能，且三种功能现场可调，能实现双电源的手、自动切换和安全隔离。

自投自复是指主、备两路电源，主电源正常有电时，主电源自动投入，备用电源备用；主电源故障或失电时，备用电源投入；如果主电源恢复正常时，自动停备用电源，再切换到主电源供电。

自投不自复是指主、备两路电源，主电源正常有电时，主电源自动投入，备用电源备用；主电源故障或失电时，备用电源投入；如果主电源恢复正常时，不再自动切换到主电源供电，当人为切换或备用电源故障或失电时才能切换到主电源供电。

双电源自动转换开关应满足的要求：

（1）满足配电系统电压、电流、频率等要求。

（2）符合国家标准 GB/T 14048.11—2016《低压开关设备和控制设备 第 6-1 部分：多功能电器 转换开关电器》及国际电工标准 IEC 60947.6.1：2021《低压开关设备和控制设备—第 6-1 部分：多功能设备-转换开关设备》。

（3）具备可靠的机械、电气双重联锁机构，两路电源均能独立灭弧，零飞弧。

（4）具备"常用电源合、备用电源分""常用电源分、备用电源合""常用、备用电源双分"三个可靠的工作位置，符合隔离标准，保证检修时人员及设备安全。

（5）最短切换时间（即全程动作时间）不大于 0.2 s。

（6）装置可实时监测两路电源的电压、电流等参数，现场可调。

图 5-23 所示为 ASCO200 系列 PC 级双电源自动转换开关。

2. 基于交流接触器的双电源自动切换

传统的交流接触器等构成的转换控制器具有成本低的优点，但性能单一、体积较大，其工作原理如图 5-24 所示。

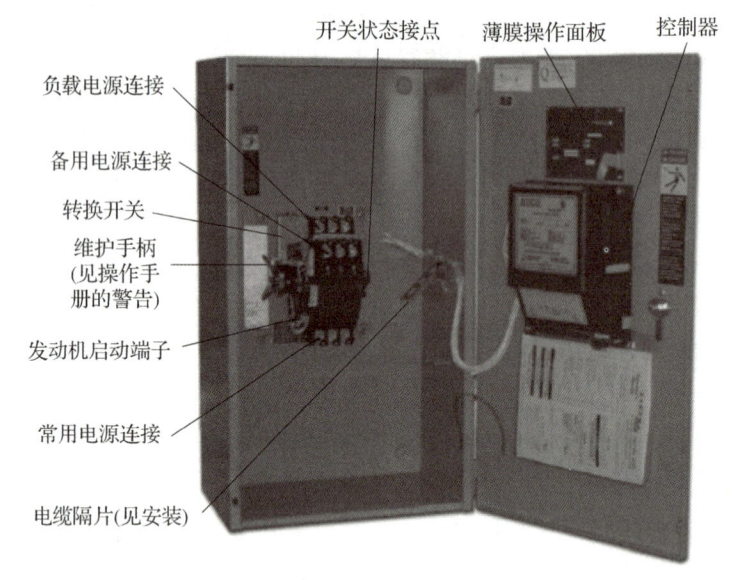

图 5-23 ASCO200 系列 PC 级双电源自动转换开关

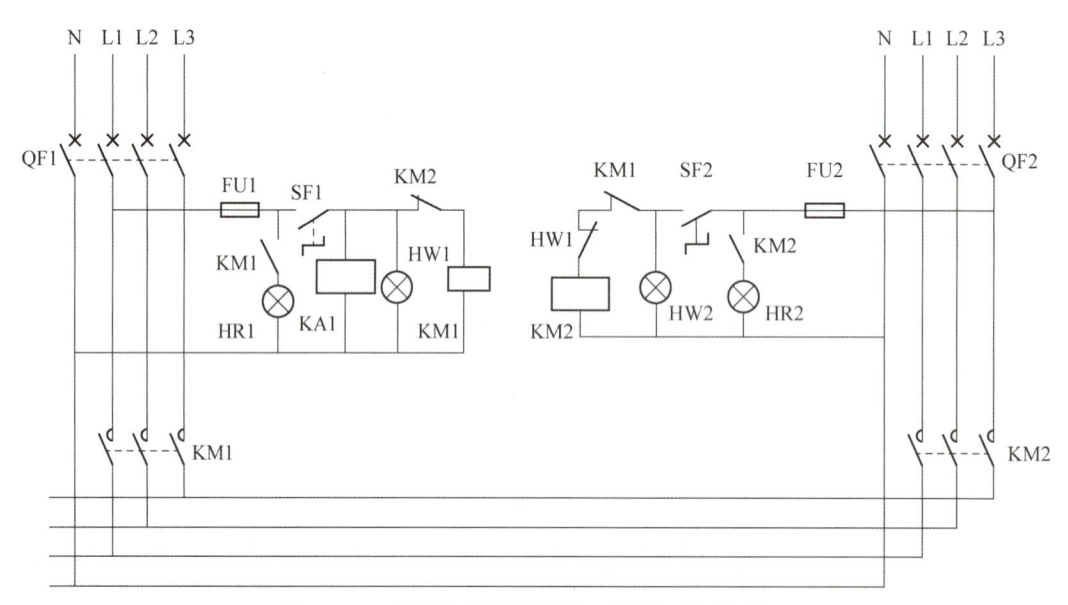

图 5-24 基于交流接触器的双电源自动切换原理

工作流程：

合上主电源进线开关 QF1 和备用电源进线开关 QF2，合上开关 SF1 和 SF2→中间继电器 KA1 线圈得电→KA1 常闭触头断开→KM2 线圈不得电→KM2 常闭触点闭合→交流接触器 KM1 线圈得电→KM1 主触点闭合，主电源给负载供电。

主电源失电时，KA1 和 KM1 线圈均失电→KA1 常闭触点和 KM1 常闭触点复位闭合→交流接触器 KM2 线圈得电→KM2 主触点闭合，备用电源给负载供电。

主电源恢复供电时，中间继电器 KA1 线圈得电→KA1 常闭触头断开→KM2 线圈失电→KM2 常闭触点复位闭合→交流接触器 KM1 线圈得电→KM1 主触点闭合，主电源给负载供电。

（四）接触器及中间继电器

如图 5-25 所示，在地铁车站环控电控柜中，交流接触器用来实现通风空调系统风机、给排水系统冷却、冷冻水泵电动机的频繁接通或断开，是实现远距离控制的重要电气元件。

如图 5-26 所示，在环控电控柜中，中间继电器的主要作用是增加电路触头个数，采集风机、风阀抽屉式控制柜控制线路的馈出信号，反馈给信号采集和通信系统。

图 5-25 施耐德 LC1D 型交流接触器

图 5-26 ABB 公司 CR-MX 型中间继电器

（五）电机保护器

1. 电机保护器

如图 5-27 所示，电机保护器又称马达保护器，在地铁车站中主要用于隧道风机、射流风机、双速风机及其他风机，对其电动机实施实时保护，并将电机的运行状态、故障、电流及电压等参数，通过网络上传至综合监控系统。

2. 基于电机保护器的普通风机控制

地铁车站普通风机按要求可以实现三地控制，即就地控制、环控电控室控制、车控室 BAS 系统控制。基于电机保护器的普通风机控制原理如图 5-28 所示。

图 5-27 电机保护器

1）就地控制

（1）就地启动。

联锁风阀打开，KA1 常开触点闭合→风机设备房就地控制箱将 SA2 打至"就地"→按动启动按钮 SF2→交流接触器 KM 线圈得电，HR1、HR2 指示灯亮→KM 辅助常开触头闭合，完成自锁。

KM 辅助常闭触头断开。

KM 主触头闭合→风机电机主电路串接电机保护器启动。

（2）就地停止。

按动按钮 SF4→交流接触器 KM 线圈失电，HR1、HR2 指示灯灭→KM 辅助常开触头复位断开。

KM 辅助常闭触头复位闭合→HG1、HG2 指示灯亮。

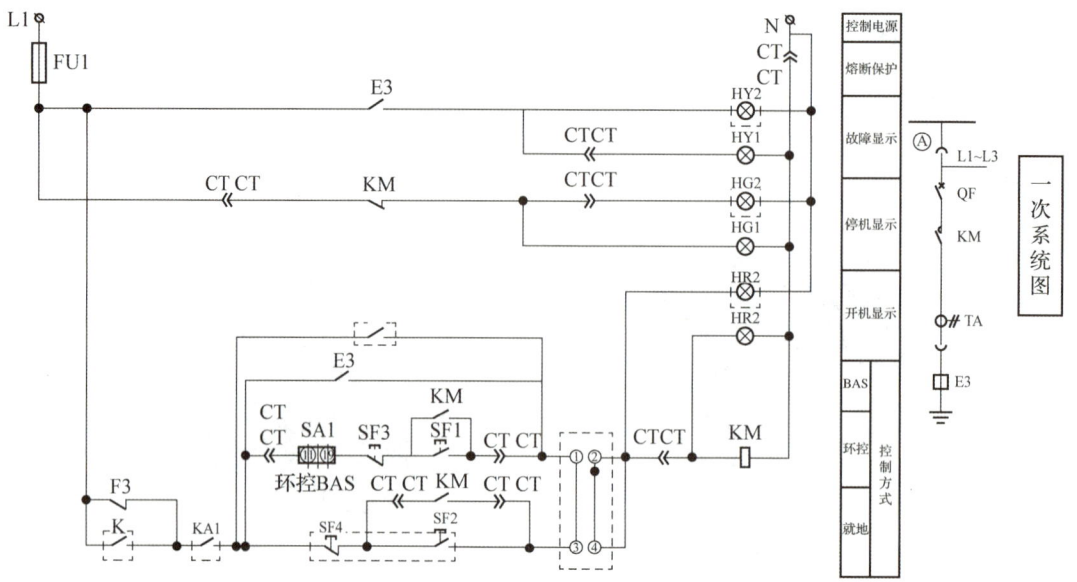

图 5－28　基于电机保护器的普通风机控制原理

KM 主触头复位断开→风机电机失电。

2）远程控制：环控

（1）环控启动。

联锁风阀打开，KA1 常开触点闭合→风机设备房就地控制箱，将 SA2 打至"远程"→将环控室选择开关 SA1 打至"环控"→按动按钮 SF1，交流接触器 KM 线圈得电，HR1、HR2 指示灯亮→KM 辅助常开触头闭合，完成自锁。

KM 辅助常闭触头断开。

KM 主触头闭合→风机电机主电路串接电机保护器启动。

（2）环控停止。

按动按钮 SF3→交流接触器 KM 线圈失电，HR1、HR2 指示灯灭→KM 辅助常开触头复位断开。

KM 辅助常闭触头复位闭合→HG1、HG2 指示灯亮。

KM 主触头复位断开→风机电机失电。

3. 远程控制：BAS

风机设备房就地控制箱，将 SA2 打至"远程"→将环控室选择开关 SA1 打至"BAS"→通过电机保护器的常开触点实现车控室 BAS 系统控制。

当电机保护器检测到过载、电流不平衡、相故障、接地故障、堵转等故障现象时，其常闭触点断开，切断风机控制电路。

（六）软启动器

1. 软启动器的工作原理

三相异步电动机有直接启动（全压启动）和间接启动（减压启动）两种启动方式。直接启动时启动电流较大，达到电动机额定电流的 5~7 倍，易使供电系统和串联的开关设备过载，影响接在同一电网上其他电气设备正常工作。直接启动会使电动机产生较高的峰值转矩，这种冲击不但会对驱动电动机产生冲击，而且会使机械装置受损。因此，对于功率较大的电动机，应该采用间接启动即减压启动的方式。

三相异步电动机减压启动方式有定子电路串电阻减压启动、"Y-△"减压启动、自耦降压器减压启动、软启动器减压启动等。软启动器是一种集电机软启动、软停车、多种保护功能于一体的新颖电机控制装置，在电动机启动或停车时，通过改变加在电动机上的电源电压，以减小启动电流和启动转矩，实现电动机的软启动和软停止。软启动器外形如图 5-29 所示。

软启动器采用三相反并联晶闸管作为调压器，将其接入电源和电动机定子之间。使用软启动器启动电动机时，利用晶闸管的移相控制原理，改变晶闸管的触发角，启动时电动机端电压随晶闸管的导通角从零逐渐上升，晶闸管的输出电压逐渐增加，电动机逐渐加速，直到晶闸管全导通。电动机工作在额定电压的机械特性上实现平滑启动，降低启动电流，避免启动过流跳闸。

待电动机达到额定转速时，启动过程结束，可通过与软启动器并联的旁路接触器取代已完成任务的晶闸管，为电动机正常运转提供额定电压，以降低晶闸管的热损耗，延长软启动器的使用寿命，提高其工作效率。

此外，软启动器还可以实现软停车。停车时先切断旁路接触器，然后软启动器内晶闸管导通角逐渐由大减小，使三相供电电压逐渐减小，电动机转速逐渐由大减小到零，停车过程完成。软启动器工作原理如图 5-30 所示。

图 5-29 软启动器

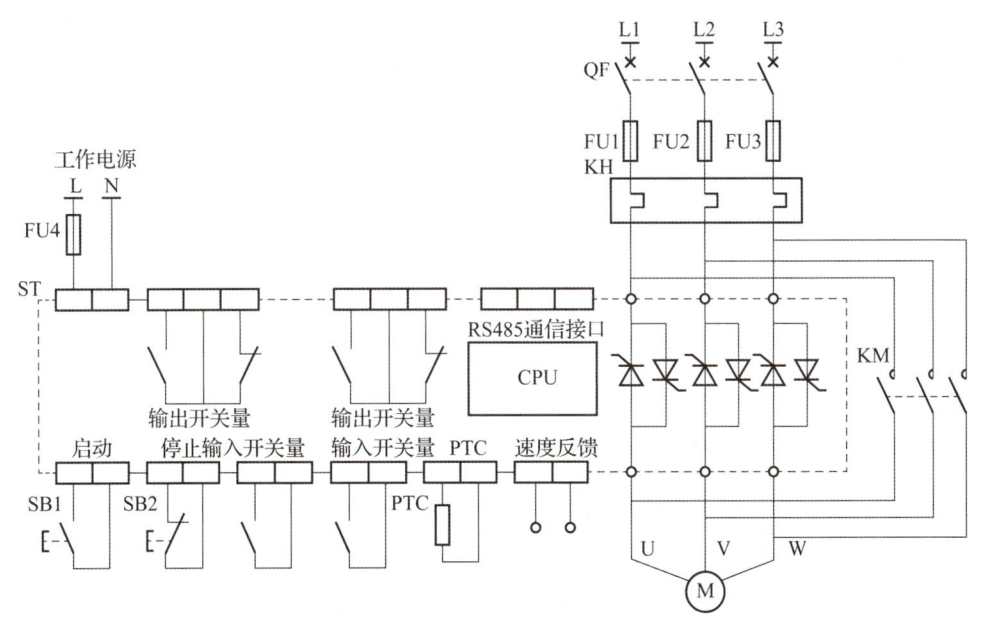

图 5-30 软启动器工作原理

软启动器除具备常规电动机保护功能外，还具有高级保护功能，如过载保护、电流不平衡保护、相故障保护、接地故障保护、堵转保护、电动机过热保护等，能实现电动机运行状

态显示和故障显示。

在地铁车站，软启动器主要用于电动机容量大于或等于 75 kW 的隧道风机电动机，用于检测隧道风机的运行状态、故障、电流、电压，远程控制风机的启动、停止，通过网络将风机的运行状态上传至综合监控系统。

地铁车站一般要求软启动器能够实现平滑的启动曲线，保证设备在连续两次启动后继续运行（正转启动→自由停车→反转启动→连续运行）。同时具有紧急制动功能，在紧急情况下快速停车，满足小于 60 s 制动停车功能，使隧道风机在 60 s 内完成从正转到反转（正转额定转速→关→反转启动→反转额定转速）的切换要求。

2. 隧道风机控制原理

使用软启动器进行启动控制的隧道风机控制原理如图 5-31 所示，其控制原理如下。

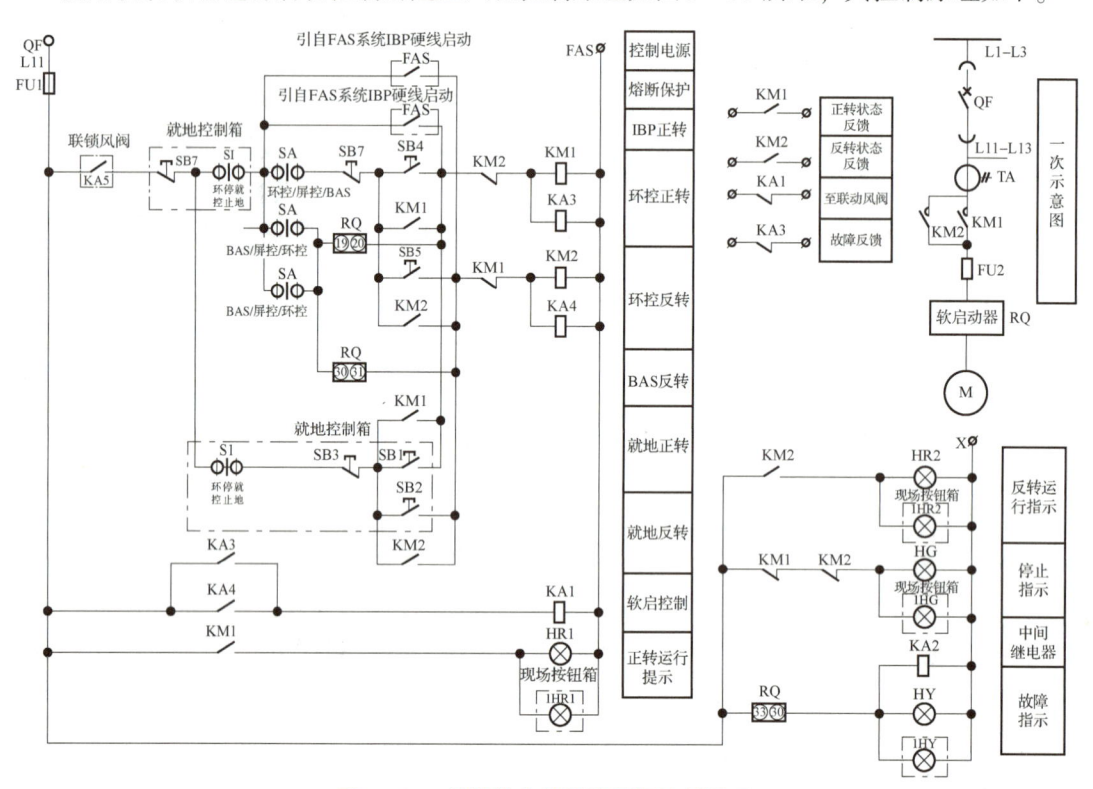

图 5-31 某地铁车站隧道风机控制原理

1）就地控制

（1）正转启动。

联锁风阀开启到位，KA5 常开触头闭合→将设备房就地控制箱选择开关 S1 打至"就地"→按动启动按钮 SB1→交流接触器 KM1 线圈得电→KM1 常开触头闭合、常闭触头断开、主触头闭合→风机电动机主电路串接软启动器正转启动。

（2）正转停止。

按动按钮 SB3→交流接触器 KM1 线圈失电→KM1 触头复位→风机电动机主电路失电。

（3）反转启动。

联锁风阀开启到位，KA5 常开触头闭合→将设备房就地控制箱选择开关 S1 打至"就地"→按动启动按钮 SB2→交流接触器 KM2 线圈得电→KM2 常开触头闭合、常闭触头断开、主触头闭合→风机电动机主电路串接软启动器反转启动。

（4）反转停止。

按动按钮 SB3→交流接触器 KM2 线圈失电→KM2 触头复位→风机电动机主电路失电。

2）远程控制：环控

（1）正转启动。

联锁风阀开启到位，KA5 常开触头闭合→将设备房就地控制箱选择开关 S1 打至"远程（环控/BAS）"→将环控柜选择开关 SA 打至"环控"→按动启动按钮 SB4→交流接触器 KM1 线圈得电→KM1 常开触头闭合、常闭触头断开、主触头闭合→风机电动机主电路串接软启动器正转启动。

（2）正转停止。

按动按钮 SB6→交流接触器 KM1 线圈失电→KM1 触点复位→风机电动机主电路失电。

（3）反转启动。

联锁风阀开启到位，KA5 常开触头闭合→将设备房就地控制箱选择开关 S1 打至"远程（环控/BAS）"→将环控柜选择开关 SA 打至"环控"→按动启动按钮 SB5→交流接触器 KM2 线圈得电→KM2 常开触头闭合、常闭触头断开、主触头闭合→风机电动机主电路串接软启动器反转启动。

（4）反转停止。

按动按钮 SB6→交流接触器 KM2 线圈失电→KM2 触头复位→风机电动机主电路失电。

3）远程控制：BAS/屏控

联锁风阀开启到位，KA5 常开触头闭合→将设备房就地控制箱选择开关 S1 打至"远程（环控/BAS）"→将环控柜选择开关 SA 打至"环控/屏控"→通过软启动器提供的触点实现正/反转交流接触器线圈 KM1 和 KM2 的得电和失电，从而实现风机电动机的正/反转启动与停止的控制。

（七）变频器

1. 变频器

根据异步电动机的基本原理可知，交流电动机转速公式：

$$n = (60f/p) \times (1-s)$$

式中，p 为电动机极对数；f 为供电电源频率；s 为转差率。

改变异步电动机的供电频率，即可平滑地调节同步转速，实现调速运行。利用电动机的同步转速随频率变化的特性，通过改变电动机的供电频率进行调速的方法即变频调速。在交流异步电动机的诸多调速方法中，变频调速的性能最好、调速范围大、稳定性好、运行效率高。采用通用变频器对异步电动机进行调速控制，具有使用方便、可靠性高且经济效益显著等特点，故得到逐步得到推广应用。

变频器的基本结构由主电路、内部控制电路板、外部接口及显示操作面板组成，其软件丰富，各种功能主要靠软件完成。

变频器主电路分为交－交和交－直－交两种形式。交－交变频器可将工频交流直接变换成频率、电压均可控制的交流，又称直接式变频器。而交－直－交变频器则先把工频交流通过整流器变成直流,再把直流变换成频率、电压均可控制的交流,又称间接式变频器。目前常用的通用变频器属于交－直－交变频器,以下简称变频器。

变频器的基本结构原理如图 5－32 所示。

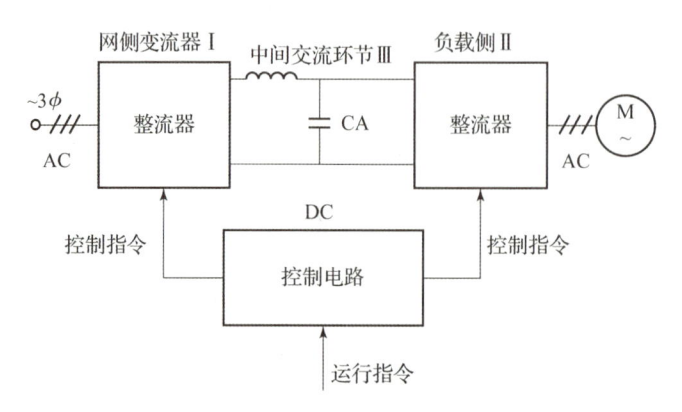

图 5－32 变频器的基本结构原理

在地铁车站环控系统中,变频器一般选用 AB 品牌 PF753 系统高端产品,如图 5－33 所示,其主要用于排热风机、组合空调机组、回排风机供电回路,对所供电电机实施实时保护,同时将电机运行的各种参数,通过网络上传至 BAS 系统,并可在上一级 BAS 系统主机,通过网络对变频器的参数进行在线修改和整定。

图 5－33 PF753 系列变频器外形

2. 组合空调机组变频控制

地铁车站组合空调机组变频控制原理如图 5－34 所示。

1) 就地控制

(1) 工频启动。

联锁风阀开启到位,KA7 常开触头闭合→将设备房就地控制箱选择开关 SA1 打至"就地",选择开关 SA2 打至"工频"→按动启动按钮 SB1→交流接触器 KM2 线圈得电→KM2 常开触头闭合、常闭触头断开、主触头闭合→风机电动机主电路接通工频电流,电动机工频启动。

(2) 工频停止。

按动按钮 SB2→交流接触器 KM2 线圈失电→KM2 触头复位→风机电机主电路失电。

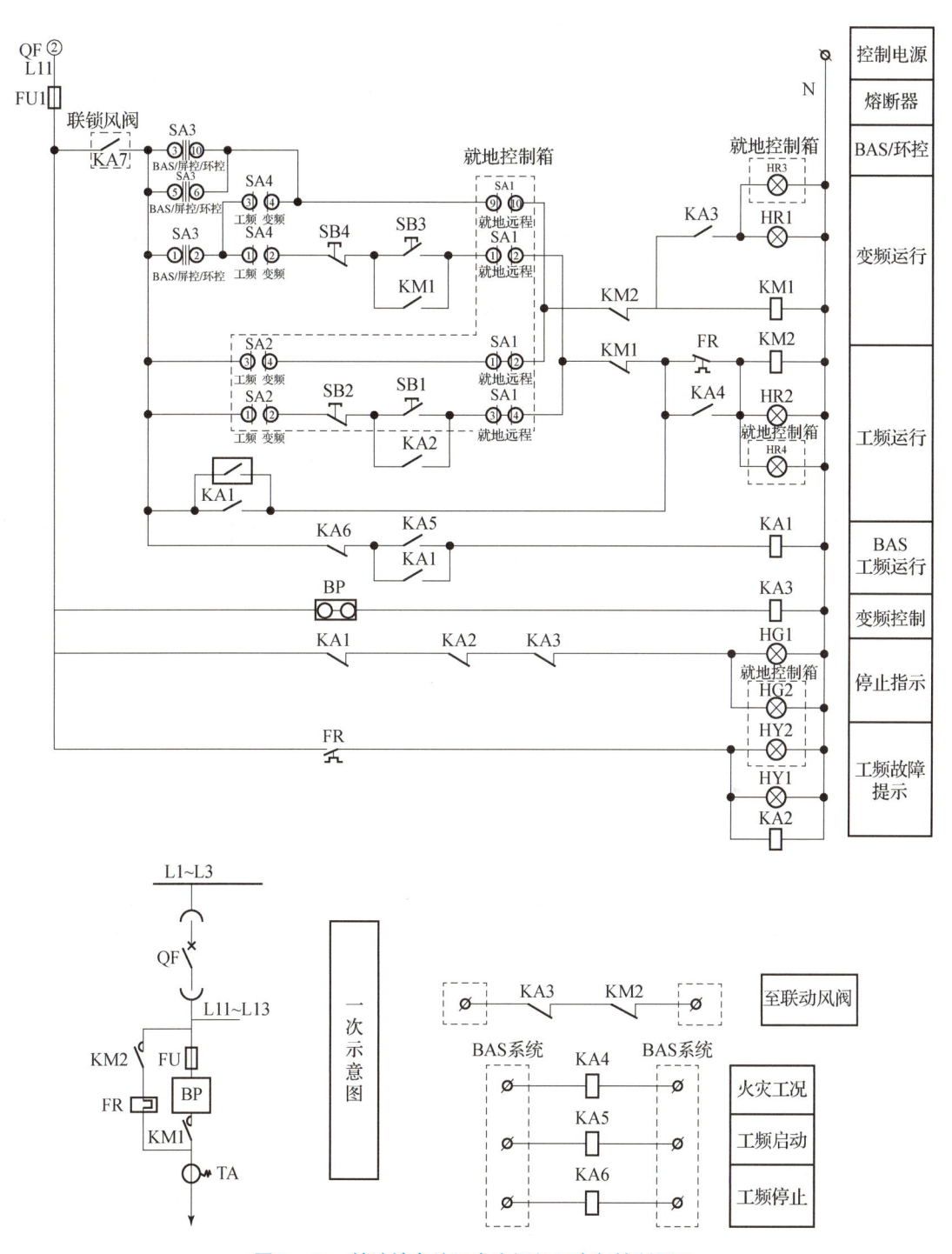

图 5-34 某地铁车站组合空调机组变频控制原理

（3）变频启动。

联锁风阀开启到位，KA7 常开触头闭合→将设备房就地控制箱选择开关 SA1 打至"就地"，选择开关 SA2 打至"变频"→交流接触器 KM1 线圈得电→KM1 常开触头闭合、常闭触头断开、主触头闭合→风机电动机主电路串接变频器，电动机变频启动。

(4) 变频停止。

选择开关 SA2 由 "变频" 打至 "工频" →交流接触器 KM1 线圈失电→KM1 触头复位→风机电动机主电路失电。

2) 远程控制（环控）

(1) 工频启动。

联锁风阀开启到位，KA7 常开触头闭合→将设备房就地控制箱选择开关 SA1 打至 "远程"，将环控电控柜选择开关 SA3 打至 "环控"，将选择开关 SA4 打至 "工频" →按动启动按钮 SB3→交流接触器 KM2 线圈得电→KM2 常开触头闭合、常闭触头断开、主触头闭合→风机电动机主电路接通工频电流，电动机工频启动。

(2) 工频停止。

按动按钮 SB4→交流接触器 KM2 线圈失电→KM2 触头复位→风机电动机主电路失电。

(3) 变频启动。

联锁风阀开启到位，KA7 常开触头闭合→将设备房就地控制箱选择开关 SA1 打至 "远程"，将环控电控柜选择开关 SA3 打至 "环控"，将选择开关 SA4 打至 "变频" →交流接触器 KM1 线圈得电→KM1 常开触头闭合、常闭触头断开、主触头闭合→风机电动机主电路串接变频器，电动机变频启动。

(4) 变频停止。

选择开关 SA4 由 "变频" 打至 "工频" →交流接触器 KM1 线圈失电→KM1 触头复位→风机电动机主电路失电。

3. 远程控制：BAS/屏控

1) 工频控制

联锁风阀开启到位，KA7 常开触头闭合→将设备房就地控制箱选择开关 SA1 打至 "远程"，将环控电控柜选择开关 SA3 打至 "BAS/屏控" →在 BAS/屏控系统进行相关操作，使中间继电器 KA5 线圈得电/失电→KA5 常开触头闭合/断开→中间继电器 KA1 线圈得电/失电→KA1 常开触头闭合/断开→交流接触器 KM2 线圈得电/失电→KM2 触头动作/复位→风机电动机主电路接通工频电流/失电，电动机工频启动/停止。

2) 变频控制

联锁风阀开启到位，KA7 常开触头闭合→将设备房就地控制箱选择开关 SA1 打至 "远程"，将环控电控柜选择开关 SA3 打至 "BAS/屏控" →在 BAS/屏控系统进行相关操作，使交流接触器 KM2 线圈得电/失电→KM2 主触头闭合/断开→风机电动机主电路接通工频电流/失电，电动机变频启动/停止。

（八）风阀

地铁车站风阀（风量调节阀）用于和风机配合，实现通风空调系统中的风量切换与调节。风阀有单体风阀和组合风阀两类，单体风阀由阀体、叶片、传动机构、执行器等若干部分组成，其中，执行器由一个同步电动机、齿轮减速箱、控制元微课 "风阀控制原理" 件和反馈元件等组成。组合风阀由若干个单体风阀，按照一定的顺序排列组成。

地铁车站排热风机多使用单体风阀，现场不设就地控制箱，通过环控电控室或车控室实现风阀的远程控制。隧道风机多使用组合风阀，通过现场控制和环控电控室及车控室的远程控制实现风阀的控制。

环控电控室的风阀控制可通过抽屉式组件实现。一般在抽屉式组件外部设3种颜色的指示灯，分别为红色、黄色、绿色，外加一个转换开关。其中，红色表示运行，黄色表示故障，绿色表示停止。控制面板也有此3种颜色的按钮开关，可控制风阀的运转。

图 5-35 所示为电动组合风阀电气控制原理，图中风阀与风机联动，联锁风机常闭触点 KM 串接在就地控制、环控、BAS 车控的回路上，使风机在开启的状态下不能关闭风阀。风机控制线路串入 KA1 常开触点，在风阀没有打开到位时，KA1 常开触点不能闭合，风机不能启动。

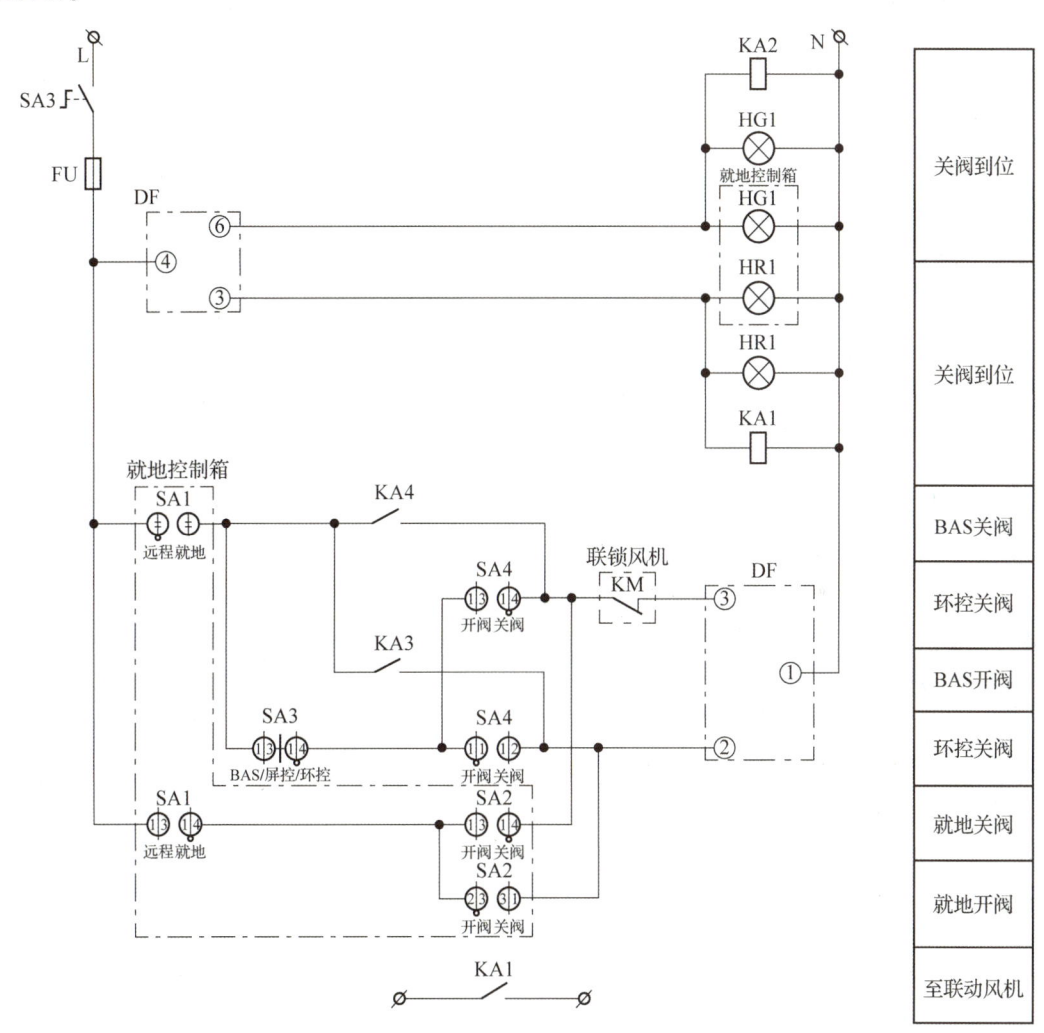

图 5-35 电动组合风阀电气控制原理

1. 就地控制

1）就地开阀

将设备房就地控制箱选择开关 SA1 打至"就地"→选择开关 SA2 打至"开阀"→风阀执行器 DF 端子 1 和 2 接通，风阀开阀→开阀到位，执行器 DF 端子 4 和 5 接通→交流接触器 KA1 线圈得电，可提供开阀到位信号。

2）就地关阀

将设备房就地控制箱选择开关 SA1 打至"就地"→选择开关 SA2 打至"关阀"→风阀执行器 DF 端子 1 和 3 接通，风阀关闭→关阀到位，执行器 DF 端子 4 和 6 接通→交流接触器 KA2 线圈得电，可提供关阀到位信号。

2. 远程控制（环控）

1）环控开阀

将设备房就地控制箱选择开关 SA1 打至"远程"，环控电控室选择开关 SA3 打至"环控"→选择开关 SA4 打至"开阀"→风阀执行器 DF 端子 1 和 2 接通，风阀开阀→开阀到位，执行器 DF 端子 4 和 5 接通→交流接触器 KA1 线圈得电，可提供开阀信号。

2）环控关阀

将设备房就地控制箱选择开关 SA1 打至"远程"，环控电控室选择开关 SA3 打至"环控"选择开关 SA4 打至"关阀"→风阀执行器 DF 端子 1 和 3 接通，风阀关闭→关阀到位，执行器 DF 端子 4 和 6 接通→交流接触器 KA2 线圈得电，可提供关阀到位信号。

3. 远程控制（BAS/屏控）

将设备房就地控制箱选择开关 SA1 打至"远程"，环控电控室选择开关 SA3 打至"BAS/屏控"→在 BAS/屏控系统里进行开阀/关阀操作→KA3/KA4 常开触点闭合→风阀执行器 DF 端子 1 和 2 接通/端子 1 和 3 接通→风阀开阀/关闭→开阀/关阀到位，执行器 DF 端子 4 和 5 接通/端子 4 和 6 接通→交流接触器 KA1/KA2 线圈得电，可提供开阀/关阀到位信号。

（九）UPS 设备

据统计，在电力电子系统中，电源故障将会造成数据丢失、硬盘存储设备损伤、仪表仪器精度降低、网络设备损坏或老化、数据传送误码率增加等影响。因此，为重要设备提供不间断电源尤为重要。

UPS 全称为不间断电源系统，是一种含有储能装置的不间断电源，主要用于给部分对电源稳定性要求较高的设备提供不间断的电源。其主要功能：为设备提供不间断电源供给，对市电进行稳压、稳频、滤波，消除电噪声和频率偏移等，改善电源质量，为设备提供高质量的电源等。

如图 5-36 所示，在地铁车站环控电控室，UPS 安装在环控电控柜中，负责提供环控电控柜部分控制回路和智能接口模块连续不间断、安全可靠的电源。每个环控电控室设置一套 UPS 控制电源，按备用 90 min 设计。

1. UPS 分类

按照运行原理，国际电工委员会（IEC）将 UPS 分为后备式、在线互动式和双变换式三种类型。

1）后备式 UPS

在市电正常时利用市电直接给负载供电，同时由充电器给电池充电，保证电池处于满储能状态；在市电不正常时，启动逆变器利用电池储存的电能继续给负载供电。这种类型的 UPS 一般为小功率的 UPS。

图 5-36 UPS

2）在线互动式 UPS

在市电正常时利用市电对负载直接供电，但要对市电进行一定的处理，如稳压、滤波等。同时，利用一个双向的变换器对电池进行充电，保持电池处于满充状态。

3）双变换式 UPS

将市电变换成直流，一边给电池进行充电，一边供给下一级的逆变器，逆变器再将整流器或电池的直流变换成交流供给负载，这类 UPS 转换到电池供电的时间为 0，且可以消除市电中的各种波动，主要用于大功率的 UPS 和非常重要的负载，市场上 3 kV·A 以上的 UPS 基本上都是双变换式 UPS。

2. UPS 结构

UPS 电源由整流器、逆变器、蓄电池、静态开关等组成。

1）整流器

整流器和逆变器相反，是一个将交流电转化为直流电的装置。它主要有两个作用有两个：一是将交流电转化为直流电经过滤波处理后提供给负载设备或逆变器；二是为蓄电池提供一个充电电压，好比一台充电器。

2）逆变器

将直流电转化为交流电的一种装置，由滤波电路、控制逻辑和逆变桥三部分组成。

3）蓄电池

作为 UPS 电源储存电能的装置，由若干个电池串联而成。蓄电池容量的大小决定可应急用电时间的长短。充电时，将电能转化为化学能储存在电池内部；当市电失电时，蓄电池放电，将电池中的化学能转化为电能提供给用电设备。目前，UPS 设备常用的蓄电池有铅酸蓄电池、胶体蓄电池、锂电池。

4）静态开关

静态开关又称静止开关，属于无触点开关，由两个可控硅（晶闸管）反方向并联而成，并由逻辑控制器控制它的闭合和断开，用于实现逆变器和市电电源的并联，或者在两路电源的供电实现从一路电源到另一路的自动切换。

双变换式 UPS 工作原理如图 5-37 所示。

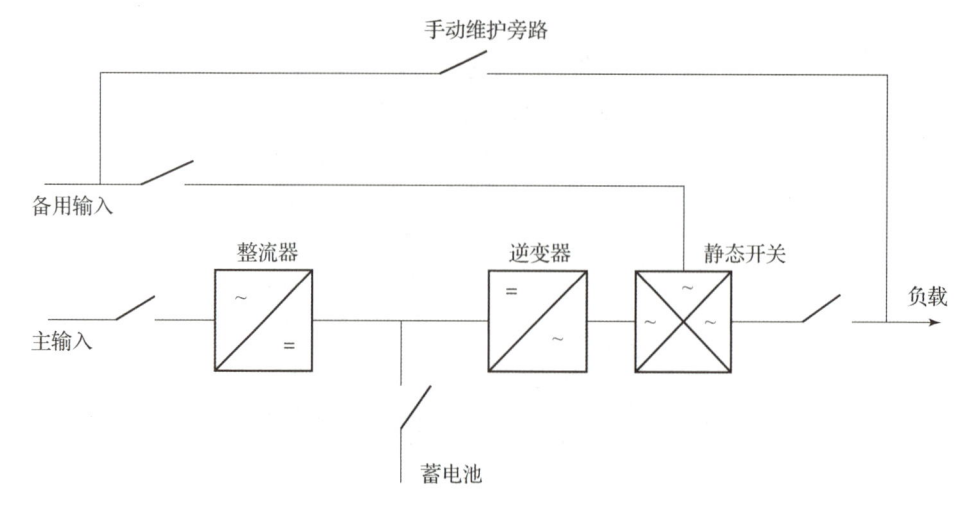

图 5-37 双变换式 UPS 工作原理

地铁车站环控系统对 UPS 电气性能一般要求：
(1) 电源设备的输入电源为单相交流电源，输入电压可调范围为 -15%~+15%。
(2) 输入频率为 50 Hz ± 0.05 Hz，输入功率因数应不小于 0.9；输出频率为 50 Hz ± 0.5 Hz，输出波形失真度≤3%。
(3) 市电电池切换时间 <4 ms，旁路逆变切换时间 <4 ms（逆变器故障时）。
(4) 瞬变响应恢复时间≤40 ms（电池逆变工作）。
(5) 电源设备工作噪声 <55 dB，在设计使用寿命周期内，满负荷备用时间不低于 90 min。

3. UPS 的选择

根据具体应用场合选择合适的 UPS 类型。对于交通、金融、证券、电信、网络等重要行业，应选择性能优异、安全性高的在线式或双变换式 UPS；对于家庭用户，可选择后备式 UPS。

根据 UPS 的功率选择合适的型号。计算 UPS 功率的方法：

$$UPS 功率 = 实际设备功率 \times 安全系数$$

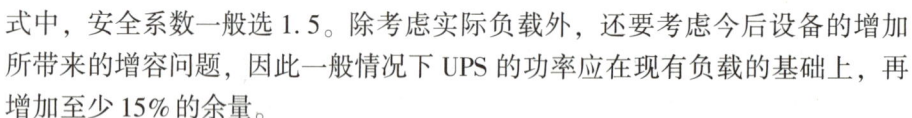

式中，安全系数一般选 1.5。除考虑实际负载外，还要考虑今后设备的增加所带来的增容问题，因此一般情况下 UPS 的功率应在现有负载的基础上，再增加至少 15% 的余量。

UPS 的维护

（十）PLC 设备

PLC（Programmable Logical Controller）全称为可编程逻辑控制器，国际电工委员会将其定义为："可编程控制器是一种数字运算操作的电子系统，是专为在工业环境下应用设计的。它采用可编程序的存储器，在内部存储执行逻辑运算、顺序控制、定时、计数和算术运算等操作的指令，并采用数字式、模拟式的输入和输出，控制各种类型的机械或生产过程。可编程控制器及其有关设备都应按易于与工业控制系统联成一个整体、易于扩充其功能的原则设计。"

在地铁车站低压配电系统中，PLC 用于采集环控电控柜、低压配电柜或设备的信息，通过通信系统向环境与设备监控系统（BAS）提供反馈信息，实现地铁建筑物内的环境与空气条件、通风、给排水、照明、自动扶梯及电梯、屏蔽门等设备和系统的集中监视、控制和管理。

PLC 品牌和型号繁多，图 5-38 所示为西门子 S7-200PLC 外形。

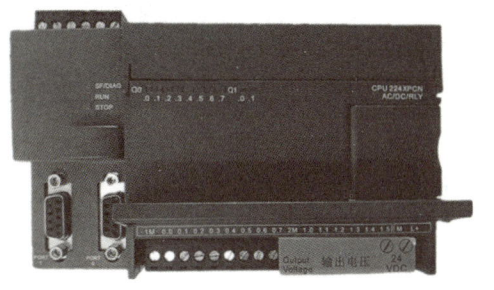

PLC 技术性能要求

图 5-38 西门子 S7-200PLC 外形

图 5-39 所示为某城市轨道交通环控柜智能控制示意图，图中各站两端、区间风井环控电控室内各设置一套 PLC 控制系统，各系统中有一面 PLC 主控柜和若干面电机（包含风机、电动风阀、空调器等）控制柜。主控柜内安装一套 PLC 通信管理器和触摸屏，电机控制柜中设分布式智能 I/O、变频器、软启动器、智能电机保护器以及接触器、继电器等电机启/停控制和保护器件。通信协议选用 Device Net 协议，这是通用的、标准的、主流的开放式

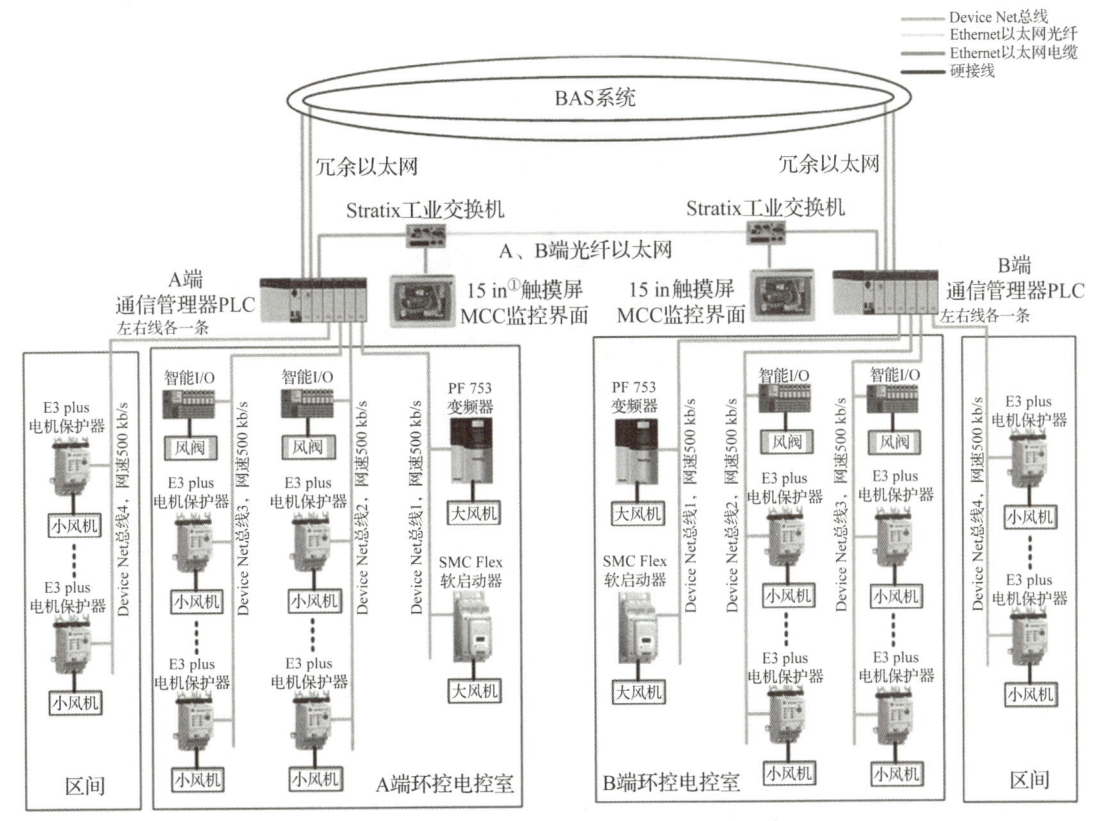

图 5-39 某城市轨道交通环控柜智能控制示意图

① 1 in = 2.54 cm。

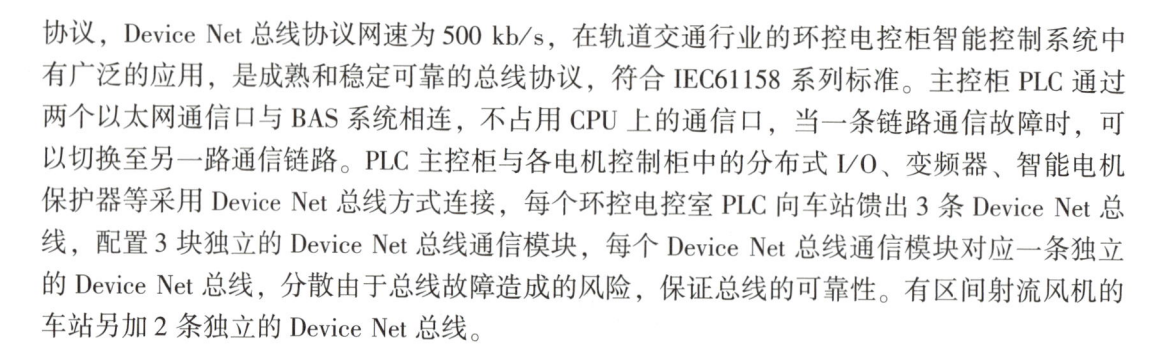

协议，Device Net 总线协议网速为 500 kb/s，在轨道交通行业的环控电控柜智能控制系统中有广泛的应用，是成熟和稳定可靠的总线协议，符合 IEC61158 系列标准。主控柜 PLC 通过两个以太网通信口与 BAS 系统相连，不占用 CPU 上的通信口，当一条链路通信故障时，可以切换至另一路通信链路。PLC 主控柜与各电机控制柜中的分布式 I/O、变频器、智能电机保护器等采用 Device Net 总线方式连接，每个环控电控室 PLC 向车站馈出 3 条 Device Net 总线，配置 3 块独立的 Device Net 总线通信模块，每个 Device Net 总线通信模块对应一条独立的 Device Net 总线，分散由于总线故障造成的风险，保证总线的可靠性。有区间射流风机的车站另加 2 条独立的 Device Net 总线。

四、电源切换箱及配电箱

（一）电源切换箱

电源切换箱安装在设备房或公共区，主要给地铁车站电梯/电扶梯、AFC 系统、通信/信号系统、FAS 系统、综合监控等较为重要的一类负荷提供电源。箱内主要有双电源切换装置、断路器、中间继电器、接触器和熔断器等，箱体安装有各类指示灯、按钮，用于电源切换操作和指示。

电源切换箱（环控柜、EPS 除外）适用于交流 50 Hz、额定电压 0.4 kV 的两路电源（主用电源和备用电源），因一路电源发生故障（过压、欠压、缺相或高低频等）而将一个或几个负载自动转换到另一电源的场合。常见的双电源切换箱如图 5-40 所示。

图 5-40 常见的双电源切换箱

（二）配电箱

配电箱是指按控制要求将开关设备、测量仪表、保护电器和辅助设备组装在封闭或半封闭金属柜中或屏幅上，用于实现对用电设备合理的电能分配，方便对电路的开合操作。

地铁车站配电箱分为照明配电箱和动力配电箱，主要给照明、小动力设备等二、三类负荷提供电源。配电箱安装于照明配电室、设备房或公共区，箱内主要有断路器、中间继电器、接触器和熔断器等，箱体安装有各类指示灯、按钮，如图 5-41 所示。

图 5-41 地铁照明配电箱

电源切换箱、配电箱为地铁车站一、二、三类负荷设备提供电源，同时将开关的闭合状态及各类故障反馈至上位机监控系统。其主要技术参数如下：

（1）额定电流≤400 A；系统电压 AC 380/220 V；额定频率 50 Hz。
（2）箱体提供独立 N 线和 PE 线。
（3）系统接地方式：中性点直接接地。

五、废水、雨水泵控制

废水、雨水泵属于潜污泵，是集水泵与电动机于一体，工作时整体浸没在输送介质内的一种水泵。

地铁车站的废水、雨水泵房集水池内一般设两台潜污泵，平时一用一备、轮换运行，必要时同时运行。集水池一般设有超高水位、双泵启动液位、单泵启动液位、停泵、超低水位共 5 个液位，通过液位传感器反馈液位。根据水位高、低自动控制排水泵的启/停，通过综合监控系统监视。当水位达到超低水位时，两台泵均停止工作。

当水位达到单泵启动水位时，开启第一台泵；如水无法排出或进水量大于排水量，使水位达到两台泵启动水位时，两台泵同时开启；当水可以正常排出，下降到停泵液位时，水泵停止工作。液位达到报警液位时，将报警信息反馈至综合监控系统。

停车场及区间洞口雨水泵集水池内一般设三台潜污泵，平时一用两备、轮换运行，必要时可同时运行。同样集水池设有超高水位、双泵启动液位、单泵启动液位、停泵、超低水位 5 个液位。

在废水、雨水泵附近安装有水泵控制箱，实现水泵的就地控制及运行状态的收集与反馈。水泵控制箱内主要有 PLC 控制器模块、断路器、接触器、中间继电器、接线端子等，箱体上安装有各类指示灯、按钮及旋钮开关。水泵控制箱主要技术参数与电源切换箱、配电箱一致。雨水泵实物如图 5-42 所示。

图 5-43 所示为某地铁车站雨水、废水泵控制原理。转换开关 SA 有手动、自动、停止三种状态，在手动模式下，通过按钮 SB3/SB4 手动启动两台泵的电动机，通过 SB1/SB2 手动停止两台泵的电动机，必要时两台泵可以同时工作；自动模式下，由液位传感器提供输入信号给 PLC，PLC 自动运行程序，根据程序设定的功能实现两台泵电动机启动/停止的控制。

图 5-42 雨水泵控制箱

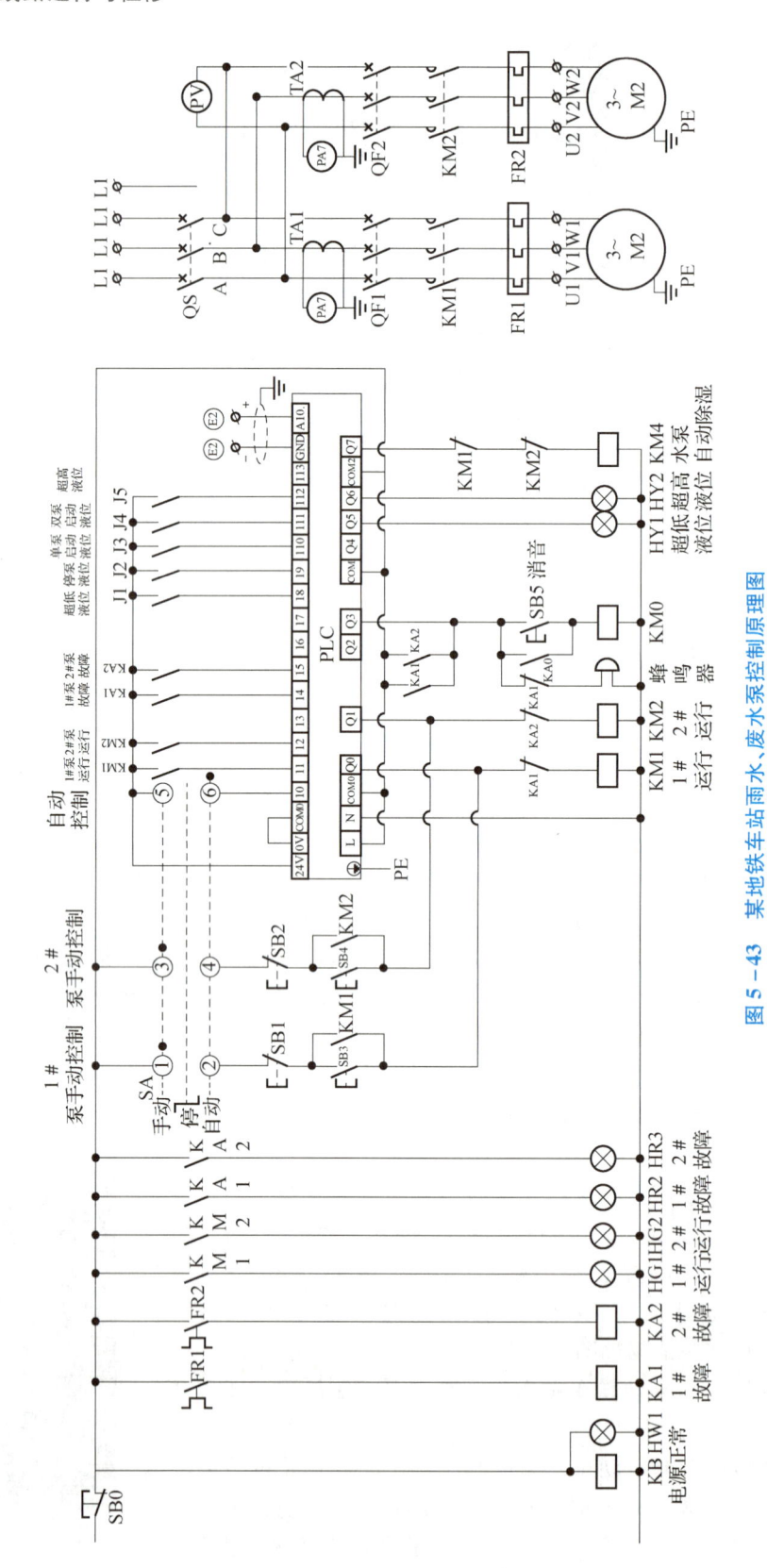

图 5-43 某地铁车站雨水、废水泵控制原理图

工作任务 4 应急电源设备认知及控制

> 实施工单

《应急电源设备认知及控制》实施工单

学习项目	城市轨道交通低压配电系统运行与维护	姓名		班级	
任务名称	应急电源设备认知及控制	学号		组别	
任务目标	1. 能够说明 EPS 设备作用。 2. 能够描述 EPS 设备的组成。 3. 能够说明 EPS 设备运行模式				
任务描述	学生以小组为单位，通过查阅相关资料及实地调研，完成下列任务： 1. 介绍 EPS 设备作用。 2. 描述 EPS 设备的组成。 3. 说明 EPS 设备运行模式				
任务要求	1. 场地要求：供配电系统实训室。 2. 设备要求：无。 3. 工具要求：无。				
课前任务	请根据教师提供的视频资源，探索 EPS 设备作用，并在课程平台讨论区进行讨论				
课中训练	1. 通过查阅相关资料，将应急电源设备情况记录在下表。 **应急电源设备情况记录表** 	知识点		内容
---	---	---
EPS 设备作用	EPS 设备作用	
EPS 设备的组成	交流双电源自动切换	
	静态切换开关	
	整流/充电机	
	逆变器	
	蓄电池	
EPS 设备运行模式	正常工作模式	
	旁路维修模式	
	应急工作模式	
EPS 设备维护	EPS 柜维护	
	EPS 柜检修注意事项	| 2. 请学生分组调研所在城市轨道交通 EPS 设备运行模式，并进行汇报展示				

续表

学习项目	城市轨道交通低压配电系统运行与维护	姓名		班级	
任务名称	应急电源设备认知及控制	学号		组别	
任务总结	对项目完成情况进行归纳、总结、提升					
课后任务	思考所在城市轨道交通 EPS 设备运行模式特点，并在课程平台讨论区进行讨论					

评价标准

采用学生自评（20%）、组内互评（20%）、组间互评（20%）、教师评价（40%）四种评价方式，评价内容及标准如下表所示。

《应急电源设备》任务评价内容及标准

序号	评价项目	评价内容	评价标准	分值	得分
1	任务完成情况	EPS 设备作用	EPS 设备作用理解是否清楚。根据实际情况酌情打分	20 分	
		EPS 设备的组成	交流双电源自动切换装置及静态切换开关特点表述是否清楚。整流/充电机及逆变器特点表述是否清楚。对蓄电池特点理解是否清楚。根据实际情况酌情打分	30 分	
		EPS 设备运行模式	EPS 设备运行模式理解是否清楚。根据实际情况酌情打分	20 分	
		EPS 设备维护	EPS 柜维护表述是否清楚。EPS 柜检修注意事项理解是否清楚。根据实际情况酌情打分	10 分	
2	职业素养情况	资料搜集情况	资料搜集非常全面 5 分；资料搜集比较全面 1～4 分；资料搜集不全面酌情扣 1～5 分	5 分	
		语言表达情况	表达非常准确 5 分；表达比较准确 1～4 分；表达不准确酌情扣 1～5 分	5 分	
		工作态度情况	态度非常认真 5 分；态度较为认真 2～4 分；态度不认真、不积极酌情扣 1～5 分	5 分	
		团队分工情况	分工非常合理 5 分；分工比较合理 1～4 分；分工不合理酌情扣 1～5 分	5 分	

> 理论要点

在系统停电时，应急电源设备为不同场合的多种用电设备供电。如图 5-44 所示，应急电源设备柜体部分采用高质量的敷铝锌板，全部金属结构件都经过特殊防腐处理。开关柜具有足够的机械强度，保证元件安装后及操作时无摇晃、不变形，通过抗振试验、摇摆试验和内部燃弧试验。应急电源设备柜体采用封闭式结构，EPS 电源柜采用全开门方式，便于维护，柜门开启灵活，门的开启角度大于 90°，柜体通风良好。紧固件连接牢固、可靠。机柜顶部加防尘、防滴水的顶罩。主机柜、电池柜并屏，通过螺栓连在一起，底部由地脚螺栓固定，保证电源装置安装稳定。

EPS 设备具有适用范围广、负载适应性强、安装方便、效率高等特点。在应急事故、照明等用电场所，它与转换效率较低且长期连续运行的不间断电源相比，具有更高的性能价格比。

EPS 设备规格很多，按输入方式可分为单相 220 V 和三相 380 V；按输出方式可分为单相、三相及单、三相混合输出；按安装形式可分为落地式、壁挂式和嵌墙式三种；容量从 0.5 kW ~ 800 kW 有多个级别；按服务对象可分为照明型、动力型和混合型三种；其备用时间一般为 90 ~ 120 min，如有特殊要求还可按设计要求配置备用时间。

图 5-44 EPS 成套装置

一、EPS 设备的作用

在地铁车站低压配电系统中，EPS 设备的作用是在市电断电时或消防状态下，输出额定电压为 380/220 V，额定频率为 50 Hz 的电流，向车站应急照明、疏散指示、导向标识等提供后备电源，保证出现事故时，地铁乘客和地铁员工能安全疏散，供电维持时间不小于 90 min。

二、EPS 设备的组成

EPS 应急照明电源设备主要包括交流双电源自动切换装置（ATS）、静态切换开关、整流/充电机、逆变器、蓄电池组、监控装置及馈线单元等部分。

1. 交流双电源自动切换装置

交流双电源自动切换装置简称 ATS，是为了保证重要用电场所的供电可持续性。当主电源断电、过压、欠压、缺相时，ATS 能够把负载电路自动转换至备用电源。主电源重新通电，ATS 把负载切换至主电源。一般不允许断电的地点都能用到双电源切换开关。

EPS 应急电源由车站低压配电系统引入，从变电所不同的两段母线各引入一路独立的 0.4 kV 电源至 EPS 设备柜，在 EPS 主机柜内设自动切换装置，当其中一路电源失电时进行自动切换。两个电源互为备用，可自动和手动切换。电源自动切换时间可调。在电源切换过程中应保证先断后合，可自投自复。某地铁车站 EPS 主机柜里交流双电源自动切换装置，如图 5-45 所示。

图 5-45　地铁车站 EPS 主机柜里交流双电源自动切换装置

2. 静态切换开关

静态切换开关又称静止开关，是一种无触点开关，是用两个可控硅（SCR，又称晶闸管）反向并联组成的一种交流开关，其闭合和断开由逻辑控制器控制。

静态切换开关的主要作用是一旦 EPS 发生故障、负载过载或使电池放电结束时，使负载无中断地自动转到静态旁路，由旁路电源（市电）供电，提高系统的可靠性，同时也提高 EPS 的过载能力。

在 EPS 系统中，来自交流电源自动切换装置的电源为主电源，蓄电池经过逆变器输出的电源为应急电源，并通过控制电路对市电供电电源进行同步跟踪。当控制器检测到主用电源电压过低或停电时，静态开关动作，馈线回路由蓄电池通过逆变器供电；当主电源恢复时，控制器断开蓄电池电源，静态开关动作，恢复由主电源向负荷供电电源，一般情况下自动切换时间不大于 0.02 s。EPS 系统中静态切换开关原理框图如图 5-46 所示。

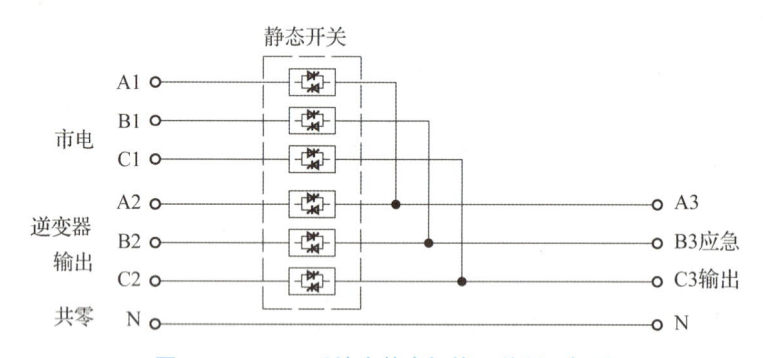

图 5-46　EPS 系统中静态切换开关原理框图

静态切换开关装置安装在 EPS 主机柜中，如图 5-47 所示。

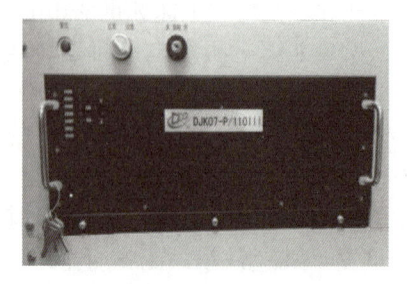

图 5-47　静态切换开关装置

3. 整流/充电机

整流器是把交流电转换成直流电的装置。在 EPS 设备中，整流器有两个主要功能：一是将交流电变成直流电，经滤波后供给负载或逆变器；二是给蓄电池提供充电电压。此装置既为逆变器供电，又给蓄电池充电，故称为整流/充电机。

EPS 设备中的整流/充电机如图 5-48 所示，其工作原理框图如图 5-49 所示。

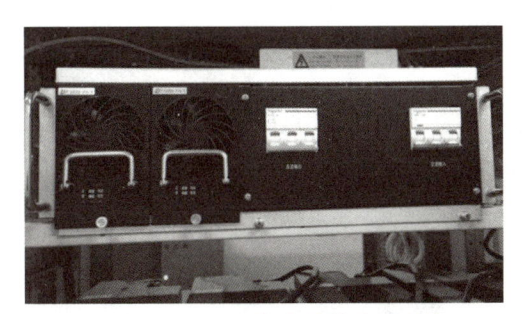

图 5-48 EPS 设备中的整流/充电机

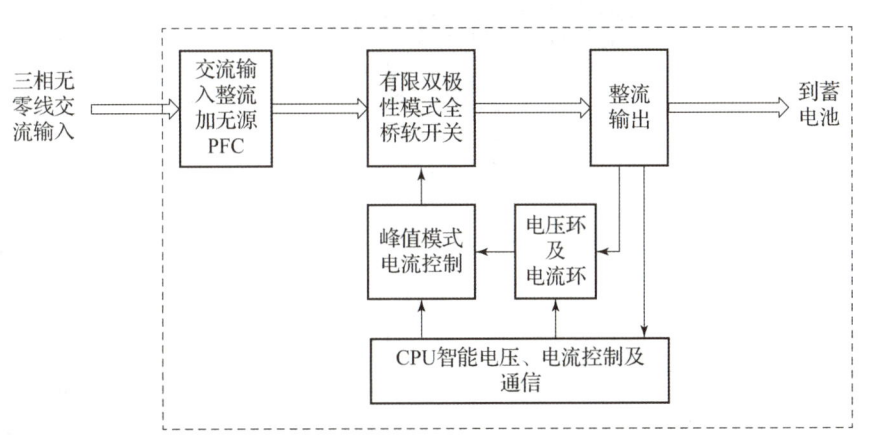

图 5-49 整流器/充电机工作原理框图

4. 逆变器

逆变器是一种将直流电转换成交流电的装置，其作用与整流器作用相反。其工作原理框图如图 5-50 所示。

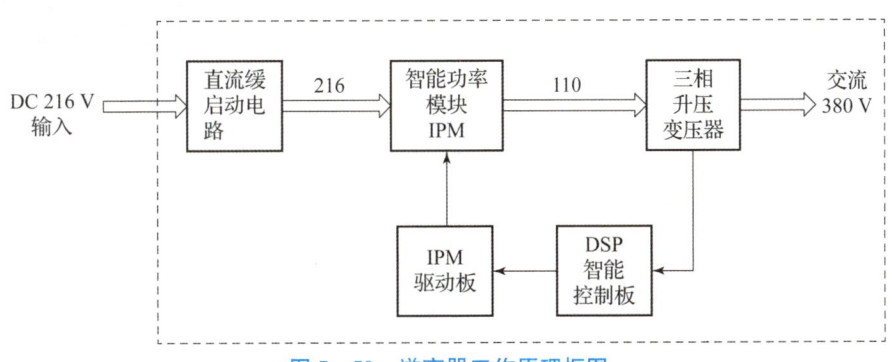

图 5-50 逆变器工作原理框图

逆变器采用工频设计方案,逆变输出采用工频变压器隔离输出,保证设备在应急供电时可抵抗感性负载的动态电流干扰、冲击,可防止电流突变对逆变器带来的伤害。逆变器还设有滤波器,可把总谐波畸变率限制在3%(100%非线性)以下,确保应急电源可靠、持续给负载供电。逆变器适应各类照明负荷(感性、容性及非线性负荷)供电,其负荷功率因数范围为0.8~1。

5. 蓄电池组

蓄电池组是保障EPS设备对外供电的关键设备,是一种储能装置,实现电能与化学能的转换。充电时,它将电能转换为化学能储存起来;停电时,蓄电池放电,化学能转换为电能。目前多采用免维护铅酸蓄电池。铅酸蓄电池由正极板组、负极板组、隔板、容器、电解液等组成,如图5-51所示。

逆变器的特点

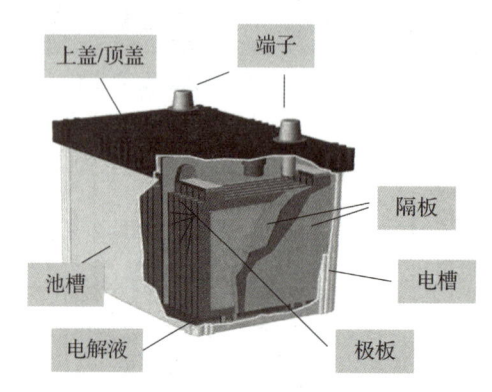

图5-51 铅酸蓄电池结构

地铁车站EPS蓄电池组放在蓄电池柜,如图5-52所示。EPS设备对所配蓄电池的一般要求:

(1)须为全密封、免维护型。EPS为电池、主机一体化设计,开口的富液式电池在充电中会产生酸雾,腐蚀EPS内部电路元器件。

(2)具有深度放电能力。EPS均设有强制启动功能,即此功能被强制执行时蓄电池无过放电保护,可以无限制地放电;深度放电性能差的蓄电池,可能由于EPS此功能的启动而一次性损害,无法再次利用。

三、EPS设备的运行模式

图5-52 EPS蓄电池组

EPS设备的运行模式有三种:正常工作模式、旁路维修模式、应急工作模式。

1. 正常工作模式

正常情况下,EPS由牵引降压混合变电所或降压变电所的两段交流低压母线各供一路三相电源(手动选择任一路电源为主用电源),主用电源故障时,由进线电源自动投切装置进行控制,备用电源自动投入,保证一路电源的正常工作,蓄电池处于浮充状态,应急照明负荷和疏散标志照明由交流低压母线供电。EPS正常工作模式原理如图5-53所示。

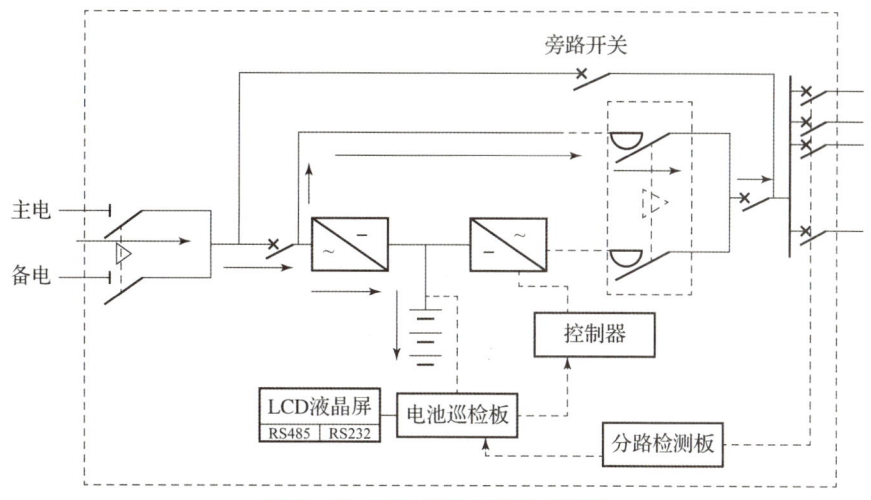

图 5-53 EPS 正常工作模式原理

2. 旁路维修模式

为便于维修，EPS 设置维修旁路开关，保证在维修旁路状态时，EPS 主机完全与市电脱离，确保维修人员安全。EPS 旁路维修模式原理如图 5-54 所示。

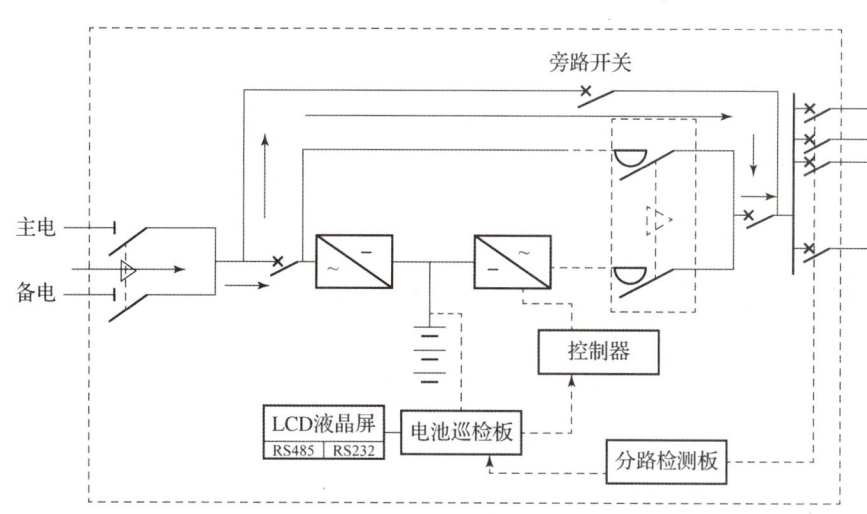

图 5-54 EPS 旁路维修模式原理

3. 应急工作模式

双路进线电源均故障时，静态切换装置动作，EPS 的电池组通过逆变器向应急照明与疏散标志照明设备供电。应急照明电源装置的输出频率由内部振荡器控制、输出电压波形为标准正弦波。EPS 应急状态工作方式如图 5-55 所示。

地下或高架车站 EPS 容量保证应急照明和疏散标志照明负荷满负荷运行 90 min 的用电需求，当任一单体电池放电至额定最低电池电压时，系统自动停机，保护电池（紧急情况除外），发出报警信号。交流进线电源从故障状态恢复正常时，逆变器自动退出运行，应急照明负荷和疏散标志照明由交流低压 0.4 kV 母线供电，同时整流/充电机向电池组充电，电池组充电完成后，整流/充电机应自动调整电压向蓄电池浮充电。

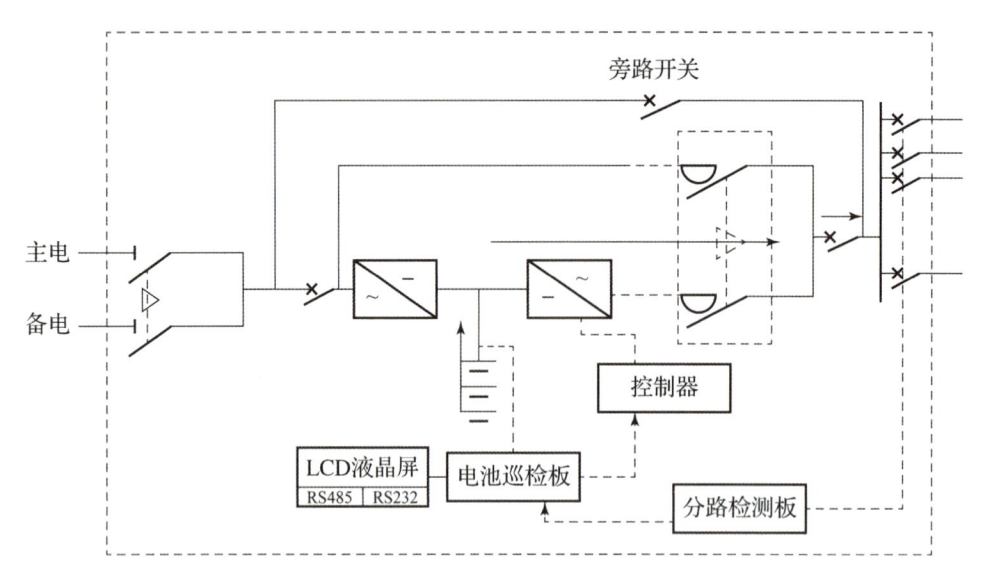

图 5-55　EPS 应急状态工作模式原理

拓展阅读

一座车站可年省 50 万 kW·h 电！飞轮储能首次在城市地铁中商用

EPS 设备维护

　　我国能源技术革命创新行动计划中的兆瓦级飞轮储能技术研究实现突破，GTR 飞轮储能装置于 2019 年 7 月 8 日在北京地铁房山线广阳城站正式实现商用，填补了国内应用飞轮储能装置解决城市轨道交通再生制动能量回收方式的空白。

　　飞轮储能与以往熟知的铅酸电池、锂电池等化学储能不同，它是利用电动机带动飞轮高速旋转来储能，转速提高时，进行充电；转速降低时，可以放电。不仅能在 5 ms 内响应大功率充放电，而且充放电寿命高达上千万次。

　　在北京地铁房山线广阳城站配电室，有几个不惹人注目的电气机柜，就是兆瓦级飞轮储能装置。地铁列车进站制动时，会产生巨大的电能，以往都被浪费，如今，可以利用加速飞轮旋转，将电能储存起来，列车出站启动时，电能便可以释放出来，不但实现变废为宝，而且还减少电能的消耗。用上它，这个车站平均每天能节省近 1 500 kW·h 的电。

　　飞轮的转速为 36 000 r/min，飞轮边缘的速度相当于子弹的飞行速度，两倍的声速。如何让这样的飞轮设备稳定、安全运行，科研人员攻克材料学、动力学、电机控制学等一系列技术难题。

　　据介绍，飞轮储能技术可以广泛应用于地铁、高铁、航空航天、医疗、电网等领域。

项目小结

```
项目5 城市轨道交通低压配电系统运行与维护
├── 工作任务1 车站低压配电设备认知
│   ├── 主要低压设备
│   │   ├── 0.4 kV开关柜
│   │   ├── 环控电控柜
│   │   ├── 通风空调设备就地控制箱
│   │   ├── 雨水泵控制箱
│   │   ├── 废水泵、污水泵、消防泵控制箱
│   │   ├── 防火阀电源配电箱
│   │   ├── 自动扶梯应急停机按钮
│   │   ├── 应急电源设备
│   │   ├── 电源配电箱、双电源切换箱
│   │   └── 区间维修电源箱
│   └── 车站低压配电系统动力负荷配电方式
│       ├── 电压等级
│       ├── 负荷分类
│       ├── 配电方式
│       ├── 车站低压配电系统的控制方式
│       └── 保护方式
├── 工作任务2 开关柜设备认知及控制
│   ├── 开关柜主接线与运行方式
│   │   ├── 主接线形式
│   │   └── 运行方式
│   └── 开关柜类型
├── 工作任务3 环控电控柜设备认知及控制
│   ├── 环控电控柜主要参数
│   ├── 环控电控柜框架结构
│   ├── 环控电控柜内低压配电主要部件
│   │   ├── 抽屉式组件
│   │   ├── 智能化断路器
│   │   ├── 电源自动转换装置
│   │   ├── 接触器及中间继电器
│   │   ├── 电机保护器
│   │   ├── 软启动器
│   │   ├── 变频器
│   │   ├── 风阀
│   │   ├── UPS设备
│   │   └── PLC设备
│   ├── 电源切换箱及配电箱
│   └── 废水、雨水泵控制
├── 工作任务4 应急电源设备认知及控制
│   ├── EPS设备的作用
│   ├── EPS设备的组成
│   │   ├── 交流双电源自动切换装置
│   │   ├── 静态切换开关
│   │   ├── 整流/充电机
│   │   ├── 逆变器
│   │   └── 蓄电池
│   └── EPS设备的运行模式
└── 拓展阅读 ── 一座车站可年省50万kW·h的电！飞轮储能首次在城市地铁中商用
```

思考题

1. 简述车站低压配电系统电压等级。
2. 简述车站低压配电系统一级负荷包含的设备。
3. 简述车站低压配电系统 380/220 V 三相四线制配电的特点。
4. 简述 0.4 kV 开关柜配电控制方式。
5. 简述环控电控柜配电控制方式。

6. 简述开关柜的运行方式。
7. 说明进线开关柜的用途。
8. 说明母联开关柜的用途。
9. 说明有源滤波柜的用途。
10. 简述开关柜的一般要求。
11. 说明环控柜外壳的组成。
12. 说明环控电控柜的抽屉开关手柄位置及含义。
13. 说明低压交流框架式断路器应符合的主要技术要求。
14. 说明塑壳式断路器应符合的主要技术要求。
15. 简述双电源自动转换开关应满足的要求。
16. 说明电机保护器的基本要求。
17. 描述普通风机就地控制的流程。
18. 说明隧道风机就地控制的流程。
19. 简述变频器的一般技术要求。
20. 说明组合空调机组变频就地控制的流程。
21. 简述电动组合风阀就地控制的流程。
22. 简述 UPS 分类。
23. 简述 UPS 结构。
24. 简述地铁车站对 PLC 技术性能要求。
25. 说明电源切换箱及配电箱的主要技术参数。
26. 简述 EPS 设备的作用。
27. 简述 EPS 设备的组成。
28. 说明 EPS 设备的运行模式。

项目 6

城市轨道交通低压照明系统运行与维护

知识目标

1. 掌握照明系统基础知识。
2. 熟悉照明系统的分类特点。
3. 掌握照明质量的内涵。
4. 掌握电光源及灯具基础知识。
5. 掌握轨道交通照明系统的照明范围。
6. 掌握轨道交通照明系统的负荷分类。
7. 掌握车站低压照明系统设备特点。
8. 掌握轨道交通照明系统的配电方式。
9. 掌握轨道交通照明系统的运行模式。
10. 掌握轨道交通照明系统的控制方法。
11. 掌握轨道交通室内照明工程的安装与调试。
12. 掌握轨道交通照明配电系统日常维护。

能力目标

1. 能够理解照明系统基础知识。
2. 能够完成对电光源及灯具的认知。
3. 能够识别车站低压照明系统设备。
4. 能够完成轨道交通室内照明工程的安装与调试。

素养目标

1. 培养学生会分析、敢表达的学术自信。
2. 锻炼学生的表达沟通能力并培养学生的团队协作精神。
3. 培养学生吃苦耐劳、一丝不苟的工匠精神。
4. 树立学生执行工作程序、遵守工作规范的服从意识。

重点难点

1. 照明质量。
2. 电光源及灯具基础。
3. 车站低压照明系统设备。
4. 室内照明工程的安装与调试。

课程导入

城市轨道交通车站的地下光环境较为特别,主要表现在长期没有自然光,导致车站内外光度差异大。因此,在车站照明设计时,要结合地下照明特点,既保证地下的明亮度,又保证乘客的舒适性。同时,还要考虑能够辅助乘客更好地完成乘车以及在特殊、危险时刻及时地疏散等。

技能训练

工作任务1　照明系统认知

实施工单

《照明系统认知》实施工单

学习项目	城市轨道交通低压照明系统运行与维护	姓名		班级	
任务名称	照明系统认知	学号		组别	
任务目标	1. 能够明确说明光学相关概念的内涵。 2. 能够描述照明的方式特点。 3. 能够描述照明的种类特点。 4. 能够描述照明质量的内涵。 5. 能够说明常用电光源及灯具的特点				

续表

学习项目	城市轨道交通低压照明系统运行与维护	姓名		班级	
任务名称	照明系统认知	学号		组别	

任务描述	学生以小组为单位，通过查阅相关资料及实地调研，完成下列任务： 1. 介绍光学相关概念。 2. 描述照明的方式特点。 3. 描述照明种类及照明质量内涵。 4. 以小组为单位，查找资料，说明常用电光源及灯具的特点
任务要求	1. 场地要求：供配电系统实训室。 2. 设备要求：无。 3. 工具要求：无
课前任务	请根据教师提供的视频资源，探索照明种类，并在课程平台讨论区进行讨论
课中训练	1. 通过查阅相关资料，将照明系统认知情况记录在下表。 照明系统认知过程记录表 2. 请学生分组调研所在城市电光源及灯具特点，并进行汇报展示

照明系统认知过程记录表

知识点		内容
照明基础认知	照明基础认知	
照明的方式	一般照明	
	分区一般照明	
	局部照明	
	混合照明	
照明的种类	按照明的使用情况分类	
	按照明的目的分类	
	按光线的投射方向分类	
	按灯具的光通量分布分类	
照明质量	合理的照度及照明的均匀度	
	限制眩光及光源的显色性和色温	
	照度的稳定性及频闪效应	
电光源及灯具基础	电光源分类及主要性能指标	
	电光源的命名及典型电光源简介	
	常用电光源的性能比较与选用	
	常用灯具	

续表

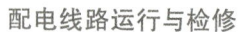

学习项目	城市轨道交通低压照明系统运行与维护	姓名		班级	
任务名称	照明系统认知	学号		组别	
任务总结	对项目完成情况进行归纳、总结、提升				
课后任务	思考电光源及灯具的使用环境,并在课程平台讨论区进行讨论				

评价标准

采用学生自评(20%)、组内互评(20%)、组间互评(20%)、教师评价(40%)四种评价方式,评价内容及标准如下表所示。

《照明系统认知》任务评价内容及标准

序号	评价项目	评价内容	评价标准	分值	得分
1	任务完成情况	照明基础认知	照明基础认知描述是否明确。根据实际情况酌情打分	10 分	
		照明的方式	一般照明特点描述是否正确。分区一般照明特点描述是否正确。局部照明特点描述是否正确。混合照明特点描述是否明确。根据实际情况酌情打分	20 分	
		照明的种类	照明的种类描述是否明确。根据实际情况酌情打分	10 分	
		照明质量	合理的照度及照明的均匀度描述是否正确。限制眩光及光源的显色性和色温描述是否正确。照度的稳定性及频闪效应描述是否明确。根据实际情况酌情打分	20 分	
		电光源及灯具基础	电光源分类及主要性能指标描述是否正确。电光源的命名及典型电光源简介描述是否正确。常用电光源的性能比较与选用描述是否正确。根据实际情况酌情打分	20 分	

续表

序号	评价项目	评价内容	评价标准	分值	得分
2	职业素养情况	资料搜集情况	资料搜集非常全面5分；资料搜集比较全面1~4分；资料搜集不全面酌情扣1~5分	5分	
		语言表达情况	表达非常准确5分；表达比较准确1~4分；表达不准确酌情扣1~5分	5分	
		工作态度情况	态度非常认真5分；态度较为认真2~4分；态度不认真、不积极酌情扣1~5分	5分	
		团队分工情况	分工非常合理5分；分工比较合理1~4分；分工不合理酌情扣1~5分	5分	

理论要点

一、照明基础认知

1. 光

光是指能引起视觉的辐射能，是一种电磁波，又称可见光。其波长一般在380~780 nm范围内，不同波长的光给人的颜色感觉也不同。波长短于380 nm的称为紫外线，波长等于780 nm的称为红外线。其电磁波谱如图6-1所示。

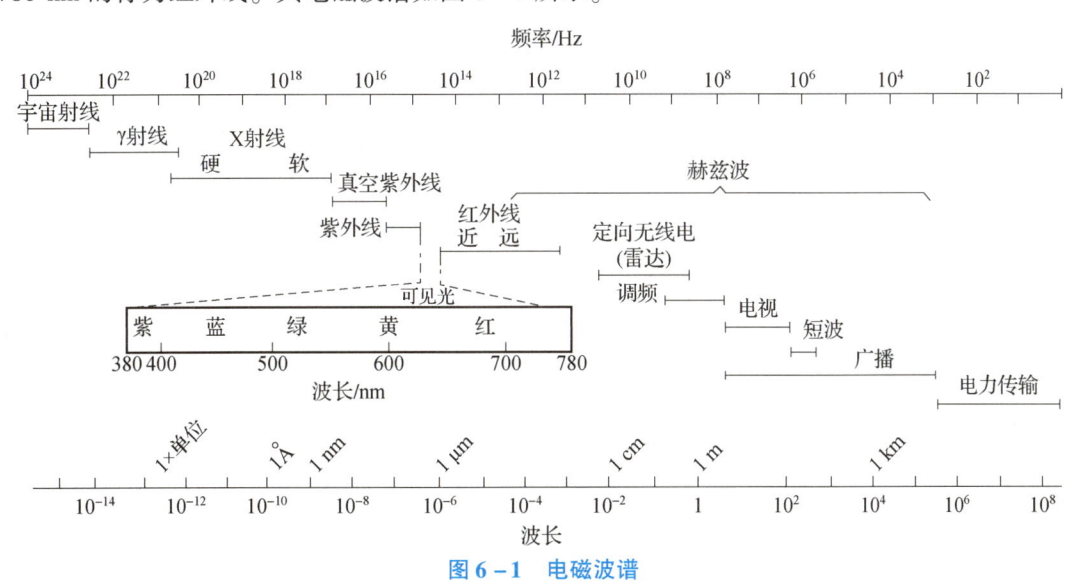

图6-1 电磁波谱

任何物体发射或反射足够数量波长的辐射能，作用于人眼时，人就可看见该物体。然而，即便是可见的辐射光谱部分，作用于人眼的效果也是不同的。有的光谱段作用较强，使

人们的视觉比较明显;有的光谱段则对人眼作用较弱,甚至有的让人很少察觉或察觉不到。因此,光是一种客观存在的能量,它与人们的主观感觉有着密切的联系。

2. 光通量

光源在单位时间内向周围空间辐射并引起视觉的能量,称为光通量,用 Φ 表示,单位为 lm。

在实际照明工程中,光通量是说明光源发光能力的一个基本量,是光源的一个基本参数。

例如,一个 40 W 的白炽灯在 220 V 的额定电压下发出的光通量为 350 lm;一个 36 W 的荧光灯在 220 V 的额定电压下发出的光通量为 2 500 lm。

3. 发光效率

发光效率简称光效,是指一个电光源所发出的光通量与该光源所消耗的电功率之比,以 η 表示,单位为 lm/W,即 $\eta = \Phi/P$。

如上述的 40 W 白炽灯的 $\eta = 8.75$ lm/W;40 W 的荧光灯的 $\eta = 69.44$ lm/W。发光效率是电光源的重要技术指标。

4. 发光强度

发光强度简称光强,是指光通量的空间密度。光源在某一特定方向上单位立体角内(每球面度)辐射的光通量,称为光源在该方向上的发光强度,以 I 表示,单位为 cd(坎德拉)。

若点光源在立体角 ω 内发出的光通量为 Φ,则 Φ 与 ω 之比称为发光强度,即:

$$I = \Phi/\omega$$

式中,ω 为以光源为球心,以任意 r 为半径的球面上切出的球面积 S 对此半径平方的比值,单位为球面度,如图 6-2 所示。

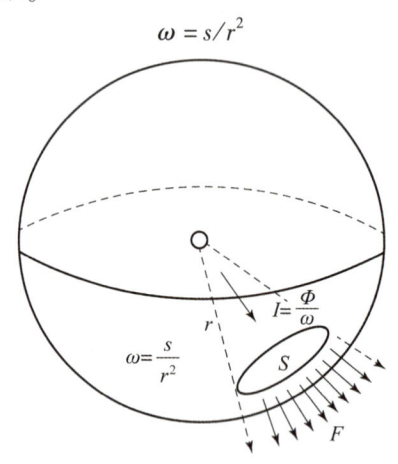

图 6-2 立体角 ω 的示意图

5. 照度

被照物体表面单位面积上接收的光通量称为照度,用 E 表示,单位为 lx(勒克斯)。被光均匀照射的平面上照度为,

$$E = \Phi/A$$

式中,A 为被照面积(m^2)。

上式表明,均匀分布的 1 lm 光通量在 1 m^2 的表面积上所产生的照度为 1 lx。

在 1 lx 的照度下，人们仅可以看见四周的情况。工作场所的照度所需为 20~100 lx。满月在地上产生的照度仅为 0.2 lx。正午露天地面的照度达 100 000 lx。

在照明设计中，照度是一个很重要的物理量，国家规定在各种工作条件下的照度标准，地铁车站不同位置照明的照度标准如表 6-1 所示。

表 6-1 地铁车站不同位置照度标准

名称	平均照度的平面位置	平均照度/lx			应急照明/lx
		低	中	高	
车站站厅、自动扶梯	地板	150	1 200	250	≥15
车站站厅	地板	150	200	250	≥15
出入口通道及公共区楼梯	工作面	150	200	250	≥15
站长室、车站综合控制室	工作面	200	250	300	≥100
售票机	工作面	200	250	300	≥30
进出站闸机	工作面	200	250	300	≥30
机械风道	地面	≥50	—	—	3
通信、信号机械室	工作面	≥150	—	—	≥15
办公区走廊	地板	≥100	—	—	10
一般办公管理用房	工作面	≥100	—	—	0
区间隧道	轨顶面	≥20	—	—	3
渡线、线岔、折返线轨	轨顶面	≥20	—	—	3
变电所	工作面	≥50	—	—	100
各种机房	工作面	≥100	—	—	10

6. 亮度

亮度是指单元表面在某一方向上的光强密度，它等于该方向上的发光强度和此表面在该方向的投影面积之比。其符号为 L，单位为 nt（尼特），$1 \text{ nt} = 1 \text{ cd/m}^2$；较大的亮度单位是 sd（熙提），$1 \text{ sd} = 10^4 \text{ nt}$。如图 6-3 所示，由亮度的定义可给出亮度的公式：

$$L = I_\theta / S_1 \cos\theta$$

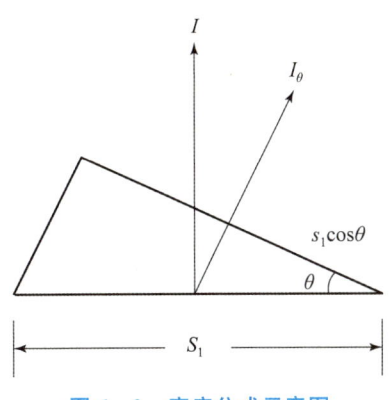

图 6-3 亮度公式示意图

式中,S_1 为发光表面(或被照面)的表面积;$I_θ$ 为 S_1 发光表面在人眼方向上的发光强度;$θ$ 为表面的法线与人眼方向的夹角。

亮度也是照明装置的一个重要物理量,是决定物体明亮程度的直接指标。当发光表面的亮度相当高时,会引起视觉不适,或产生有害作用,这种情况称为耀光,它是发光表面的特性。由于耀光作用的结果所产生的视觉状态称为眩光,它是眼睛状态的特征。在照明设计时,为避免眩光,限制直射或反射耀光,可采用保护角较大的灯具或采用带乳白色玻璃散光罩的灯具,也可通过提高灯具的悬挂高度来实现。耀光作用随耀光体与眼睛的角度不同而改变,其特性如图 6-4 所示。

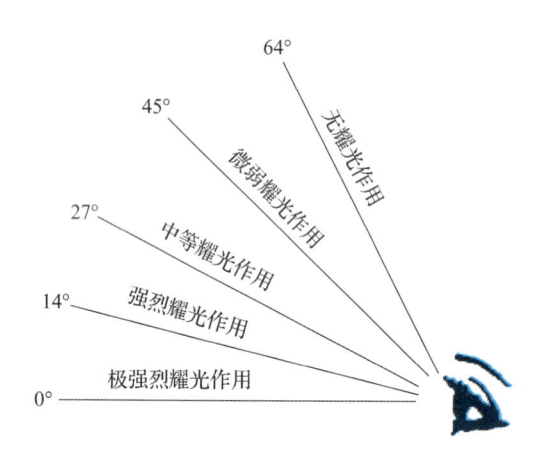

图 6-4 耀光作用随光体与眼睛角度不同而改变的特性

表 6-2 所示为实际光源的亮度近似值。

表 6-2 实际光源的亮度近似值

光源	亮度/nt
白炽灯灯丝	$300 \sim 1\,400 \times 10^4$
荧光灯	$0.6 \sim 0.9 \times 10^4$
晴天天空	$0.5 \sim 2 \times 10^4$
地面上看太阳	1.5×10^9

7. 光源的颜色

照明光源的颜色常用光源的色表和显色性来表征。

1)光源的色表

光源的色表即人眼观看光源所发出光的颜色(灯光的表观颜色)。在照明应用领域,常用色温定量描述光源的色表。

当一个光源的颜色与黑体(完全辐射体)在某一温度发出的光色相同时,黑体的温度称为该光源的色温,符号为 T_c,单位为 K。

在任何温度下,若某物体能把投射到它表面的任何波长的能量全部吸收,则称该物体为黑体。黑体的光谱吸收率 $α=1$。黑体加热到高温时将产生辐射,黑体辐射的光谱功率分布完全取决于它的温度。在 800~900 K 的温度下，黑体辐射呈红色，3 000 K 呈黄白色，5 000 K 左右呈白色，在 8 000~10 000 K 时呈淡蓝色。一般而言，红色光的色温低，蓝色光的色温高。

在人工光源中，只有白炽灯灯丝通电加热的情况与黑体加热的情况相似，白炽灯以外的其他人工光源的光色，其色度不一定与黑体加热时的色度相同。因此，只能用光源的色度与最相接近黑体色度的色温确定光源的色温，这样确定的色温叫相对色温。

表 6-3 所示为天然光源色温，表 6-4 所示为常见人工光源色温。表 6-3 中全阴天室外光具有的色温为 6 500 K，黑体加热到 6 500 K 时发出的光的颜色与全阴天室外光的颜色相同。

表 6-3 天然光源色温

光源	色温/K
晴天室外光	13 000
白天直射白光	5 550
昼光色	6 500
晴天室外光	13 000
全阴天室外光	6 500
45°斜射白光	4 800
月光	4 100

表 6-4 常见人工光源色温

光源	色温/K
蜡烛	1 900~1 950
白炽灯（40 W）	2 700
碳弧灯	3 700~3 800
炭精灯	5 500~6 500
高压钠灯	2 000
荧光灯	3 000~7 500
镝灯	5 600

光源的色温不同，带给人的冷暖感觉也不同。国际照明委员会（CIE）把光源的色表分成三类，如表 6-5 所示。其中，第一类暖色调适用于居住类场所；第二类在工作场所应用最为广泛；第三类冷色调适用于高照度场所以及特殊作业、温暖气候条件的场所。

表 6-5 光源色表分类

色表分类	色表特征	相关色温/K	适用场所
Ⅰ	暖	<3 300	客房、卧室、病房、酒吧、餐厅
Ⅱ	中间	3 300~5 300	办公室、教室、阅览室、诊室、检查室、机加工车间、仪表车间
Ⅲ	冷	≥5 300	热加工车间、高照度场所

2)光源的显色性

光源的显色性即光源照射到物体上所显现出来的颜色。人们发现在不同的灯光下,物体的颜色会发生不同的变化,或在某些光源下,观察到的颜色与白光下看到的颜色是不同的,这涉及光源的显色性问题。

同一个颜色样品在不同的光源下可能使人眼产生不同的色彩感觉,而在白光下物体显现的颜色是最准确的,因此,可以将白光作为标准的参照光源。将人工待测光源的颜色与参照光源下的颜色相比较,显示同色能力的强弱定义为该人工光源的显色性,用符号 Ra 表示。显色性指数最高为100,显色性指数的高低表示物体在待测光源下变色和失真的程度。当显色性指数 Ra 值为80~100时,显色优良;当 Ra 值为50~79时,表示显色一般;当 Ra 值为50以下时,则说明显色性较差。

光源的显色性由光源的光谱能量分布决定。白光(白炽灯)具有连续光谱,连续光谱的光源均有较好的显色性。通过对新光源的研究发现,除连续光谱的光源具有较好的显色性外,由几个特定波长色光组成的混合光源也有很好的显色效果。例如,450 nm 的蓝光、540 nm 的绿光、610 nm 的橘红光以适当比例混合所产生的白光(荧光灯)具有良好的显色性,用这样的白光去照明各色物体,能得到很好的显色效果。

表 6-6 所示为常用光源的显色指数。

表 6-6 常用光源的显色指数

光源	显色指数
白炽灯	97
日光色荧光灯	75~94
氙灯	95~97
白色荧光灯	55~85
金属卤化物灯	53~72
高压汞灯	22~51
高压钠灯	21

光源显色性和色温是光源的两个重要颜色指标,色温是衡量光源色的指标,而显色性是衡量光源视觉质量的指标。

二、照明方式

照明方式是指照明设备按其安装部位或使用功能而构成的基本形式。视觉工作对应的照明分级范围如表 6-7 所示。

表 6-7 视觉工作对应的照度分级范围

视觉工作	照明分级范围/lx	区域或活动类型	适用场所示例	照明方式
简单视觉工作	≤20	室外交通区，判别方向和巡视	室外道路	一般照明
	30~75	室外工作区、室内交通区，简单识别物体表征	客房、卧室、走廊、库房	一般照明、分区一般照明、混合照明
一般视觉工作	100~200	非连续工作的场所（大对比大尺寸的视觉作业）	病房、起居室、候机厅	一般照明、分区一般照明、混合照明
	200~500	连续工作的场所（大对比小尺寸和小对比大尺寸的视觉作业）	办公室、教室、商场	一般照明、分区一般照明、混合照明
	300~750	需集中注意力的视觉作业（小对比小尺寸的视觉作业）	营业厅、阅览室、绘图室	一般照明、分区一般照明、混合照明
特殊视觉工作	750~1 500	较困难的远距离视觉作业	一般体育场馆	一般照明、分区一般照明、混合照明
	1 000~2 000	精细的视觉工作、快速移动的视觉对象	乒乓球场、羽毛球场	一般照明、分区一般照明、混合照明
	≥2 000	精密的视觉工作、快速移动的小尺寸视觉对象	手术台、拳击台、赛道中点区	一般照明、分区一般照明、混合照明

三、照明的种类

（一）按照明的使用情况分类

根据照明的使用情况，大致可分为五类。

1. 正常照明

正常照明是指在正常情况下使用的室内外照明。它一般可单独使用，也可与应急照明、值班照明同时使用，但控制线路必须分开。

2. 应急照明

应急照明是因正常照明的电源失效而启用的照明。作为应急照明的一部分，用于确保正

常活动继续进行的照明，称为备用照明；作为应急照明的一部分，用于确保处于潜在危险之中的人员安全的照明，称为安全照明；作为应急照明的一部分，用于确保疏散通道被有效地辨认和使用的照明称为疏散照明。由于工作中断或误操作容易引起爆炸、火灾和人身事故或将造成严重政治后果和经济损失的场所，应设置应急照明。应急照明宜布置在可能引起事故的工作场所以及主要通道和出入口。应急照明必须采用能瞬时点燃的可靠光源，一般采用白炽灯或卤钨灯。应急照明作为正常照明的一部分经常点燃，而且发生故障不需要切换电源时，也可用气体放电灯。

暂时继续工作用的备用照明，照度不低于一般照明的 10%；安全照明的照度不低于一般照明的 5%；保证人员疏散用的照明，主要通道上的照度不应低于 0.5 lx。

3. 值班照明

值班照明是指在非工作时间内供值班人员用的照明。在非三班制生产的重要车间、仓库或非营业时间的大型商店、银行等，通常宜设置值班照明。值班照明可利用正常照明能单独控制的一部分，或利用应急照明的一部分或全部。

4. 警卫照明

警卫照明是指在夜间为改善对人员、财产、建筑物、材料和设备的保卫，用于警戒而安装的照明。可根据警戒任务的需要，在厂区或仓库区等警卫范围内装设。

5. 障碍照明

为保障航空飞行的安全，在高大建筑物和构筑物上安装的障碍标志灯。应按民航和交通部门的有关规定装设。

（二）按光线的投射方向分类

按照光线的投射方向，照明可分为两类：

1. 定向照明

定向照明是指光线要从某一特定方向投射到工作面和目标上的照明。

2. 漫射照明

漫射照明是指光线无显著特定方向投射到工作面和目标上的照明。

（三）按灯具的光通量分布分类

按照灯具光通量分布，照明可分为以下五类。

1. 直接照明

直接照明是指由灯具发射的光通量 90%~100% 部分，直接投射到假定工作面上的照明。

2. 半直接照明

半直接照明是指由灯具发射的光通量 60%~90% 部分，直接投射到假定工作面上的照明。

3. 一般漫射照明

一般漫射照明是指由灯具发射的光通量 40%~60% 部分，直接投射到假定工作面上的照明。

4. 半间接照明

半间接照明是指由灯具发射的光通量10%~40%部分,直接投射到假定工作面上的照明。

5. 间接照明

间接照明是指由灯具发射的光通量10%以下部分,直接投射到假定工作面上的照明。

四、照明质量

照明的质量是在量的方面创造合适的照度(或亮度);在质的方面,解决眩光、光的颜色、阴影等问题。为了获得良好的照明质量,必须考虑几个方面。

1. 合理的照度

照度是决定物体明亮程度的间接指标,在一定范围内,照度增加使视觉能力提高。合适的照度将有利于保护工作人员的视力,有利于提高产品质量,提高劳动生产率。增加照度和节约用电相互矛盾,如果增加照度对提高产品质量、提高劳动生产率、改善工人视力所得的效益与增加照度的费用相比是合理的,那么,提高照度水平也是值得的。

2. 照明的均匀度

在工作环境中如果有彼此亮度不相同的表面,当视觉从一个面转到另一个面时,眼睛被迫经过一个适应过程。当适应过程经常反复时,就会导致视觉的疲劳,为此,在工作环境中的亮度分布应该均匀。

在工作面上最低照度与平均照度之比称为照度均匀度。其公式为

$$U_n = E_{\min}/E_{av}$$

式中,U_n 为照度均匀度;$E_{\min}$ 为最低照度;E_{av} 为平均照度。

室内照明工作区的照度均匀度不宜低于0.7,非工作区的照度不宜低于工作区的1/5。在某些不能装设局部照明又要求具有较高照度的工作地点,照明器可不均匀布置。在工作区未能事先确定的情况下,宜采用均匀布置灯的一般照明。

3. 限制眩光

眩光是指由于亮度分布不适当,或亮度的变化幅度太大,或由于在时间上相继出现的亮度相差过大,所造成的观看物体时感觉不舒适或视力减低的视觉条件。

一般来说,被视物与背景的亮度比超过1:100时,就容易引起眩光。

为限制眩光可采用以下几种办法。

(1) 限制光源的亮度、降低灯具的表面亮度。如对亮度太大的光源,可采用磨砂玻璃、漫射玻璃或格栅限制眩光。

(2) 局部照明的照明器应采用不透光的反射罩,且照明器的保护角应不小于30°;若照明器安装高度低于工作者的水平视线时,照明器的保护角应为10°~30°。

(3) 正确选用照明器形式,合理布置照明器位置,选择好照明器的悬挂高度是消除或减弱眩光的有效措施。照明器悬挂高度增加,眩光作用会减少。没有保护角的照明器,应该具有较低的亮度。

为了限制直射眩光,室内一般照明用的照明器对地面的悬挂高度,应不低于表6-8中的规定值。这种最低高度主要决定于照明器形式和灯泡容量。

表6-8 室内一般照明用的照明器距地面的最低悬挂高度

光源种类	灯具形式	光源功率/W	最低离地悬挂高度/m
荧光灯	无反射罩	≤40	2.0
	带反射罩	≥40	2.0
卤钨灯	带反射罩	≤500	6.0
		1 000~2 000	7.0
高压钠灯	带反射罩	250	6.0
		400	7.0
金属卤化物灯	带反射罩	400	6.0
		1 000 及以上	14.0 以上

4. 阴影

阴影的功能有两种,一种对视觉有害,另一种对视觉有利。

1)有害阴影

由于方向性照明及障碍造成的阴影(如手的挡光)会使被照对象的亮度对比下降,对视觉工作是不利的。为克服不利的阴影,需注意合理布置灯具,避免在离开较远的地方分散装置,否则会使阴影扩大。另外,还需注意提高照明的扩散度。

2)有利阴影

适度的阴影能够表现出物体的立体感、实体感和材质感。物体上最亮的部分与最暗的部分的亮度比称为亮暗比。亮暗比小于1:2时有平板感,大于10:1时又过分强烈,而在3:1时最理想。观察浮雕、复杂工件、卡尺、玻璃器皿上的刻度以及凹凸不平的表面时,适度阴影是必要的。一般情况下,用指向性光源从斜射方向照射,能收到良好效果。

5. 光源的显色性和色温

1)光源的显色性对视觉功能有很大的影响

在需要正确辨别色彩的场所,为避免失真,应按表6-9合理选择光源的显色性。

表6-9 光源的显色性

组别	一般显色指数范围(Ra)	适用建筑类别
1	$Ra \geq 80$	大会堂、宴会厅、展览厅、医院、旅馆、住宅
2	$60 \leq Ra < 80$	教室、办公室、餐厅、一般商店
3	$40 \leq Ra < 60$	仓库
4	$Ra < 40$	室外

2）光源的色温会影响人们冷暖舒适的感觉

同一色温下的光源，其照度不同时，人的感觉也不相同。一般低色温的光在较低的照度下感到愉快，而在高照度下则感到过于刺激。高色温的光源在低照度下感到阴沉昏暗，而在高照度下则觉得愉快。因此，为了调节冷暖感，可根据不同地区或环境的特点，采取适当色温的光源增加舒适感，如在炎热地区宜使用高色温冷色调光源，冷饮场所也宜用冷色光源；反之，则使用低色温暖色光源。

3）改善光色的方法

改善光色的方法可采用显色指数高的光源，如白炽灯、卤钨灯、日光色类光灯、日光色镝灯、高显色低压钠灯。

另外，也可采用混光照明。即在同一场所内，采用两种及以上的光源照明。

6. 照度的稳定性

照度的不稳定不但会分散工作人员的注意力，对安全生产不利，而且将导致视觉疲劳。引起照度不稳定的原因是电源电压的波动，如线路负荷的变动、电焊机及电动机的启动会引起电压的波动。另外，光源的老化、灯具污垢增加均会降低照度。此外，灯具的摆动也会引起照度不稳定，必须注意灯具的固定及防止气流的冲击。

7. 频闪效应

随着电压、电流的周期性交变，气体放电电源的光通量也会发生周期性的变化，这使人眼产生明显的闪烁感觉。当被照物体处于转动状态时，会使人眼对转动状态的识别产生错觉。当被照物体的转动频率是灯光闪烁频率的整数倍时，转动的物体看上去像不转一样，这种现象称为频闪效应。这容易使人产生错觉而导致事故发生，因此，在使用气体放电电源时，应采取措施，降低频闪效应。通常把气体放电灯采用分相接入电源的方法，如三根荧光灯管分别接三相电源。

五、电光源及灯具基础

电光源是指利用电能做功，产生可见光的光源。人类对电光源的研究始于18世纪末。19世纪初，英国H. 戴维发明碳弧灯。1879年，美国T. A. 爱迪生发明具有实用价值的碳丝白炽灯。20世纪30年代初，低压钠灯研制成功。1938年，欧洲和美国研制出荧光灯。20世纪40年代高压汞灯进入实用阶段。20世纪50年代末，体积和光衰极小的卤钨灯问世。20世纪80年代出现细管径紧凑型节能荧光灯、小功率高压钠灯和小功率金属卤化物灯。随着时间的推移，电光源不仅成为人类日常生活的必需品，而且在工业、农业、交通运输以及国防和科学研究方面，都发挥着重要作用。

（一）电光源分类

照明光源是指用于建筑物内外照明的人工光源。近代照明光源主要采用电光源，一般分为热辐射光源、气体放电光源和固态光源三大类，电光源的分类如图6-5所示。

1. 热辐射光源

热辐射光源是以热辐射作为光辐射的电光源，是利用灯丝通过电流时被加热而发光的一种光源。其包括白炽灯和卤钨灯，它们是以钨丝作为辐射体，通电后达到白炽程度，产生光辐射。

```
                            ┌─ 热辐射光源 ──┬─ 白炽灯
                            │             └─ 钨卤灯
                            │
                            │              ┌─ 辉光放电 ──┬─ 氖灯
                            │              │           └─ 霓虹灯
                            │              │
                            │              │            ┌─ 低压气体放电灯 ──┬─ 荧光灯
电光源的分类 ──┼─ 气体放电光源 ──┤            │                └─ 低压钠灯
                            │              │            
                            │              └─ 弧光放电 ──┤            ┌─ 高压汞灯
                            │                           │            ├─ 高压钠灯
                            │                           └─ 高压气体放电灯 ──┼─ 金属卤化物灯
                            │                                        └─ 氙灯
                            │
                            └─ 固态光源 ──┬─ 场致发光(EL)
                                         └─ 半导体光源 ──┬─ LED
                                                       └─ OLED
```

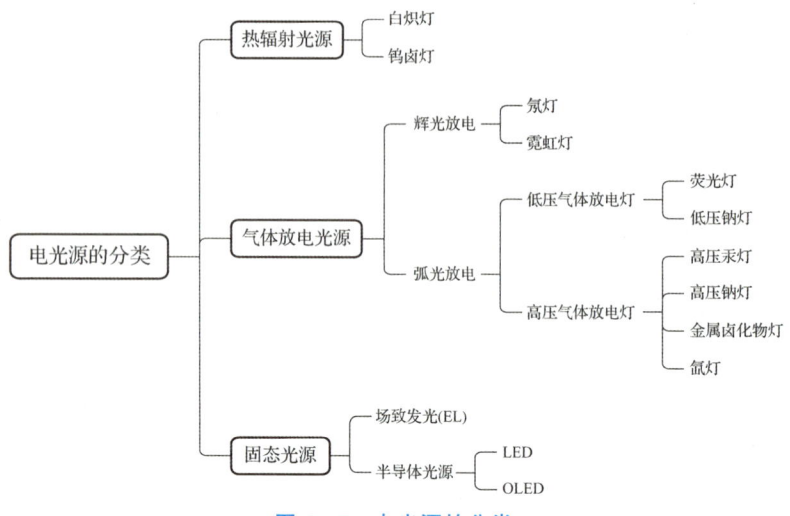

图 6-5 电光源的分类

2. 气体放电光源

气体放电光源是利用电流通过气体（或蒸气）而发光的光源，它们主要以原子辐射形式产生光辐射。例如，通过灯管中的汞蒸气放电，辐射出肉眼看不到的波长以 254 nm 为主的紫外线，照射到管内壁的荧光物质上，再转换为某个波长段的可见光。

气体放电光源工作时需要很高的电压，具有发光效率高、表面亮度低、亮度分布均匀、热辐射小、寿命长等优点，目前已经成为市场销售量最大的光源之一。

3. 固态光源

固态光源是在电场作用下，使固体物质发光的光源。它将电能直接转变为光能，包括场致发光光源和半导体光源两种。

（二）电光源的主要性能指标

电光源的性能指标通常是指用参数来表示光源的光电特性，这些参数由制造厂商提供给用户，作为选用光源的依据。

1. 光源的额定电压

光源的额定电压是指光源及其附件所组成的回路所需电源电压的额定值。这说明光源只有在额定电压下工作，才能获得各种规定的特性，并具有最好的效果。因此，在进行照明电气设计时，保证供电电源的质量很重要。

2. 光源的额定功率

光源的额定功率是指光源自身在工作时所消耗的功率，也是指所设计的光源在额定电压下工作时输出的功率。

3. 光通量输出

光通量输出是指灯泡在工作时光源所辐射出的光通量，是光源的重要性能指标。通常以额定光通量表征光源的发光能力，光源在额定电压下工作时光通量输出即为额定光通量。

光源输出的光通量与很多因素有关，在正常使用下，光通量输出主要与点燃时间有关，点燃时间越长光通量输出越低。大部分光源在点燃初期（100 h 以内）光通量的衰减比较多，随着点燃时间的增加（100 h 以后），光通量的衰减速度相对减慢，因此光源额定光通量的定义方式有两种：一种是指光源的初始光通量，即新光源刚开始点燃时的光通量输出，一般用于在整个使用过程中光通量衰减不大的光源，如卤钨灯；另一种是指光源在点燃100 h 后的光通量输出，一般用于光通量衰减较大的光源，如白炽灯和荧光灯。

4. 光源的发光效率

光源的发光效率是指发光体（灯泡）消耗单位电功率所发出的光通量，也是灯泡的光通量输出与它的电功率之比，简称为光效，它的单位是 lm/W。发光效率是表征光源经济效果的参数之一。

5. 光源的寿命

寿命通常用点燃的小时数表示，是光源的重要性能指标。光源从第一次点燃起，一直到损坏熄灭为止，累计点燃的小时数称为光源的全寿命。由于电光源的全寿命有很大的离散性，因此常用平均寿命和有效寿命定义光源的寿命。

1）平均寿命

取一组光源作为试样，从一同点燃起到 50% 的光源试样损坏为止的累计点燃时间的平均值就是该组光源的平均寿命。通常情况下，光通量衰减比较小的光源常用平均寿命作为其寿命指标，产品样本上给出的数据是平均寿命，如卤钨灯。

2）有效寿命

有些光源的光通量在其全寿命中衰减非常显著，当光源的光通量衰减到一定程度时，虽然光源还未损坏，但它的光效已经明显下降，继续使用极不经济。因此这类光源通常用有效寿命作为其寿命指标，如荧光灯。光源从点燃起一直到光通量衰减为额定值的某一百分比（一般取 70%~80%）所累计点燃小时数叫作光源的有效寿命。

6. 光源的启燃与再启燃时间

1）启燃时间

光源的启燃时间是指光源接通电源到光源的光通量输出达到额定值所需要的时间。热辐射光源的启燃时间一般不足 1 s，可认为是瞬时启燃的；气体放电光源的启燃时间从几秒钟到几分钟不等，主要取决于放电光源的种类。

2）再启燃时间

光源的再启燃时间是指将正常工作着的光源熄灭后再点燃所需要的时间。大部分高压气体放电灯的再启燃时间比启燃时间更长，这主要是因为这类灯必须冷却到一定的温度才能再次正常启燃。

启燃与再启燃时间影响着光源的应用范围。例如，启燃和再启燃时间长的光源不宜用于频繁开关光源的场所，应急照明用的光源通常应选用瞬时启燃或启燃时间较短的光源。

（三）电光源的命名

各种电光源的型号命名一般由 3~5 部分组成。第一部分为字母，由表示光源名称主要特征的 3 个以内汉语拼音词头字母组成；第二部分和第三部分一般为数字，主要表示光源的电参数；第四部分和第五部分作为补充部分，可在生产或流通领域使用时灵活取舍。电光源型号的各部分按顺序直接排列，当相邻部分同为字母或数字时，中间用短横线"-"分开。

例如，PZ220-100-E27，PZ 表示普通照明，220 表示额定工作电压为 220 V，100 表示额定功率为 100 W，E 表示螺口式灯头（B 表示插口），27 表示灯头直径为 27 mm。

常用电光源型号命名方法如表 6-10 和表 6-11 所示。

表 6-10　常用白炽光源型号命名

电光源名称	型号的组成		
	第一部分	第二部分	第三部分
普通照明灯	PZ	额定电压（V）	额定功率（W）
反射型普通照明灯	PZF		
装饰灯	ZS		
局部照明灯	JZ		
铁路信号灯	TX		
船用照明灯	CY		
船用指示灯	CZ		
飞机灯	FJ		
跑道灯	PD		
聚光灯	JG		
摄影灯	SY		
无影灯	WY		
小型指示灯	XZ		
水下灯	SX		
管形照明卤钨灯	IZG		

表 6-11　常用气体放电光源型号命名

电光源名		型号的组成		
		第一部分	第二部分	第三部分
低压汞灯	直管形荧光灯	YZ	额定功率（W）	RR 日光色 RL 冷光色 RN 暖光色
	U 形荧光灯	YU		
	环形荧光灯	YH		
	自镇流荧光灯	YZZ		
	黑光荧光灯	YHG		不同结构形式的顺序号
	紫外线灯	ZW		
	直管形石英紫外线低压汞灯	ZSZ		
	U 形石英紫外线低压汞灯	ZSU		
	白炽荧光灯	ZY		

续表

电光源名		型号的组成		
		第一部分	第二部分	第三部分
高压汞灯	高压汞灯	GC	额定功率（W）	
	荧光高压汞灯	GGY		
	自镇流荧光高压汞灯	GYZ		
	反射型高压汞灯	GGF		
	反射荧光高压汞灯	GYF		
钠灯	低压钠灯	ND	额定功率（W）	
	高压钠灯	NG		
金属卤化物灯	管形镝灯	DDC	额定功率（W）	

（四）典型电光源简介

1. 白炽灯

如图 6-6 所示，白炽灯主要由玻璃泡壳（玻壳）、灯丝、导线、感柱、灯头等组成。白炽灯是通过加热玻璃泡壳内的灯丝，使灯丝产生热辐射而发光。灯头分为螺口式灯头、聚焦灯头及特种灯头。在普通白炽灯中，最常用的螺口式灯头为 E12、E14、E26、E27；最常用的插口灯头为 B15、B22。

2. 卤钨灯

如图 6-7 所示，卤钨灯是在白炽灯的基础上改进而成的，属于卤钨循环白炽灯。充入卤素物质的灯泡通电工作时，从灯丝蒸发出来的钨蒸气在泡壁区域内与卤素反应形成挥发性的卤钨化合物。当卤钨化合物扩散到较热的灯丝周围区域时又重新分解成卤素和钨，释放出来的钨会沉积在灯丝上，分解后的卤素继续扩散到温度较低的泡壁区域与钨化合，参加下一轮的循环反应，形成卤钨循环。卤钨循环有效抑制铝的蒸发，延长卤钨灯的使用寿命，有效改善普通白炽灯的黑化现象，同时进一步提高灯丝温度，获得较高的光效，减小使用过程中光通量的衰减。

图 6-6　白炽灯　　　　图 6-7　卤钨灯

卤钨灯广泛用于机动车照明、投射系统、特种聚光灯、低价泛光照明、舞台及演播室照明及其他需要在紧凑、方便、性能方面超过非卤素白炽灯的场合。卤钨灯功率有 20 W、35 W、50 W 等，工作电压有 AC 12 V、AC 110 V 和 AC 220 V 等。

3. 荧光灯

如图 6-8 所示，荧光灯曾称日光灯，是应用最广泛的气体放电光源。它是靠汞蒸气电离形成气体放电，导致管壁的荧光物质发光。荧光灯管壁涂有荧光粉，两端装有钨丝电极，管内抽真空后充入少量汞和惰性气体，汞是灯管工作的主要物质，汞气是为了降低灯管启动电压和抑制阴极物质启动时的溅射，延长灯管寿命。

4. 低压钠灯

如图 6-9 所示，利用低压钠蒸气放电发光的电光源，在它的玻璃外壳内涂以红外线反射膜，是光衰较小和发光效率最高的电光源。低压钠灯发出的是单色黄光，特别适合于高速公路、交通道路、市政道路、公园、庭院照明，使人清晰地看到色差比较小的物体。

图 6-8 荧光灯

5. 高压钠灯

如图 6-10 所示，高压钠灯在使用时发出金白色光，具有发光效率高、耗电少、寿命长、透雾能力强和不锈蚀等优点，广泛应用于道路、高速公路、机场、码头、船坞、车站、广场、街道交汇处、工矿企业、公园、庭院及植物栽培等地。高显色高压钠灯主要用于体育馆、展览厅、娱乐场、百货商店和宾馆等场所的照明。

图 6-9 低压钠灯　　　　图 6-10 高压钠灯

6. 金属卤化物灯

如图 6-11 所示，金属卤化物灯是利用各种不同的金属蒸气发出各种不同光色的灯，属于高压气体放电灯。发出高效能的光是金属卤化物参与整个发光过程，绝大部分能量被转换成热量，从而产生相当高的光效。金属卤化物灯是放电灯家族的最新成员，在许多领域已经取代白炽灯、高压汞灯及高压钠灯。

7. 霓虹灯

如图 6-12 所示，霓虹灯是一种辉光放电灯，是用来制作晚间广告效果的特殊灯具。在直径 6~20 mm 的玻璃管两端装上电极，充上少量氩、氖、氮或氪等惰性气体和汞，有时管壁上会涂上能显示不同颜色的荧光粉。

8. 场致发光照明

场致发光照明包括多种类型的发光面板和 LED（Light Emitting Diode），主要应用于标志牌及指示器，高亮度 LED 可用于汽车尾灯及自行车闪烁尾灯，具有低电流消耗的优点。

图 6-11 金属卤化物灯　　　　图 6-12 霓虹灯

(五) 常用电光源的性能比较与选用

1. 电光源性能比较

各种常用照明电光源的主要性能如表 6-12 所示。从表中可以看出，光效较高的有高压钠灯、金属卤化物灯和荧光灯等；显色性较好的有白炽灯、卤钨灯、荧光灯、金属卤化物灯等；寿命较长的光源有荧光高压汞灯和高压钠灯；能瞬时启动与再启动的光源有白炽灯、卤钨灯等。输出光通量随电压波动变化最大的是高压钠灯，最小的是荧光灯。

表 6-12 各种常用照明电光源的主要性能

类型	功率范围/W	光效/($lm \cdot W^{-1}$)	寿命/h	显色指数(Ra)	色温/K
普通照明白炽灯	15~1 000	10~15	1 000	99~100	2 700 (2 400~2 900)
卤钨循环白炽灯	20~2 000	15~20	1 500~3 000	99~100	2 900~3 000
T5、T8 荧光灯	20~100	50~80	6 000~8 000	67~80	3 000~6 500
紧凑型荧光灯	5~150	50~70	6 000~8 000	80	2 700~6 500
高压钠灯	70~1 000	80~120	10 000~1 2000	25~30	2 200 (2 000~2 400)
金卤灯	35~1 000	60~85	4 000~6 000	50~80	4 000~6 500
陶瓷金卤灯	20~400	90~110	8 000~12 000	80~95	3 000~6 500
白光 LED	1~200	70~100	>10 000	7~90	4 000~6 000
高压汞灯	50~1 000	32~55	10 000~20 000	30~60	5 500

2. 电光源的选用

电光源的选用，首先要满足照明设施的使用要求（照度、显色性、色温、启动、再启动时间等），其次要按环境条件选用，最后综合考虑初期投资与年运行费用。

1) 根据照明设施目的与用途来选择光源

不同的场所，对照明设施的使用要求也不同。

(1) 对显色性要求较高的场所应选用平均显色指数 $Ra \geqslant 80$ 的光源，如美术馆、商店、化学分析实验室、印染车间等。

(2) 色温的选用。

色温的选用要根据使用场所的需要，办公室、阅览室宜选用高色温光源，使办公、阅读更有效率；休息的场所宜选用低色温光源，给人以温馨、放松的感觉；需要进行电视转播的体育运动场所除满足照度要求外，对光源的色温也有所要求。

（3）在有频繁开关或调光要求的室内场所适宜优先选用发光二极管作为主要照明光源。

（4）要求瞬时点亮的照明装置，如各种场所的事故照明，不能采用启动时间和再启动时间都较长的 HID 灯（高压气体放电灯）。

（5）美术馆展品照明，不宜采用紫外线辐射量多的光源。

（6）要求防射频干扰的场所，要谨慎使用气体放电灯。

2）按照环境的要求选择光源

环境条件常常限制某些光源的使用。

（1）低温场所不宜选择配用电感镇流器的预热式荧光灯管，以免造成启动困难。

（2）在有空调的房间内，不宜选用发热量大的白炽灯、卤钨灯等。

（3）电源电压波动急剧的场所，不宜采用容易自熄的 HID 灯。

（4）机床设备旁的局部照明，不宜选用气体放电灯，以免产生频闪效应。

（5）有振动的场所，不宜采用卤钨灯（灯丝细长而脆）等。

3）按投资与年运行费用选择光源

（1）光源对初期投资的影响。

光源的发光效率对照明设施的灯具数量、电气设备、材料及安装等费用均有直接影响。

（2）光源对运行费用的影响。

年运行费用包括年电力费、年耗用灯泡费、照明装置的维护费（如清扫及更换灯泡费用等）以及折旧费，其中电费和维护费占较大比重。通常照明装置的运行费用往往超过初期投资。

综上所述，选用高光效的光源，可减少初期投资和年运行费用；选用长寿命光源，可减少维护工作，使运行费用降低，特别是对高大厂房、装有复杂生产设备的厂房、照明维护工作困难场所来说，显得更加重要。

工作任务 2　轨道交通车站照明系统认知

实施工单

常用照明灯具

《轨道交通车站照明系统认知》实施工单

学习项目	城市轨道交通低压照明系统运行与维护	姓名		班级	
任务名称	轨道交通车站照明系统认知	学号		组别	
任务目标	1. 能够说明轨道交通照明系统范围。 2. 能够描述轨道交通照明负荷分类。 3. 能够说明轨道交通照明的基本要求。 4. 能够描述轨道交通车站低压照明系统设备特点				

续表

学习项目	城市轨道交通低压照明系统运行与维护	姓名		班级	
任务名称	轨道交通车站照明系统认知	学号		组别	
任务描述	学生以小组为单位，通过查阅相关资料及实地调研，完成下列任务： 1. 介绍轨道交通照明系统范围。 2. 描述轨道交通照明负荷分类。 3. 描述轨道交通照明的基本要求。 4. 说明轨道交通车站低压照明系统设备特点				
任务要求	1. 场地要求：供配电系统实训室。 2. 设备要求：无。 3. 工具要求：无				
课前任务	请根据教师提供的视频资源，探索轨道交通照明系统范围，并在课程平台讨论区进行讨论				
课中训练	1. 通过查阅相关资料，将轨道交通车站照明系统认知情况记录在下表。 轨道交通车站照明系统认知情况记录表 	知识点		内容
---	---	---
照明系统范围	照明系统范围	
照明负荷分类	照明负荷分类	
照明系统的基本要求	照明系统的基本要求	
车站低压照明系统设备	一般照明灯具	
	消防应急灯具和疏散指示	| 2. 请学生分组调研所在城市轨道交通车站低压照明系统设备特点，并进行汇报展示				
任务总结	对项目完成情况进行归纳、总结、提升				
课后任务	思考所在城市轨道交通消防应急灯具和疏散指示有哪些特点，并在课程平台讨论区进行讨论				

评价标准

采用学生自评（20%）、组内互评（20%）、组间互评（20%）、教师评价（40%）四种评价方式，评价内容及标准如下表所示。

《轨道交通车站照明系统认知》任务评价内容及标准

序号	评价项目	评价内容	评价标准	分值	得分
1	任务完成情况	照明系统范围	轨道交通照明系统范围表述、理解是否清楚。根据实际情况酌情打分	15 分	
		照明负荷分类	轨道交通照明负荷分类表述、理解是否清楚。根据实际情况酌情打分	10 分	
		照明系统的基本要求	轨道交通照明系统的基本要求表述、理解是否清楚。根据实际情况酌情打分	15 分	
		车站低压照明系统设备	车站一般照明灯具表述是否清楚。车站消防应急灯具和疏散指示表述、理解是否清楚。根据实际情况酌情打分	40 分	
2	职业素养情况	资料搜集情况	资料搜集非常全面 5 分；资料搜集比较全面 1~4 分；资料搜集不全面酌情扣 1~5 分	5 分	
		语言表达情况	表达非常准确 5 分；表达比较准确 1~4 分；表达不准确酌情扣 1~5 分	5 分	
		工作态度情况	态度非常认真 5 分；态度较为认真 2~4 分；态度不认真、不积极酌情扣 1~5 分	5 分	
		团队分工情况	分工非常合理 5 分；分工比较合理 1~4 分；分工不合理酌情扣 1~5 分	5 分	

理论要点

城市轨道交通车站，尤其是地铁车站大部分位于地下，故其照明系统显得尤其重要。地铁车站的地下地域特征及地铁运营性质决定地铁车站内部照明种类的多样化，其配电回路的数量不亚于动力用电回路。车站照明系统采用 380 V 三相五线制、220 V 单相三线制方式供电，系统范围为变压器以下的照明设备、设施及线路。接地故障的保护方式采用 TN－S 接地故障保护系统。照明电缆一般采用五芯铜芯交联聚乙烯阻燃电缆。

一、低压照明系统范围

车站低压照明系统按区域划分为车站公共区域照明、车站设备区照明、变电所电缆夹层和站台板下 24 V 特低压照明、区间照明。

（1）车站公共区域照明分为工作照明、节电照明、应急照明、疏散指示照明、广告照明和导向标识照明等。

（2）车站设备区照明分为正常照明、应急照明和疏散指示照明。

（3）变电所电缆夹层和站台板下设置 24 V 特低压照明。

（4）区间照明采用长明灯工作方式。

二、照明负荷分类

照明负荷按其重要性分为三个等级，此三个等级与低压配电设备负荷分类原则相一致。

1. 一级负荷

一级负荷照明分为应急照明、疏散指示照明、导向标识照明和公共区工作照明。

2. 二级负荷

二级负荷照明分为设备区一般照明和各类指示牌照明。

3. 三级负荷

三级负荷照明分为广告照明、装饰照明和商铺照明等。

三、车站低压照明系统设备

地铁车站低压照明设备主要包括一般照明灯具和消防应急照明灯具。

（一）一般照明灯具

地铁车站常用一般灯具有荧光灯、节能灯、LED 灯、高压气体放电灯和金属卤化物灯。

一般来说，在车站办公区域、设备和管理用房及其他生活用房，尽可能选用荧光灯；高大的厂房车间选用金属卤化物灯和高压气体放电灯照明；车场空旷区域设置高杆灯照明，道路设金属杆路灯照明，光源采用高压钠灯。

1. 荧光灯

荧光灯由灯管、启辉器、镇流器、灯座和灯架组成，如图 6-13 所示。

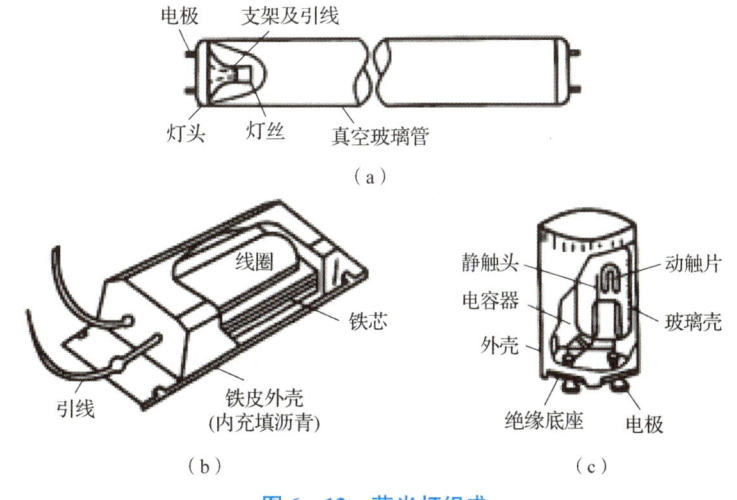

图 6-13 荧光灯组成

（a）灯管；（b）镇流器；（c）启辉器

荧光灯的工作原理如图 6-14 所示，当电源接通时，电压全部加在启辉器上，氖气在玻璃泡内电离后辉光放电而发热（启辉器的玻璃泡内充有氖气），使动触片受热膨胀与静触片接触将电路接通。灯丝通过电流加热后发射出电子，使灯丝附近的汞开始游离并逐渐气化，同时启辉器触点接触后，辉光放电随即结束，动触片冷却收缩使触点断开，电路中的电流突然中断，镇流器产生的自感电动势与电源电压叠加，全部在灯管两端的灯丝间。高压使灯管内的汞气体全部电离，产生弧光放电，辐射出不可见的紫外光，激发管壁荧光粉而发出可见光，光色近似"日光色"。

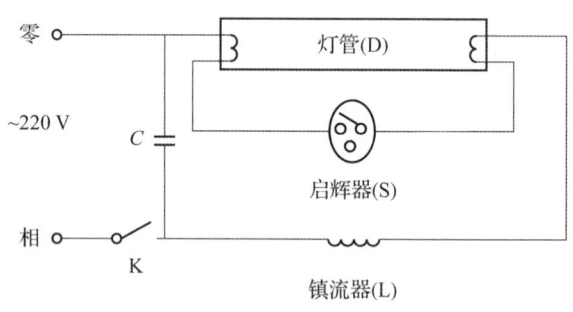

图 6-14 荧光灯的工作原理

不同功率的荧光灯工作条件不同，荧光灯的组件必须严格配套使用，尤其是镇流器和灯管。

荧光灯常见故障的可能原因及排除方法如表 6-13 所示。

表 6-13 荧光灯常见故障的可能原因及排除方法

故障现象	产生故障的可能原因	故障排除方法
灯管不发光	1. 无电源。 2. 灯座触点接触不良，或电路线头松散。 3. 启辉器损坏，或与基座触点接触不良。 4. 镇流器绕组或管内灯丝断裂或脱落	1. 验明是否停电，或熔丝烧断。 2. 重新安装灯管或重新连接已松散线头。 3. 先旋动启辉器，看是否发光，再检查线头是否脱落，排除后仍不发光，应更换启辉器。 4. 用万用表低电阻挡测试绕组和灯丝是否通路，20W 及以下灯管一端断丝，可把两脚短路，仍可应用
灯丝两端发亮	启辉器接触不良，内部小电容击穿，基座线头脱落，启辉器已损坏	按以上例 3 的方法检查，若小电容击穿，可剪去或复用
启辉困难（灯管两端不断闪烁，中间不亮）	1. 启辉器配用不成套。 2. 电源电压太低。 3. 环境气温太低。 4. 镇流器配用不配套，电流过小。 5. 灯管衰老	1. 换上配套的启辉器。 2. 调整电压或缩短电源线路，使电压保持在额定值。 3. 可用热毛巾在灯管上来回烫（但应注意安全，灯架和灯座处不可触及和受潮）。 4. 换上配套的镇流器。 5. 更换灯管

续表

故障现象	产生故障的可能原因	故障排除方法
灯光闪烁或管内有螺旋形滚动光带	1. 启辉器或镇流器连接不良。 2. 镇流器不配套（工作电流过大）。 3. 新灯管的暂时现象。 4. 灯管质量不佳	1. 镇流器质量不佳。 2. 换上配套的镇流器。 3. 使用一段时间会自行消失。 4. 无法修理，更换灯管
镇流器过热	1. 启辉器或镇流器连接不良。 2. 启辉情况不佳，长时间产生触发，增加镇流器负担。 3. 镇流器不配套。 4. 电源电压过高	1. 常温以不超过 65 ℃ 为限，过热严重的应更换。 2. 排除启辉系统故障。 3. 换上配套的镇流器。 4. 调整电压
镇流器异声	1. 铁芯叠片松动。 2. 铁芯硅钢片质量不佳。 3. 绕组内部短路（伴随过热现象）。 4. 电源电压过高	1. 灯管衰老。 2. 更换硅片（需校正工作电流，即调节铁芯间隙）。 3. 更换绕组或整个镇流器。 4. 调整电压
灯管两端发黑	1. 灯管老化。 2. 启辉不佳。 3. 电压过高。 4. 镇流器不配套	1. 更换灯管。 2. 排除启辉系统故障。 3. 调整电压。 4. 换上配套的镇流器
灯管光通量下降	1. 灯管老化。 2. 电压过低。 3. 灯管处于冷风直吹场合	1. 更换灯管。 2. 调整电压或缩短电源线路。 3. 采取遮风措施
开灯后灯管马上被烧毁	1. 电压过高。 2. 镇流器短路	1. 检查过高原因，排除后再使用。 2. 更换灯管

2. 节能灯

节能灯，又称紧凑型荧光灯，是指将荧光灯与镇流器（安定器）组合成一个整体的照明设备。它采用较细的玻璃管，内壁涂有三基色荧光粉，光色接近白炽灯，具有光效高、寿命长等特点。节能灯有各种外形，如圆环灯、双曲灯、H 灯和双 D 灯等，如图 6-15 所示。

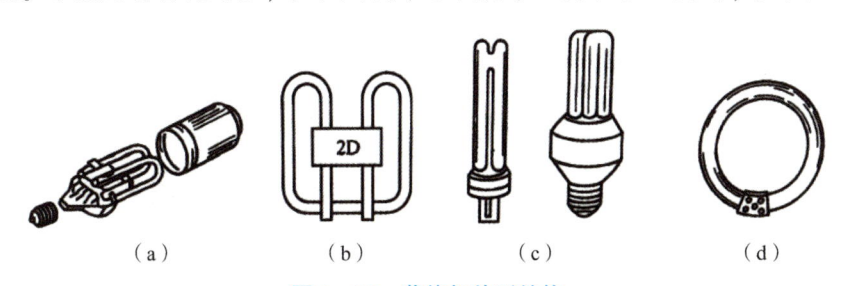

图 6-15 节能灯外形结构
(a) 双曲灯；(b) 双 D 灯；(c) H 灯；(d) 圆环灯

节能灯点燃时通过电子镇流器给灯管灯丝加热，灯丝开始发射电子（因为在灯丝上涂了一些电子粉），电子碰撞充装在灯管内的氩原子，氩原子碰撞后获得能量又撞击内部的汞原子，汞原子在吸收能量后跃迁产生电离，灯管内形成等离子态，灯管两端电压直接通过等离子态导通并发出紫外线，紫外线激发荧光粉发光。荧光灯工作时灯丝的温度在 1 160 K 左右，比白炽灯工作的温度（2 200~2 700 K）低很多，所以其寿命大大提高。由于它使用效率较高的电子镇流器，同时不存在白炽灯的电流热效应，荧光粉的能量转换效率也很高，所以节约电能。

3. LED 灯

LED 又称为发光二极管，主要由电极、PN 结芯片和封装树脂组成。目前 LED 灯已普及应用。发光二极管的结构如图 6-16 所示，其发光原理是对二极管 PN 结加正向电压时，N 区的电子越过 PN 结向 P 区注入，与 P 区的空穴复合，将能量以光子的形式放出。

半导体 PN 结的电子发光原理决定发光二极管不可能产生具有连续谱线的白光，同样单只发光二极管也不可能产生两种以上的高亮度单色光，所以，半导体光源要产生白光只能先产生蓝光，再借助于荧光物质间接产生宽带光谱，合成白光。

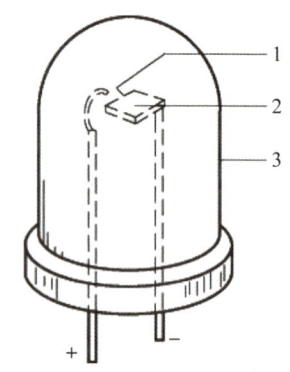

图 6-16 发光二极管的结构
1—电极；2—PN 结芯片；3—封装树脂

如图 6-17 所示，LED 灯类型众多，按发光管颜色分为红色、橙色、绿色、蓝色和组合色等类型；按发光管内是否含散射剂分为无色透明、有色透明、无色散射和有色散射四种类型；按发光面特征分为圆形、方形、矩形和侧向管等类型。

图 6-17 常见的 LED 灯

LED 灯具有体积小、耗电低、寿命长和无毒环保等优点，目前应用于室外装饰工程，如市政道路照明，以及汽车照明、室内外显示屏和家庭照明。

LED 灯常见故障的可能原因及排除方法，如表 6-14 所示。

表 6-14 LED 灯常见故障的可能原因及排除方法

故障现象	产生故障的可能原因	故障排除方法
灯不亮	1. 无电源。 2. 开关触点接触不良或烧蚀。 3. LED 灯珠有问题或烧毁。 4. 驱动器损坏	1. 用验电器检验是否停电。 2. 更换电源开关。 3. 更换灯珠。 4. 更换驱动器

续表

故障现象	产生故障的可能原因	故障排除方法
灯变暗	1. 部分灯珠烧毁。 2. 驱动器不匹配或输出电流减少	1. 并联连接临近灯珠。 2. 更换驱动器
关灯后闪烁	1. 开关控制零线。 2. LED 灯产生自感电流	1. 将火线和零线对调。 2. 购买 220 V 继电器,将线圈与电灯串联

4. 高压钠灯

高压钠灯是利用高压钠蒸气放电发光的一种高强度气体放电光源,其放电管由抗钠腐蚀的半透明多晶氧化铝陶瓷管制成,工作时发出金白色光。其具有发光效率高、寿命长和透雾性能好等优点,是一种理想的节能光源。

高压钠灯广泛运用于城市街道、地铁车站照明,可用于空旷的厂区和车间照明。

高压钠灯的结构如图 6-18 所示。其发光管较长较细,管壁温度达 700 ℃以上,因钠对石英玻璃具有较强的腐蚀作用,故管体由多品氧化铝(陶瓷)制成。为使电极与管体之间具有良好的密封衔接,采用化学性能稳定而膨胀系数与陶瓷接近的铌做成端帽(也有用陶瓷制成)。电极间连接产生启动脉冲的双金属片(与荧光灯的启辉器作用相同)。泡体由硬玻璃制成,灯头一般制成螺口式。

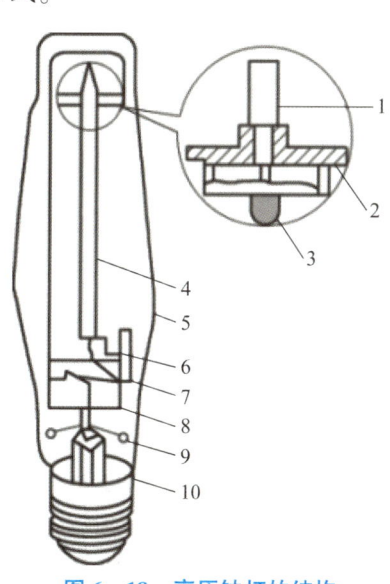

图 6-18 高压钠灯的结构

1—金属排气管;2—铌帽;3—电极;4—放电管;5—玻璃外壳;6—脚;
7—双金属片;8—金属支架;9—钡消气剂;10—焊锡

高压钠灯是一种高强度气体放电灯,其启动原理如图 6-19 所示。当灯泡启动后,电弧管两端电极之间产生电弧,由于电弧的高温作用使管内的液钠汞受热蒸发成汞蒸气和钠蒸气,阴极发射的电子在向阳极运动过程中,撞击放电物质的原子,使其获得能量产生电离或激发,再由激发态恢复到基态,或由电离态变为激发态,再回到基态,以此循环。此时,多余的能量以光辐射的形式释放,产生了光。

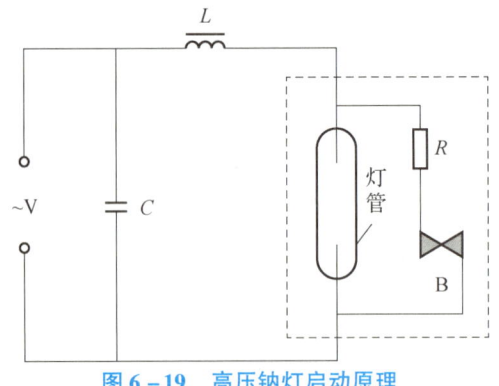

图 6-19 高压钠灯启动原理

新型高压钠灯的工作原理相同，但启动方式有所不同，通常采用由晶闸管（可控硅）构成的触发器。

高压钠灯常见故障和排除方法与荧光灯类似，可参照应用。

5. 金属卤化物灯

金属卤化物灯是一种新型气体放电灯（也是第三代光源），它是由电弧管（石英玻璃管或陶瓷管）、玻璃外壳、电极和灯头构成，如图 6-20 所示。

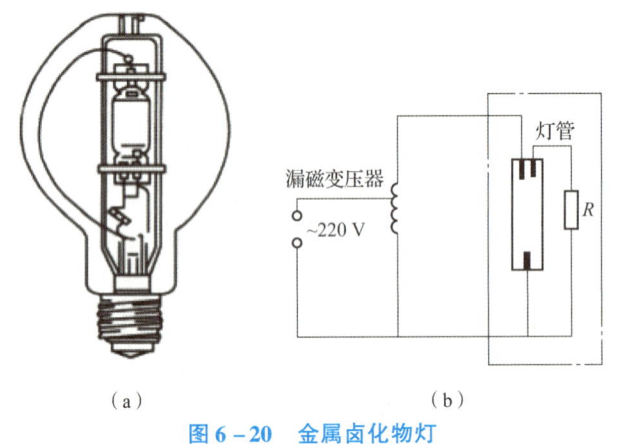

图 6-20 金属卤化物灯
(a) 结构图；(b) 电路原理图

点燃时，放电在主电极和辅助电极之间的惰性气体中形成，再发展到两个主极之间。卤化物在灯的高温区域扩散，并按其组成分解为卤素和金属。在分解过程中，金属原子辐射出它的原子光谱线，在低温区，卤素和金属又反方向扩散，重新化合成原来的卤化物。

金属卤化物灯按其渗入的金属原子种类，分为碘化钠-碘化铊-碘化铟灯（简称钠铊铟灯）、镝灯、卤化锡灯和碘化铝灯等。

金属卤化物灯具有发光体积小、亮度高、质量轻、光色接近太阳和效率高等优点，其光源具有很好的发展前途。这类光源常用于室外广场照明。

6. 灯具的布置

灯具的布置是指确定灯具在屋内的空间位置。它对光的投射方向、工作面的照度、照度的均匀性、眩光阴影限制及美观大方等均有直接的影响。

灯具的布置应结合工作现场建筑物的结构形式和视觉的工作特点进行。在地铁车站公共区域应统筹考虑建筑空间的照明亮度、均匀度和装饰美化效果，在办公区域或设备房应偏重考虑照明亮度。

照明灯具距地面最低悬挂高度如图 6-21 所示，室内一般灯具的最低悬挂高度 h_B 应根据表 6-8 选择，灯具的垂度 h_C 一般为 0.3~1.5 m（多取 0.7 m）。灯具悬挂高度一般为 2.4~4 m。

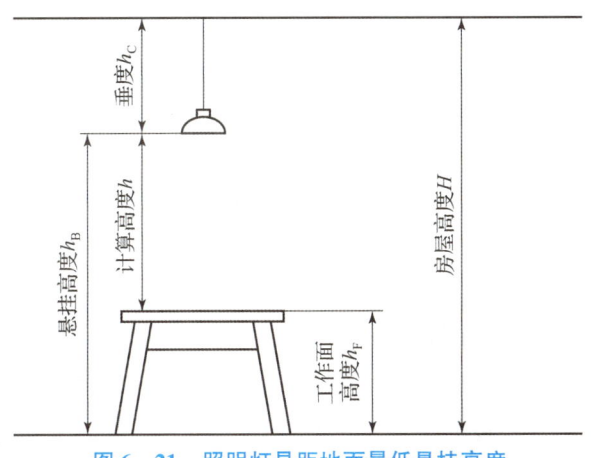

图 6-21 照明灯具距地面最低悬挂高度

（二）消防应急灯具和疏散指示

在发生火灾时，消防应急灯具和疏散指示为人员疏散、逃生、消防作业提供照明或指示，是地铁车站中不可缺少的重要消防设施。

1. 消防应急灯具

消防应急灯具是为人员疏散、消防作业提供照明和指示标志的各类灯具。

消防应急灯具按用途分类分为消防应急照明灯具、消防应急疏散标志灯具和消防应急照明标志复合灯具。

1）消防应急照明灯具

消防应急照明灯具是为人员疏散、消防作业提供照明的消防应急灯具，其中，发光部分为便携式的消防应急照明灯具，也称为疏散用手电筒。消防应急照明灯具如图 6-22 所示。

2）消防应急疏散标志灯具

消防应急疏散标志灯具是用图形或文字指示疏散引导信息的消防应急灯具。

消防应急疏散标志灯具根据其疏散指示功能的不同，分为以下三种类型。

（1）安全出口标志灯。

如图 6-23 所示，安全出口标志灯是采用出口指示标志和"安全出口"等文字辅助标志组合作为主要标识信息，标识安全出口位置的消防应急疏散标志灯具。

（2）疏散出口标志灯。

如图 6-24 所示，疏散出口标志灯是采用出口指示标志作为主要标识信息，标识疏散出口设置部位的消防应急疏散标志灯具。

图 6-22 消防应急照明灯具

图 6-23 安全出口标志灯

图 6-24 疏散出口标志灯

（3）方向标志灯。

如图 6-25 所示，方向标志灯是采用单向疏散方向指示标志或出口指示标志与单向疏散方向指示标志组合作为主要标识信息，标识疏散方向的消防应急疏散标志灯具。

指示状态可变方向标志灯具，即双向方向标志灯，是采用双向疏散方向指示标志或出口指示标志与双向疏散方向指示标志组合作为主要标识信息，标识疏散方向的消防应急疏散标志灯具，双向方向标志灯如图 6-26 所示。

图 6-25 方向标志灯

图 6-26 双向方向标志灯

2. 消防应急照明和疏散指示系统工作原理

消防应急照明和疏散指示系统如图 6-27 所示。

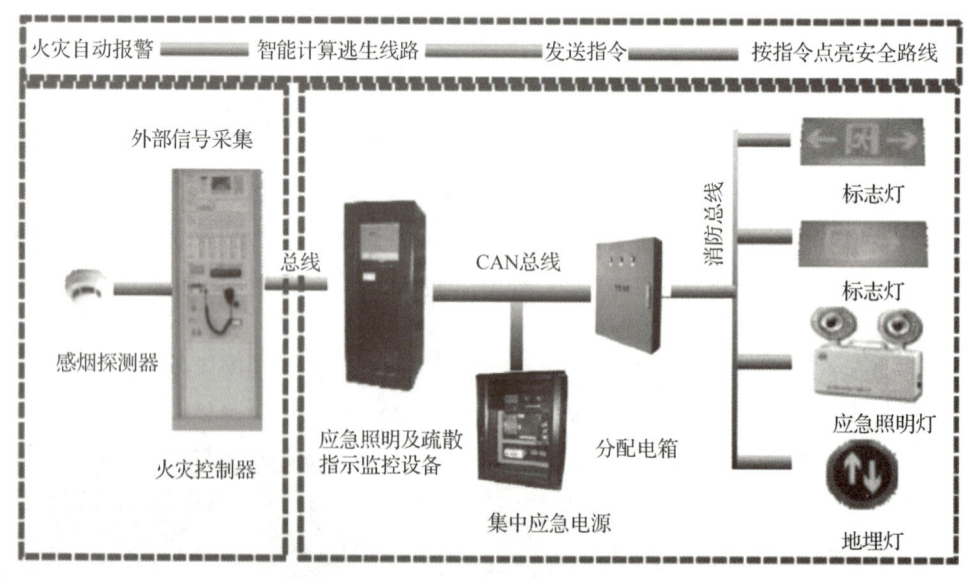

图 6-27 消防应急照明和疏散指示系统

按照灯具的供电方式和控制方式，消防应急照明系统分为自带电源非集中控制型、自带电源集中控制型、集中电源非集中控制型和集中电源集中控制型四种类型。

1）自带电源非集中控制型

在正常工作状态下，市电通过应急照明配电箱为灯具供电，用于正常工作和蓄电池充电。

发生火灾时，相关分区内的应急照明配电箱动作，切断消防应急灯具的市电供电线路，灯具的工作电源由灯具内部自带的蓄电池提供，灯具进入应急状态，提供疏散照明。

2）自带电源集中控制型

正常工作状态下，市电通过应急照明配电箱为灯具供电，用于正常工作和蓄电池充电。应急照明控制器通过实时监测消防应急灯具的工作状态，实现灯具的集中监测和管理。

发生火灾时，应急照明控制器接收到消防联动信号后，下发控制命令至消防应急灯具，控制应急照明配电箱和消防应急灯具转入应急状态，提供疏散照明。

3）集中电源非集中控制型

正常工作状态下，市电接入应急照明集中电源，用于正常工作和电池充电，通过各防火分区设置的应急照明分配电装置将应急照明集中电源的输出提供给消防应急灯具。

发生火灾时，应急照明集中电源的供电电源由市电切换至电池，集中电源进入应急工作状态，通过应急照明分配电装置供电的消防应急灯具也进入应急工作状态，提供疏散照明。

4）集中电源集中控制型

正常工作状态下，市电接入应急照明集中电源，用于正常工作和电池充电，通过各防火分区设置的应急照明分配电装置将应急照明集中电源的输出提供给消防应急灯具。应急照明控制器通过实时监测应急照明集中电源、应急照明分配电装置和消防应急灯具的工作状态，实现系统的集中监测和管理。

发生火灾时，应急照明控制器接收到消防联动信号后，下发控制命令至应急照明集中电源、应急照明分配电装置和消防应急灯具，控制系统转入应急状态，提供疏散照明。

消防应急系统性能要求

消防应急灯具和疏散指示安装要求

工作任务3　轨道交通照明系统运行与控制

实施工单

《轨道交通照明系统运行与控制》实施工单

学习项目	城市轨道交通低压照明系统运行与维护	姓名		班级	
任务名称	轨道交通照明系统运行与控制	学号		组别	
任务目标	1. 能够说明轨道交通照明系统配电方式。 2. 能够描述轨道交通照明系统的运行模式。 3. 能够描述轨道交通照明系统的控制方法。 4. 能够描述智能照明系统结构特点				

续表

学习项目	城市轨道交通低压照明系统运行与维护		姓名		班级	
任务名称	轨道交通照明系统运行与控制		学号		组别	
任务描述	学生以小组为单位，通过查阅相关资料及实地调研，完成下列任务： 1. 介绍轨道交通照明系统配电方式。 2. 描述轨道交通照明系统的运行模式。 3. 描述轨道交通照明系统的控制方法。 4. 说明智能照明系统的结构特点					
任务要求	1. 场地要求：供配电系统实训室。 2. 设备要求：无。 3. 工具要求：无					
课前任务	请根据教师提供的视频资源，探索轨道交通照明系统配电方式，并在课程平台讨论区进行讨论					
课中训练	1. 通过查阅相关资料，将轨道交通照明系统运行与控制情况记录在下表。 轨道交通照明系统运行与控制情况记录表 	知识点		内容
---	---	---
照明系统配电方式	站台站厅等一般照明	
	事故照明的配电	
	广告照明	
	区间隧道照明	
照明系统的运行模式	正常模式	
	节电模式	
	停运模式	
	火灾模式	
照明系统的控制	就地控制	
	照明配电室控制	
	BAS集中控制	
智能照明系统	智能照明系统	| 2. 请学生分组调研所在城市轨道交通智能照明系统的特点，并进行汇报展示					
任务总结	对项目完成情况进行归纳、总结、提升					
课后任务	思考所在城市轨道交通智能照明系统设备特点，并在课程平台讨论区上讨论					

评价标准

采用学生自评（20%）、组内互评（20%）、组间互评（20%）、教师评价（40%）四种评价方式，评价内容及标准如下表所示。

《轨道交通照明系统运行与控制》任务评价内容及标准

序号	评价项目	评价内容	评价标准	分值	得分
1	任务完成情况	照明系统配电方式	站台站厅等一般照明表述是否清楚。 事故照明的配电表述是否清楚。 广告照明表述是否清楚。 区间隧道照明表述是否清楚。 根据实际情况酌情打分	10分	
		照明系统的运行模式	照明系统正常模式表述是否清楚。 照明系统节电模式表述是否清楚。 照明系统停运模式表述是否清楚。 照明系统火灾模式理解是否清楚。 根据实际情况酌情打分	30分	
		照明系统的控制	照明系统就地控制表述是否清楚。 照明配电室控制表述是否清楚。 BAS集中控制理解是否正确、清楚。 根据实际情况酌情打分	30分	
		智能照明系统	智能照明系统描述是否正确、清楚。 根据实际情况酌情打分	10分	
2	职业素养情况	资料搜集情况	资料搜集非常全面5分；资料搜集比较全面1~4分；资料搜集不全面酌情扣1~5分	5分	
		语言表达情况	表达非常准确5分；表达比较准确1~4分；表达不准确酌情扣1~5分	5分	
		工作态度情况	态度非常认真5分；态度较为认真2~4分；态度不认真、不积极酌情扣1~5分	5分	
		团队分工情况	分工非常合理5分；分工比较合理1~4分；分工不合理酌情扣1~5分	5分	

理论要点

一、照明系统配电方式

照明系统根据其属性、用途及重要性的不同，配电方式也多有不同。图6-28所示为城市轨道交通车站照明系统的配电原理，下面以此图为基础，对不同照明的配电方式进行阐述。

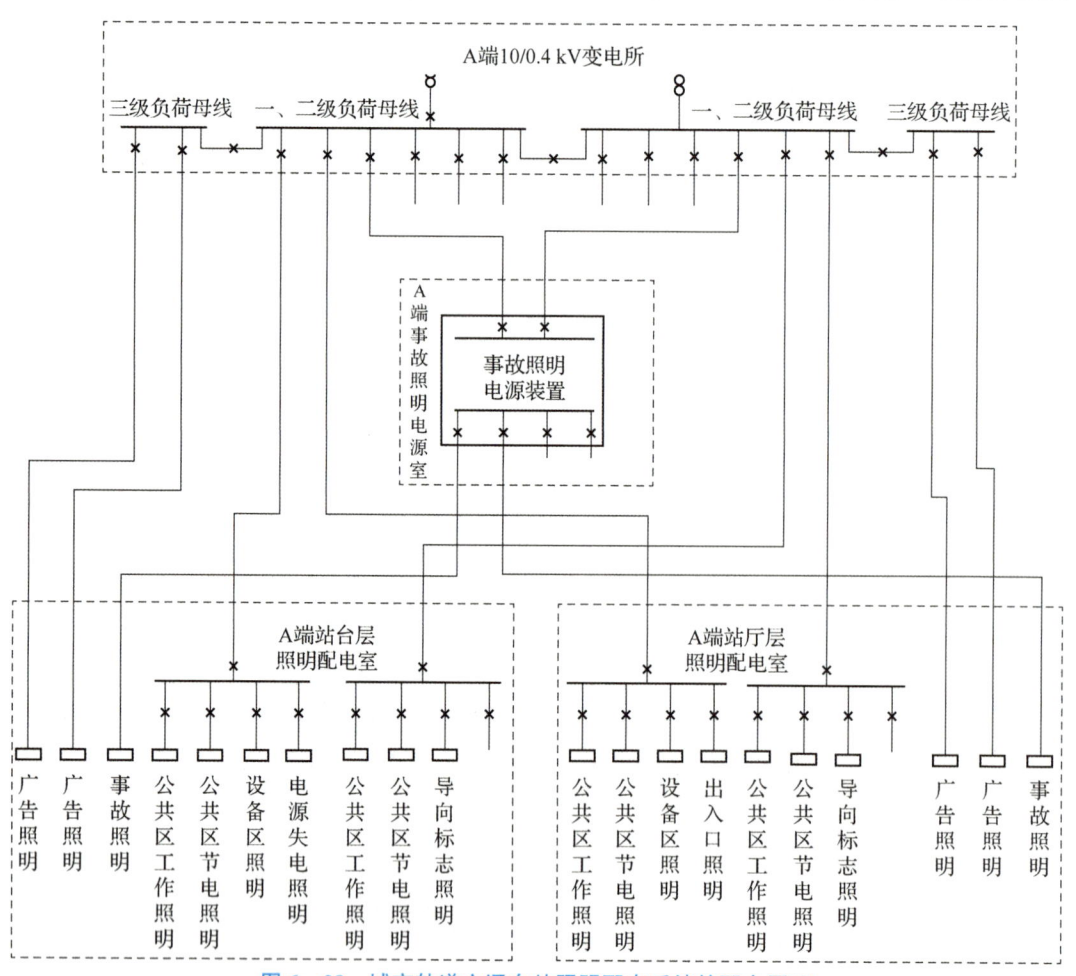

图6-28 城市轨道交通车站照明配电系统的配电原理

1. 站台站厅等一般照明

一般情况下，车站站台、站厅的两端各设置一个照明配电室，室内集中安装各类照明配电控制箱。在站台两端各设置一个事故照明装置室。一般照明、节电照明、设备和管理用房照明的电源，分别在降压所的低压柜两段母线上各馈出一路电源，与照明配电室的两个配电箱连接，以交叉供电方式，向站台、站厅、设备和管理用房供电。

2. 事故照明的配电

事故照明作为车站发生突发状况的"救命灯"，保证其正常的供电尤为重要。事故照明的具体配电方式、设置方式如下。

事故照明正常采用交流双电源互为备用供电。一路失电，另一路接入电路，由低压所的低压柜两段母线上各送出一路电源，经事故照明配电室再送出给各事故照明。同样，疏散诱导指示照明由事故配电箱分配给单独回路供电，如此设计可保证事故照明不受其他照明负荷的干扰，在事故发生时仍可正常使用。

当两路电源均失电后，事故照明由车站两端设备的事故照明电源装置——蓄电池供电。电源装置由蓄电池组、充电器和逆变器组成。具体原理：当交流电源失电后，蓄电池提供 220 V 直流电源供电，经过逆变器将直流电逆变为交流电输出，一般可持续 1 h 供电；当电源恢复后，又自动切换回交流 380 V 供电，并利用整流器将交流电转变为直流电给蓄电池充电，保证蓄电池持续带电。图 6 - 29 所示为事故照明供电原理图。

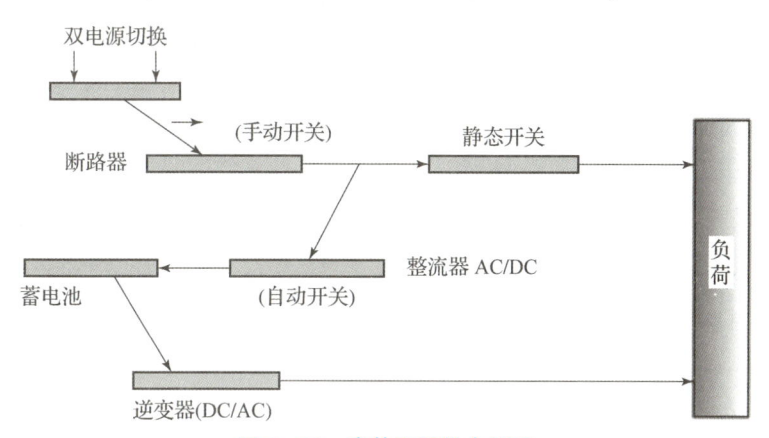

图 6 - 29 事故照明供电原理

3. 广告照明

广告照明分布于站台、站厅公共区，采用日光灯灯箱的形式。一般由照明配电室配电箱统一分配供给，在某些城市轨道交通车站，三级负荷的广告照明与正常的其他照明的供电电源是分开的。

4. 区间隧道照明

区间隧道照明均安装在两侧壁，其中，一般隧道照明由设在站台两端隧道入口处区间隧道一般照明箱配出，每间隔 20 m 一个，一般为 70 W 高压钠灯；疏散照明每隔 20 m 一个，一般为 36 W 荧光灯；指示照明，出口指示牌照明每间隔 50m 设置一个，各不同属性照明交叉设备。

二、照明系统的运行模式

低压照明系统按照正常模式、节电模式、停运模式和火灾模式运行。

1. 正常模式

正常模式用于正常运营时的客流高峰期和节假日。客流高峰期间一般指每天 7：00—9：00、17：00—19：00 这两个时间段。客流高峰时间段数及时间范围可调。

2. 节电模式

节电模式用于正常运营时的非客流高峰期。非客流高峰期一般为每天的 5：30—7：00、9：00—17：00、19：00—23：30。

3. 停运模式

用于停止运营时间段，一般为每天的 23：30—5：30。停运模式随实际运营时间表确定，时间可调。

4. 火灾模式

智能照明控制系统只监视不控制（只显示系统的工作状态），可有选择地手动切断有关非消防照明电源。火灾发生区域分为车站和隧道区间。车站分为公共区（含车站站台轨道区）和设备区。火灾模式下，广告照明全部切断，车站工作照明（公共区工作照明、公共区节电照明）延时切除，延时时间可调。

在车站智能照明模式下，各个照明的状态如表 6–15 所示。

表 6–15　车站智能照明模式

车站智能照明模式表	公共区工作照明	公共区节电照明	出入口通道工作照明	出入口通道节电照明	出入口飞顶照明	正常导向照明
正常模式	开	开	开	开	时间设定	开
节能模式	关	开	关	开	时间设定	开
停运模式	关	关	关	关	关	关
火灾模式	关	关	关	关	关	关

三、照明系统的控制

照明配电系统的控制主要有就地控制、照明配电室控制和 BAS 集中控制（自动控制）。

四、智能照明系统

智能化已成为当今建筑设计的发展趋势，现代建筑中的照明不仅要求能为人们的工作、学习和生活提供良好的视觉条件，而且要求利用光源特性协调，营造具有一定风格和美感的照明环境，更好地满足人们特定环境下的需求。智能照明要考虑管理智能化、操作简单化、使用灵活性，以及未来照明布局、控制方式的变更等要求。一个优秀的智能照明控制系统不仅可以提升照明环境品质，还可以充分利用能源，分析能耗，使建筑环境更加节能、环保。在地铁车站中，智能照明系统已获得广泛应用。智能照明系统包括开关驱动模块、系统电源模块、时间控制模块、网关、照明手动控制面板和可视化触摸屏等。智能照明系统可以灵活控制通、断电时间，满足环境对照明的要求，达到节能环保的目的。

照明系统的控制类型特点

车站智能照明系统结构示意图如图 6–30 所示。

1. 智能照明系统主要元器件

1）开关驱动模块

开关驱动模块能实现照明回路分组接通或断开控制，回路负载特性适合于荧光灯、LED 灯负载。应满足回路数量的要求并具有手动/自动转换开关，便于线路检修。

系统出现故障时，可以人工手动开、闭照明回路，每回路可通过通信总线在 BAS 系统上显示各回路的工作状态。

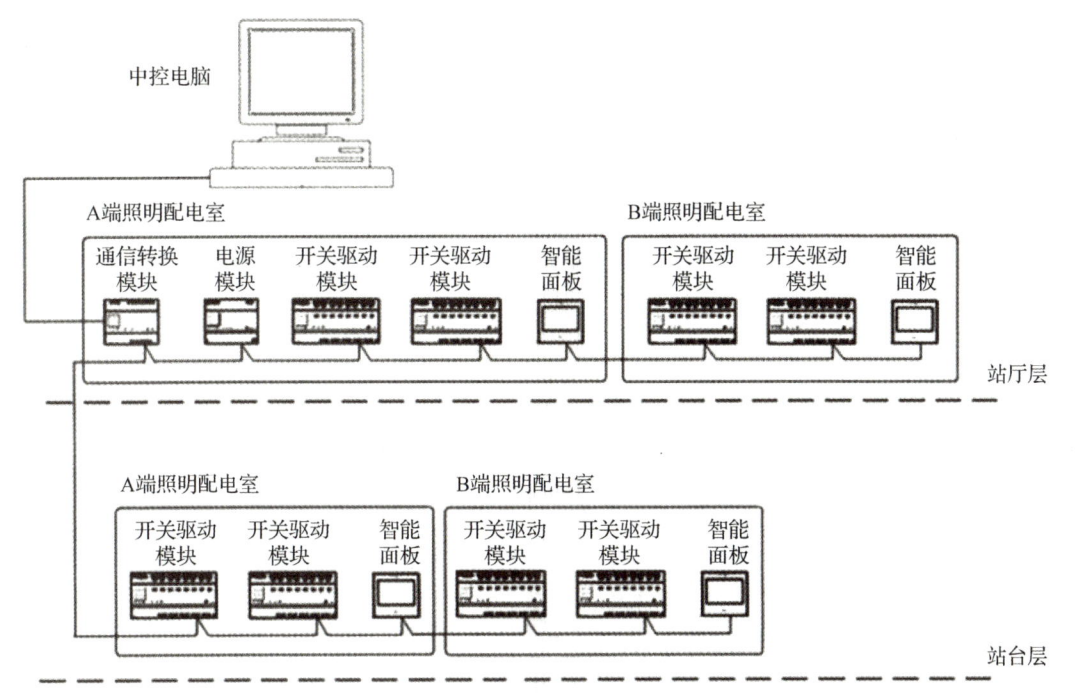

图 6-30 车站智能照明系统结构示意图

开关驱动模块的短路耐受能力不低于前方断路器,在回路发生短路时,断路器正常动作,控制模块不会烧毁。

智能照明控制模块有通信检测功能。

2）时间控制模块

系统定时采用独立的时间控制器,而不依赖于中央监控软件。可自由定义,以周、月、年、夏令时、节假日为单位进行设置,时间存储数量应满足系统工作模式时间数量的需求。

3）中文液晶触摸屏

中文液晶触摸屏具有可视化集中控制功能,具备中文显示、彩色界面,可任意编辑中文文字,可导入图片、显示状态和历史记录。

4）手动控制面板

面板为总线智能型,其功能和控制对象改变时需通过软件进行设定而无须改变接线方式,可对单一回路或多回路的开关、模式及总控等进行操作。

5）耦合模块、电源模块等

按系统要求配置相应的耦合模块、电源模块等。

2. 网络系统

（1）可采用先进、成熟的分布式照明自动监控系统。通过网络总线将分布在各现场的控制器连接起来,共同完成中央集中管理和分区本地控制。

（2）所有照明回路采用多种控制形式,即可以集中控制、区域就地控制;中央监控功能停止工作不影响各分区功能和设备运行,总线通信控制也不应因此而中断。

（3）系统具有可扩展性。

（4）系统可提供开放的通信网关或具有通信网关功能的软件和硬件设备。该通信网关

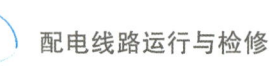

能满足与标准的、通用的、开放的通信协议进行通信,对本系统的数据进行读写及操作。

(5) 系统具有编程插口,便于进行系统维护。

除控制面板外,电源模块、网关、时间控制模块等一般均安装在智能照明自带的箱体内,自带箱体一般安装在靠近车站控制室端的照明配电室内。开关驱动模块一般安装在照明配电箱内,手动控制模块安装在照明配电室内,可视化集中监控触摸屏安装在车控室内。

工作任务4 照明设备的安装及维护

实施工单

《照明设备的安装及维护》实施工单

学习项目	城市轨道交通低压照明系统运行与维护		姓名		班级	
任务名称	照明设备的安装及维护		学号		组别	
任务目标	1. 能够说明室内照明工程的安装与调试方法。 2. 能够描述照明配电系统日常维护内容					
任务描述	学生以小组为单位,通过查阅相关资料及实地调研,完成下列任务: 1. 介绍室内照明工程的安装与调试方法。 2. 描述照明配电系统日常维护内容					
任务要求	1. 场地要求:供配电系统实训室。 2. 设备要求:无。 3. 工具要求:无					
课前任务	请根据教师提供的视频资源,探索室内照明工程的安装与调试方法,并在课程平台讨论区进行讨论					
课中训练	1. 通过查阅相关资料,将照明设备的安装及维护情况记录在下表。 照明设备的安装及维护情况记录表 	知识点		内容
---	---	---
室内照明工程的安装与调试	室内照明配线的基本要求	
	室内照明工程的施工	
照明配电系统日常维护	低压配电与照明配电系统的日常巡视与维护	
	低压配电与照明配电系统的计划检修	| 2. 请学生分组调研所在城市轨道交通低压配电与照明配电系统的日常巡视与维护模式,并进行汇报展示					

续表

学习项目	城市轨道交通低压照明系统运行与维护		姓名		班级	
任务名称	照明设备的安装及维护		学号		组别	
任务总结	对项目完成情况进行归纳、总结、提升					
课后任务	思考所在城市轨道交通低压配电与照明配电系统的计划检修特点，并在课程平台讨论区进行讨论					

评价标准

采用学生自评（20%）、组内互评（20%）、组间互评（20%）、教师评价（40%）四种评价方式，评价内容及标准如下表所示。

《照明设备的安装及维护》任务评价内容及标准

序号	评价项目	评价内容	评价标准	分值	得分
1	任务完成情况	室内照明工程的安装与调试	室内照明配线的基本要求表述是否清楚。室内照明工程施工的理解是否清楚。根据实际情况酌情打分	40分	
		照明配电系统日常维护	低压配电与照明配电系统的日常巡视与维护表述是否清楚。低压配电与照明配电系统计划检修的理解是否清楚。根据实际情况酌情打分	40分	
2	职业素养情况	资料搜集情况	资料搜集非常全面5分；资料搜集比较全面1~4分；资料搜集不全面酌情扣1~5分	5分	
		语言表达情况	表达非常准确5分；表达比较准确1~4分；表达不准确酌情扣1~5分	5分	
		工作态度情况	态度非常认真5分；态度较为认真2~4分；态度不认真、不积极酌情扣1~5分	5分	
		团队分工情况	分工非常合理5分；分工比较合理1~4分；分工不合理酌情扣1~5分	5分	

> 理论要点

一、室内照明工程的安装与调试

(一) 室内照明配线的基本要求

室内照明工程在配线施工中应满足的基本要求如下。

(1) 电线、电缆穿管前,应清除管内的杂物和积水。钢管配线时应先戴护口后穿线。

(2) 穿入管中的导线,在任何情况下不允许有接头、背花、死扣或绝缘损坏后包扎过胶带等情况,接头必须经专门的接线盒。三根相线(火线)分别采用 L1 相线黄色、L2 相线绿色、L3 相线红色,中性线 N 线(零线)采用淡蓝色导线,保护线 PE 线(地线)采用黄绿相间的双色线。

(3) 线盒及箱内导线预留长度合乎规范。

(4) 布线时应尽量减少导线的接头,导线与设备器具的连接合乎规范,截面积为 10 mm² 以下的单股铜芯线采用直接连接,其他规格采用压接端子连接。

(5) 配线工程施工后必须进行各回路绝缘测试,保证地线连接可靠。选用 500 V、0~500 MΩ 的绝缘电阻表测量,照明线路绝缘电阻值不小于 0.5 MΩ,动力线路绝缘电阻值不小于 1 MΩ。

(6) 导线管槽与热水管、蒸汽管同侧敷设时,应敷设在热水管、蒸汽管的下方;有困难时,可敷设在其上方,但相互间的距离应适当增大或采取隔热措施。

(二) 室内照明工程的施工

1. 线路敷设

目前轨道交通建筑广泛应用暗线敷设,施工应满足的基本要求如下。

(1) 为了用电安全,一律使用钢管,或一律使用硬塑料管,不允许二者混合,并且采用同样材料的附件(接线盒、灯座盒、插座盒、开关盒等)。管材质量要好,无裂纹、硬伤,管内无杂物。

(2) 暗管管口没有毛刺、锋口,暗配管弯曲半径大于管外径的 10 倍,不可弯扁或被机械力压扁,否则会造成导线拉伤,穿线困难甚至穿不过去,故弯扁程度不应大于管外径的 10%。

(3) 暗装在具有易燃结构部位时,应对其周围的易燃物做好防火隔热处理。

(4) 管内导线的截面积:铜线最小不低于 1.0 mm²,铝线最小不低于 2.5 mm²,耐压等级不低于 500 V(控制线除外)。

(5) 不同电流种类、不同电压、不同回路、不同电能表的导线不能穿在同一根管内。同一台电动机的控制线和信号线,同一设备的多个电动机或电压为 65 V 及以下的照明线路等,可以共同穿在一根管内,但总数不得超过 10 根。

(6) 三根及以上绝缘导线穿于同一根管时,其总截面积(含外护层)不应超过管内有效净面积的 40%。

(7) 穿金属管和穿金属线槽的交流线路,应将同一回路的所有相线和中性线(如有中性线时）穿于同一管槽内。若只穿部分导线，则由于线路电流不平衡而产生交变磁场作用于金属管、槽，导致涡流损耗，对钢管产生磁滞损耗，使管、槽发热，导致其中的绝缘导线过热甚至烧毁。

2. 布线

轨道交通室内照明工程通常采用钢管及硬塑料管布线。

1) 钢管布线

钢管布线时导线可以受到钢管的保护，不易遭受机械损伤，不受潮湿、多尘等环境的影响，更换导线方便。由于钢管是导体，若施工中正确接地，能减轻发生故障时可能造成的触电危险，它是目前采用较多的布线方法之一。

布线用钢管有电线管（TC）和水煤气管（SC）两种。电线管壁薄，壁厚约 1.6 mm，适宜敷设在干燥的场所；水煤气管壁厚约 3 mm，在潮湿场所或埋地敷设时采用。钢管的安装工艺有弯管、截断、绞牙和连接。

2) 硬塑料管布线

硬塑料管（PC）具有质量小、阻燃、绝缘、耐酸碱、耐腐蚀等优点，在轨道交通建筑中应用广泛，塑料管的锯断、弯曲、连接施工都比较方便。硬塑料管的安装工艺有连接、弯曲和截断。

3. 穿线

穿线的基本方法如图 6-31 所示。穿入引线，在不穿入管子的一端先弯成一个适当大小的钩子，将另一端慢慢推入管中；当管路较长或在其他情况下，可将引线在布管之前穿入，当引线到达线路另一端接线盒之后便可穿线。穿线时将欲穿入导线结扎在带钩的一端，注意结扎必须牢靠，防止引入过程中，全部或个别导线松脱。要求一人拉，一人送，拉力适度，速度均匀，手感增重时应停下检查原因，不能强行用力，防止导线脱钩或拉断。为减小导线在管子中的摩擦，穿线时要将绝缘导线捋直，最好打一些滑石粉。穿线完毕后，应将所剩导线剪断，留长度为该处孔洞周长一半的线头，便于接线，对于穿入管中的导线，若在一个接线盒中线头较多，通常应在其上留明显标记，防止接错线。

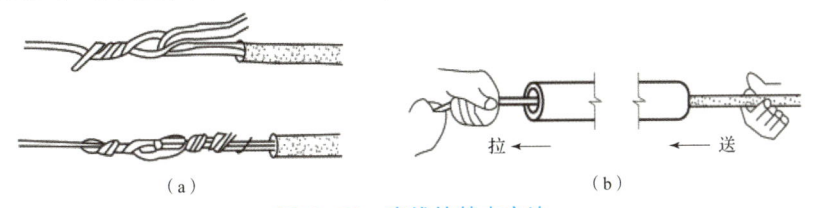

（a）　　　　　　　　　　（b）

图 6-31　穿线的基本方法

(a) 铅丝和导线连接；(b) 铅丝引导

扫管穿线时要防止钢丝的弹力伤人，两个人穿线时要注意相互配合，一呼一应、有节奏地进行，不要用力过猛以免伤手。

4. 照明配电箱的接线

1) 配电箱的安装工艺流程

设备进场检查→弹线定位→固定暗装配电箱→面组装→箱体固定→绝缘摇测。

2) 照明配电箱的接线

照明配电箱内装有电能表、断路器和漏电保护器等电器，有上进下出、上进上出、下进

下出等几种形式。目前我国轨道交通建筑物内低压供配电系统为 TN-S 系统（三相五线制），配电箱内设有零（N）线和保护线（地线，PE）接线端子汇流排，零线和保护线应在汇流排上连接，不得绞接。照明配电箱内电器接线时应按照电器安装方向上入下出或左入右出，接线排列整齐、连接牢固。图 6-32 所示为某地铁车站照明配电箱安装接线。

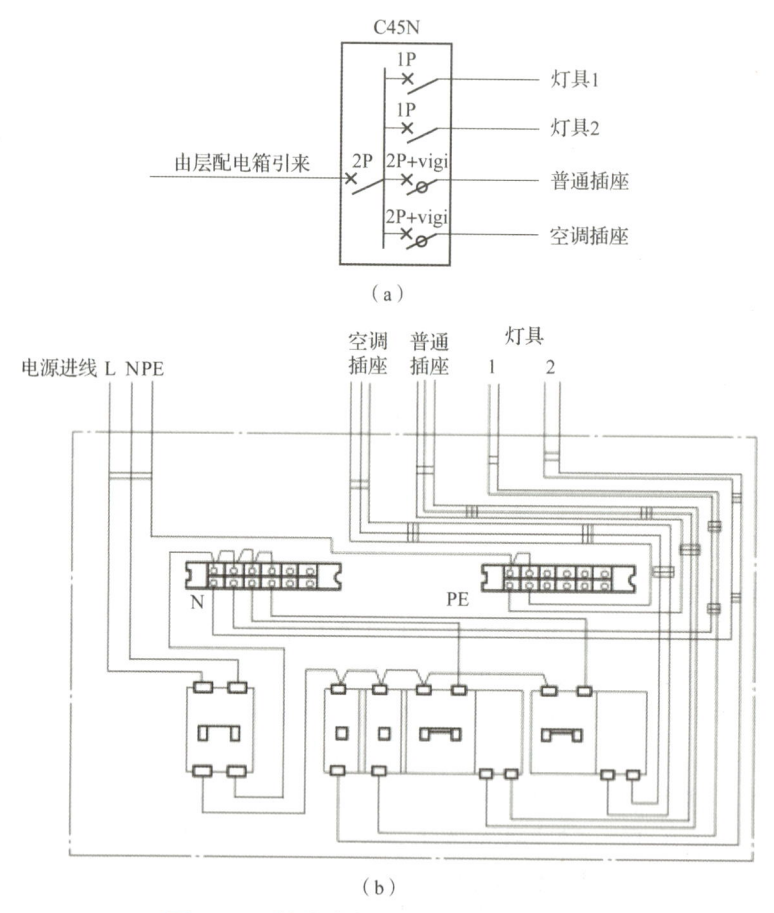

图 6-32 某地铁车站照明配电箱安装接线
(a) 系统图；(b) 接线图

配电箱内装有漏电保护器时，应根据漏电保护器的极数正确接线。漏电保护器和断路器合为一个整体时，称为漏电断路器。漏电断路器按极数和电流回路数有单极两线（1P+N）、双极（2P）、三极三线（3P）、三极四线（3P+N）和四极（4P）5 种形式，接线原理如图 6-33 所示。1P+N、2P 用于单相线路，3P 用于三相三线线路，3P+N、4P 用于三相四线电路。1P+N、2P 的区别在于是否同时切断相线和中线。

5. 开关及插座安装

1) 开关及插座安装要求

(1) 开关及插座规格、型号应符合设计要求，产品应有合格证，所有开关的切断位置应一致，灯具的相线（火线）应经开关控制，单相插座应左零右火，三孔或三相插座接地保护均在上方；翘板开关距地面为 1.4 m，距门口为 15~20 cm，开关不得放在门后，成排安装的开关、插座高度应一致，高低差不大于 2 mm，同一室内安装的插座高低差不应大于 5 mm。

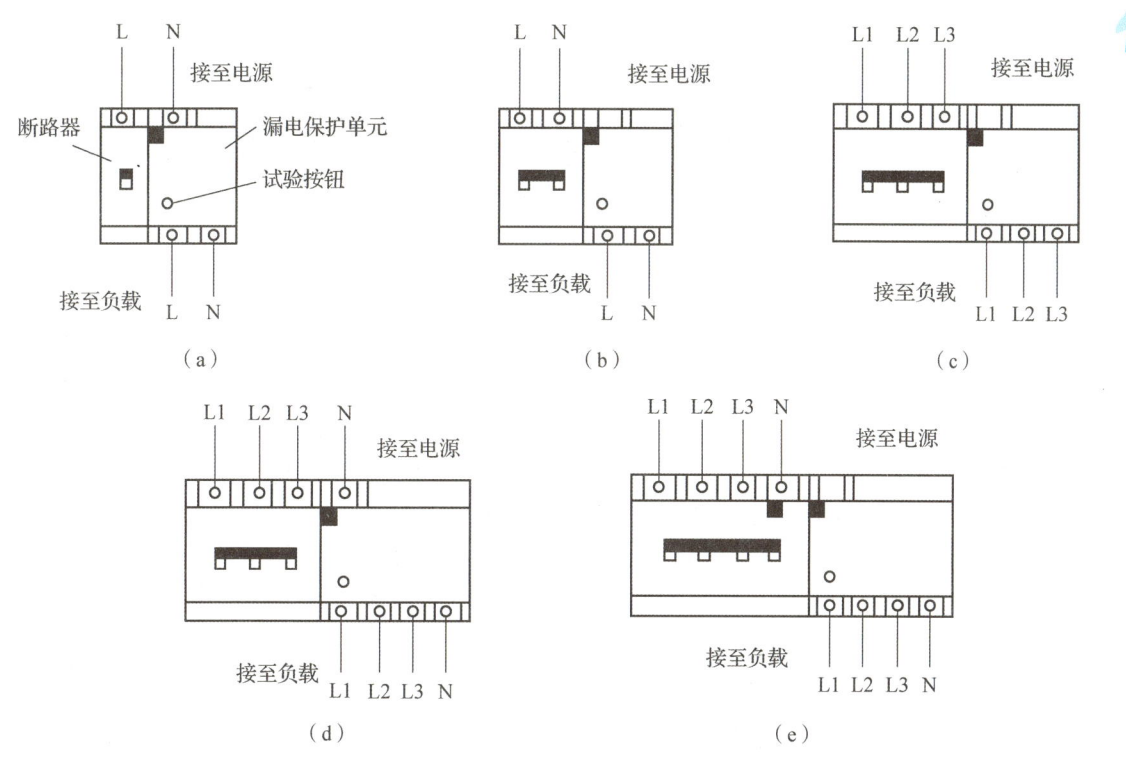

图 6-33 漏电断路器的接线原理

(a) 单级两线；(b) 双极；(c) 三极三线；(d) 三极四线；(e) 四极

（2）插座接线应符合规定，单相两孔插座，面对插座的右孔或上孔与相线连接，左孔或下孔与零线连接；单相三孔插座，面对插座的右孔与相线接连，左孔与零线连接；单相三孔、三相四孔及三相五孔插座接地（PE）或接零（PEN）线接在上孔。插座的接地端子不与零线端子连接。PE 或 PEN 线在插座间不串联。

2) 开关及插座安装方法

开关及插座一般都为定型产品。开关及插座外形如图 6-34 所示。

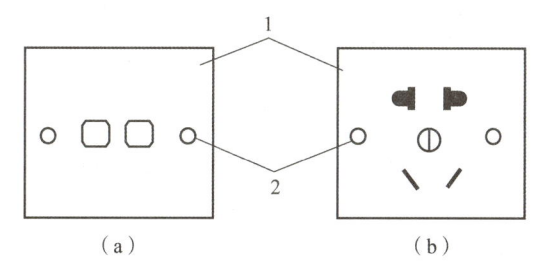

图 6-34 开关及插座外形

(a) 开关；(b) 插座

1—面板；2—安装孔

安装开关及插座时，应配专用的底盒。底盒在配管配线时用膨胀螺栓固定，电线从底盒敲落孔穿入，留 15 mm 左右，剥去线头绝缘层与接线柱压好，要求线芯不能外露。开关、插座接好线后，用螺钉固定在底盒上，再盖上孔塞盖即可，如图 6-35 所示。

(a)　　　　(b)　　　　(c)　　　(d)

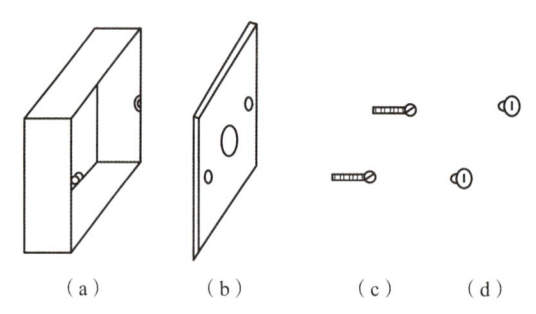

图 6-35　开关或插座安装方法
(a) 底盒；(b) 开关或插座；(c) 螺钉；(d) 孔塞盖

6. 安装中容易出现的问题

1）管内穿线

先穿线后戴护口或者根本不戴护口；导线背扣或死扣，损伤绝缘层；相线未进开关，螺口灯头相线未接到灯头的舌簧上；穿线不分颜色等。

2）导线连接

剥除绝缘层时损伤线芯；接头不牢固；多股导线连接设备、器具时未用接线端子；压头时不满圈；未用弹簧垫圈造成接点松动。

3）箱、盘安装

箱体不方正、变形；箱盘面接地位置不明显。

4）开关及插座安装

暗开关、插座芯安装不牢固；插座左零右火上接地接线错误；插座开关接线头不打扣；导线在孔里松动。

5）灯具安装

灯具安装不牢固；灯具接线错误；螺口错接在火线上，螺口带电。

灯具安装

二、照明配电系统日常维护

低压配电及照明配电系统在城市轨道交通运营中意义非凡，每个工作人员都与低压配电照明相关设备有所联系。因此，在日常工作中，要时刻关注该部分的情况。对于普通工作人员来说，当设备发生故障时，为了不造成更大范围的影响，工作人员应依照"先通后复"原则及相关规则暂做技术处理，并按手续报专业维修人员进行处理。

1. 低压配电与照明配电系统的日常巡视与维护

低压配电与照明配电系统的巡视以"望、闻、问、切、嗅"为主要手段。作为站务人员，日常工作要多留心照明情况，多"望"找到故障点，并及时通知维修人员。照明配电系统周巡检如表 6-16 所示，月巡检如表 6-17 所示。

表 6-16　照明配电系统周巡检

序号	项目	周期	巡检工作标准	巡检工作内容
1	照明配电箱	每周	1. 照明配电箱外观正常。 2. 照明配电箱无明显异常	1. 检查照明配电箱外观、显示、按键和时间是否正常。 2. 做好检查记录，如发现问题及时报修或修复

续表

序号	项目	周期	巡检工作标准	巡检工作内容
2	双电源控制箱	每周	1. 双电源控制箱运行无异常、外观干净、环境无异常。 2. 两路电源工作无异常	1. 检查双电源控制箱是否正常运行，外观是否完好并除尘。 2. 做好检查记录
3	EPS控制箱	每周	1. EPS控制箱工作正常。 2. EPS控制箱外观干净无异常。 3. 内部元器件正常	1. 检查EPS控制箱工作环境。 2. 检查EPS控制箱设备外观。 3. 做好检查记录

表6-17 照明配电系统月巡检

序号	设备	周期	检修工作标准	检修工作内容
1	智能照明	每月	1. 外观正常、时间正常、试灯正常、无异常信息、网关指示灯正常、主备电工作正常、孔洞已封堵和打印机工作正常。 2. 外观及内部干净整洁	1. 检查主机外观、状态、时间、信息、主备电、网关、封堵和打印机。 2. 清洁智能照明
2	双电源	每月	1. 外观正常。 2. 主备电源工作正常	1. 检查双电源外观。 2. 检查系统运行稳定情况。 3. 检查主备电源是否工作正常
3	导向标志	每月	1. 外观干净、无破损。 2. 安装牢固，接线可靠	1. 检查外围设备的外观。 2. 检查接线松动情况

2. 低压配电与照明配电系统的计划检修

检修电力设备，购置后即需要对电力设备的检修做好计划，并按照计划进行检修。照明配电系统季巡检如表6-18所示，年巡检如表6-19所示。

表6-18 照明配电系统季巡检

序号	设备	周期	检修工作标准	检修工作内容
1	月检包含的设备	每季度	月检包含的检修工作标准	月检包含的检修工作内容
2	照明配电箱	每季度	1. 照明配电箱外观正常。 2. 各指示灯正常。 3. 内部元器件无发热情况	1. 照明配电箱外观是否正常。 2. 各指示灯是否正常。 3. 内部元器件有无发热情况
3	车站灯具	每季度	1. 车站灯具能满足车站照度要求。 2. 车站灯具外观无明显损坏	1. 车站灯具能否满足车站照度要求。 2. 车站灯具外观有无明显损坏。 3. 有无照明死角

续表

序号	设备	周期	检修工作标准	检修工作内容
4	灯塔	每季度	1. 功能正常。 2. 控制箱无明显锈蚀	1. 检查功能是否正常。 2. 如有锈蚀，做除锈处理
5	疏散指示	每季度	1. 能正常工作。 2. 绝缘电阻在规定值以上	1. 检查疏散指示是否正常工作。 2. 做好检查记录

表 6-19 照明配电系统年巡检

序号	设备	周期	检修工作标准	检修工作内容
1	季检包含的设备	每年度	1. 季检包含的检修工作标准。 2. 照明配电功能正常	1. 季检包含的检修工作内容。 2. 检查照明配电功能是否正常
2	车站灯具照度测试	每年度	车站灯具照度满足运营要求	1. 车站灯具照度测试。 2. 灯具完好率是否达标
3	防雷、接地测试	每年度	防雷、接地合格	接地电阻是否合格，能否满足防雷需求

拓展阅读

国内照明行业的发展过程

作为将电能转化为光能的人工照明光源，照明灯具的发明，彻底改变了人类"日出而耕，日落而息"的生活习惯，极大地推动了人类的文明进步。

我国已成为全球最大的照明产品生产国和消费国。追溯中国照明行业的起源，如果以电力照明为条件，中国于 1878 年才点亮第一盏电灯。

1921 年浙江镇海人胡西园研制出中国第一只白炽灯灯泡，并于 1923 年创办中国第一家灯泡制造厂。

截至 1949 年，我国普通灯泡的生产企业共有 8 个，它们大多分布在上海、南京、沈阳、重庆、广州等地。全行业职工 2 000 多人，技术人员 10 多人。

据记载，1949 年全国灯泡年产量为 1 252 万只，生产设备和主要零配件几乎全部依赖进口。中华人民共和国成立后，在国家的大力推动下，中国照明行业取得了明显的发展。

据轻工业部统计，1983 年轻工业部系统共有电光源企业 212 个，其中灯泡厂和荧光灯厂 164 个。1983 年全国灯泡总产量达到 12.46 亿只，但是多为低档普通灯泡和荧光灯，1983 年全国路灯过万盏的城市有 21 个，总计路灯 48 万盏。

改革开放后，中国照明行业快速发展，从白炽灯时代到节能灯时代再到如今的 LED 照明时代，整体市场规模也从数百亿元到 2019 年的 7 800 亿元，从当初的照明产品进口国一跃成为如今的全球照明产品生产出口国，全球照明产品超过一半由中国生产制造。这是中国照明行业的荣耀，也是中国照明行业努力奋斗的成果。如今，结合大数据、人工智能等先进技术，我国照明行业即将进入全面照明智能管理系统时代。

20 世纪 70 年代，国际天文界提出了光污染话题。20 世纪 90 年代，美国环保局提出"绿色照明"概念，并得到全球照明界的认同。绿色照明包含节能、环保、安全和舒适四项基本指标，对照明灯具提出更高的要求。我国绿色照明工程于 1996 年启动，其主要目的是在我国发展和推广高效照明器具，改善照明质量，节约照明用电，创建一个优质高效、经济舒适、安全可靠的生活、工作照明环境。

2022 年 7 月住建部、国家发改委印发的《城乡建设领域碳达峰实施方案》中明确提出推进城市绿色照明，加强城市照明规划、设计、建设运营全过程管理，控制过度亮化和光污染。到 2030 年 LED 等高效节能灯具使用占比超过 80%，30% 以上城市建成照明数字化系统。

通过 20 多年的发展与实践，中国绿色照明工程取得显著成就，为我国节能减排目标的实现作出重要贡献，得到国际社会的高度评价和一致认可。

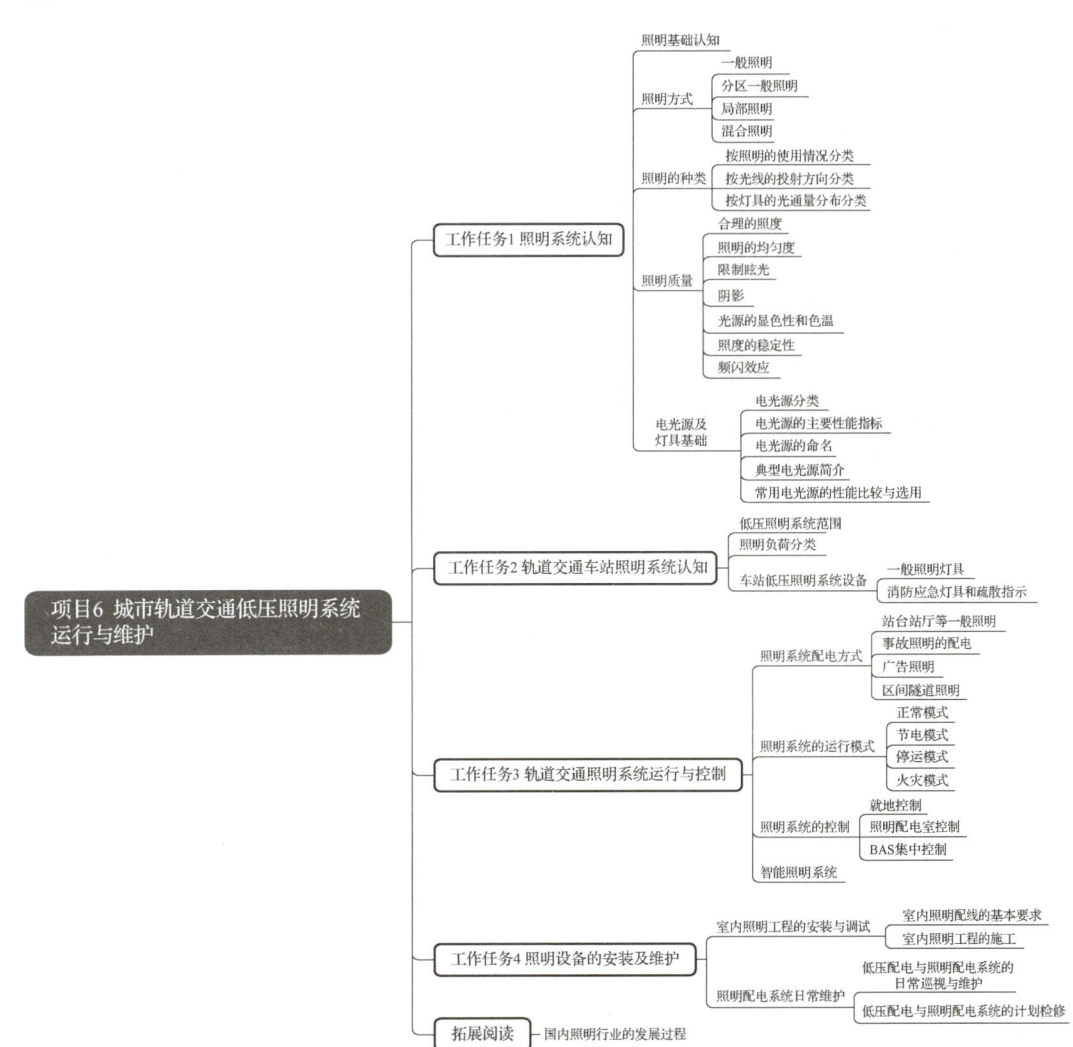

项目小结

项目6 城市轨道交通低压照明系统运行与维护
- 工作任务1 照明系统认知
  - 照明基础认知
  - 照明方式
    - 一般照明
    - 分区一般照明
    - 局部照明
    - 混合照明
  - 照明的种类
    - 按照明的使用情况分类
    - 按光线的投射方向分类
    - 按灯具的光通量分布分类
  - 照明质量
    - 合理的照度
    - 照明的均匀度
    - 限制眩光
    - 阴影
    - 光源的显色性和色温
    - 照度的稳定性
    - 频闪效应
  - 电光源及灯具基础
    - 电光源分类
    - 电光源的主要性能指标
    - 电光源的命名
    - 典型电光源简介
    - 常用电光源的性能比较与选用
- 工作任务2 轨道交通车站照明系统认知
  - 低压照明系统范围
  - 照明负荷分类
  - 车站低压照明系统设备
    - 一般照明灯具
    - 消防应急灯具和疏散指示
- 工作任务3 轨道交通照明系统运行与控制
  - 照明系统配电方式
    - 站台站厅等一般照明
    - 事故照明的配电
    - 广告照明
    - 区间隧道照明
  - 照明系统的运行模式
    - 正常模式
    - 节电模式
    - 停运模式
    - 火灾模式
  - 照明系统的控制
    - 就地控制
    - 照明配电室控制
    - BAS集中控制
  - 智能照明系统
- 工作任务4 照明设备的安装及维护
  - 室内照明工程的安装与调试
    - 室内照明配线的基本要求
    - 室内照明工程的施工
  - 照明配电系统日常维护
    - 低压配电与照明配电系统的日常巡视与维护
    - 低压配电与照明配电系统的计划检修
- 拓展阅读——国内照明行业的发展过程

思考题

1. 说明光通量、发光效率及发光强度的定义。
2. 简述照明的方式。
3. 说明照明系统按使用情况分为哪几类。
4. 说明照明系统按照明的目的分为哪几类。
5. 说明照明系统按灯具的光通量分为哪几类。
6. 简述照明质量包含哪些内容。
7. 说明电光源一般分为哪三大类。
8. 说明电光源的主要性能指标。
9. 解析电光源的型号 PZ220-40-E27 各组成部分的含义。
10. 简述卤钨灯的工作原理。
11. 说明灯具按安装方式分为哪三种。
12. 说明灯具根据配光曲线特性的选择。
13. 说明轨道交通低压照明系统范围。
14. 说明轨道交通照明系统的基本要求。
15. 简述荧光灯的工作原理。
16. 分析荧光灯镇流器异声可能的故障原因及处理办法。
17. 分析 LED 灯不亮可能的故障原因及处理办法。
18. 说明高压钠灯启动原理。
19. 简述按照灯具的供电方式和控制方式。消防应急照明系统分为哪几种类型?
20. 说明消防应急系统应急转换时间的性能要求。
21. 简述照明系统的运行模式。
22. 简述照明系统的控制方法。
23. 简述智能照明系统主要元器件及特点。
24. 简述室内照明工程的施工内容。
25. 说明室内照明工程的施工中容易出现的问题。
26. 简述双电源控制箱周巡检的工作内容。
27. 简述车站灯具照度测试年巡检的工作内容。

参 考 文 献

[1] 马振良. 配电线路运行维护与检修[M]. 北京：中国电力出版社，2013.
[2] 钟建伟，郑建俊. 中低压配电网施工技术[M]. 北京：中国电力出版社，2019.
[3] 王振. 电力内外线安装工艺[M]. 北京：中信出版社，2018.
[4] 陈昌进. 城市轨道交通通风空调、给排水、低压配电检修工[M]. 北京：人民交通出版社，2017.
[5] 吴云艳，徐杨. 低压电工——理实一体化教程[M]. 北京：机械工业出版社，2019.
[6] 曹阳. 电力内外线[M]. 西安：西安交通大学出版社，2018.
[7] 张辉，马建华. 电力内外线施工[M]. 北京：北京交通大学出版社，2019.
[8] 魏立明. 建筑电气照明技术与应用[M]. 北京：机械工业出版社，2019.
[9] 刘学军. 电气照明技术及应用[M]. 北京：机械工业出版社，2018.
[10] 葛廷友，李晓. 供配电技术[M]. 北京：中国电力出版社，2020.